简单配电网

——用简单办法解决配电网问题

刘　健　林　涛　黄邵远　侯义明
李艳军　郭琳云　程红丽　芮　骏　著

内 容 提 要

配电网具有点多面广的特点，不宜刻意追求复杂和豪华，为了避免浮躁误导建设者造成巨大的浪费，本书系统阐述用简单办法解决配电网问题的途径。

全书分为 3 篇 17 章：第一篇“思想篇”包括：“能使配电网的问题简单化的主要途径”、“利用自然适应性改善配电网的性能”、“发挥本地控制作用改善配电网的性能”、“将一些指标当作资源以简化配电网”、“解决配电网自动化问题不必追求完美”、“利用冗余提高配电自动化系统的容错能力”和“配电网的协调控制需尽量简单化”7 章；第二篇“研究篇”包括：“利用自然适应性解决配电网电压和线损问题”、“充分发挥继电保护与自动装置的作用”、“分布式电源应对技术”和“海岛配电网防灾减灾及工程实践”4 章；第三篇“实践篇”包括：“国家电网公司配电自动化终端规划的实践”、“中国南方电网公司实用型配电自动化实践”、“低负荷密度供电区域实用型配电自动化实践”、“北京架空线路级差配合就地型馈线自动化”、“智能接地配电系统”和“利用快速开关解决配电网问题”6 章。

本书适合于从事配电网规划、设计、建设、运行、检修以及配电设备研究开发、产品制造等工作的技术人员和管理人员阅读，也可供高等院校电力系统自动化及配用电专业的师生学习参考。

图书在版编目（CIP）数据

简单配电网：用简单办法解决配电网问题/刘健等著. —北京：中国电力出版社，2017.8（2020.12重印）

ISBN 978-7-5198-0863-1

Ⅰ. ①简… Ⅱ. ①刘… Ⅲ. ①配电系统–基本知识 Ⅳ. ①TM727

中国版本图书馆 CIP 数据核字（2017）第 144579 号

出版发行：中国电力出版社
地　　址：北京市东城区北京站西街 19 号（邮政编码 100005）
网　　址：http://www.cepp.sgcc.com.cn
责任编辑：刘　薇（010-63412787）　韩雪姣
责任校对：朱丽芳
装帧设计：张俊霞　张　娟
责任印制：石　雷

印　　刷：三河市万龙印装有限公司
版　　次：2017 年 8 月第一版
印　　次：2020 年 12 月北京第五次印刷
开　　本：710 毫米×1000 毫米　16 开本
印　　张：14.5
字　　数：261 千字
印　　数：7001—8000 册
定　　价：68.00 元

序

“简单”其实不简单

事物的发展、认知的演变和经验的积累往往都会经历一个从简单到复杂，再从复杂回到简单的过程。但后者的简单绝非是前者的重复，而是一个质的变化与升华。

改革开放以来，尤其是近十多年来，我国在配电网的网架建设与改造、一次设备更新、配电自动化示范工程建设与全面推广等方面开展了大量的工作，使配电网尤其是城市配电网有了较为明显的改观。其目的就是要解决长期以来我国配电网网架薄弱、设备陈旧，有电供不出、用不上，且供电可靠性平均水平不高等突出问题，把原先过于简单（确切地说有不少地方是简陋）的传统配电网建设成安全可靠、灵活互动、经济高效的现代配电网。以自动化、信息化为基础的配电网智能化应用在这些年也有了长足的进展，配电网的科学管理水平有了较大提升。但是，随着上述各项工作的开展，也出现了不从配电网体量巨大、点多面广且差异性强的特点考虑，不从本单位实际出发，而一味地求新求全、盲目攀比的现象，导致有些项目花钱多、成效少，往往事倍而功半。

刘健教授在多年从事配电领域研究和实践工作基础上，认真总结和反思正反两方面的经验及教训，提出了简单配电网的建设新思路，既体现经济务实的技术路线，又不失科学先进的创新元素。

刘健教授提出的简单配电网有着清晰完整的思路和丰富切实的内涵，在他的《简单配电网——用简单办法解决配电网问题》这本书里共分为 3 篇：“思想篇”提出了简单配电网的基本理念、性能特点和构造原则；“研究篇”介绍了采用相关技术方法和实现手段去解决配电网建设与改造以及一些特定应用场景中经常遇到的一些实际问题；“实践篇”归纳了运用简单配电网理念，在国家电网公司、中国南方电网公司近几年的配电网规划、差异化建设与改造、配电自动化示范工程以及某些专项工程的应用实践，以及这些工程项目所取得的明显成效。

简单是一种艺术，是一种追求。能用寥寥数语讲清一个深奥的道理，能用淡淡几笔勾勒一幅精彩的画面，这不是一般人所能及，必须有深厚的功底，且用心为之，才可以达到如此的境界。看了刘健教授的《简单配电网——用简单办法解决配电网问题》这本书，就会知道简单配电网的建设并不是一件简单的事情，需要我们结合本地区、本单位的配电网实际，在网架及设备改造，以及自动化、信息化和智能化应用等方面认真研究、规划和设计，用正确的方法和恰当的手段去实施，总体上体现化繁为简、能简则简的理念，做到投资省、见效大，从而达到符合预期乃至事半功倍的效果。

刘健教授在配电领域辛勤耕耘20多年，是我国配电领域的知名专家。他承担过多个国家科技项目和国家电网公司重点科技项目，撰写过多部专著，在国内外的一些重要期刊上发表过大量高水平论文。本人与刘健教授合作多年，不但共同完成过科研项目，编写过多部国家标准、电力行业标准和国家电网公司企业标准，还参加过他领衔的科研项目的验收评审和成果鉴定，对他深厚的专业功底和严谨的科研作风印象深刻。当前正值配电网又迎来一轮新发展的大好时机，希望刘健教授的《简单配电网——用简单办法解决配电网问题》一书可以为电力管理部门和广大电力运行单位（各级电力公司、供电企业等）提供指导或参考，为我国的配电网建设改造、新技术研究与应用，以及配电生产和运行管理发挥积极作用。

沈兵兵

2017年1月

自序

大 道 至 简

“大道至简”出自《道德经》，意思是说大道理是极其简单的，简单到一两句话就能说明白，弄得很深奥往往是因为没有看穿实质，搞得很复杂往往是因为没有抓住关键，所谓“真传一句话，假传万卷书”，这是大智大慧。

“大道至简”的智慧对于配电网的研究与实践也具有指导意义。

将问题复杂化是配电网领域最常见的错误做法，例如：为了自动化而自动化、为了创新而创新、盲目求大求全求豪华、刻意创造新概念、盲目追求时髦概念、将尚不成熟的科技试点项目过早地大面积推广等，不仅造成巨额浪费，也给运行和维护带来困难。20世纪末我国开展的那一轮大规模配电自动化建设高潮最后以失败告终的教训十分深刻。

由于配电网具有点多面广的特点，不宜刻意追求复杂和时髦，宜尽量采取简单的方法，因为简单容易可靠、可靠才能实用。如果不能够坚固耐用，先进豪华也只能是昙花一现。

作者从事配电网研究已经超过20年，也曾经将问题复杂化过，正当作者洋洋得意于自己所建立的“宏伟庞大”的配电网理论体系之际，时任宁夏电力公司副总工程师的杨晓宪先生和时任陕西省电力公司总经理的吕春泉先生分别亲自或委托专人结合丰富的现场经验善意地提醒作者，配电网的问题宜简单并避免过于复杂化，使作者幡然醒悟。后来，作者又有幸与中国电力科学研究院范明天先生和清华大学张毅威先生合作翻译了美国专家 H Lee Willis 的名著《配电系统规划参考手册》，其中的务实理念更坚定了作者追求简单和避免复杂的思想。

当然，所谓“简单”并不是“简陋”，而是指坚固耐用和运行维护简单、能够采用简单方法的就不采用复杂方法、避免为了“蝇头小利”而大动干戈、避免刻意追求不必要的性能指标等含义。如何做到上述简单，实际上并不容易（就如同任何人使用傻瓜相机都能拍出不错的照片，但是研制出傻瓜相机却并不容易一样），需要对具体问题进行深入的研究，而且还需要克服好大喜功、盲目追求先进、为了炫耀而非应用等错误的思想观念。

目前，正值国家加大配电网投资力度的大好时期，为了避免上述浮躁误导了建设者造成巨大的浪费，作者深感时间的紧迫性，已经先将主要思想在《供用电》期刊以“简单配电网”为专辑进行了系列连载，反响热烈。从反馈信息了解到供电企业普遍认为“简单”两字抓住了关键、系列论文表达了基层的心声，作者已收到大量要求培训和指导的邀请，这使作者深受鼓舞。

在本书中，作者将更加深入系统地阐述采用简单方法解决配电网问题和避免复杂化方面的思考及研究成果，并详细描述各个电力公司的典型实践案例。

作者除了要感谢杨先生、吕先生、范先生、张先生和 Willis 先生之外，还要感谢国家电网公司、中国南方电网公司、陕西地方电力公司实践书中的思想和方法，感谢许继集团有限公司、南瑞集团公司、上海合凯电气科技有限公司、安徽一天电气技术股份有限公司、西安兴汇电力科技有限公司等制造企业将本书理念体现到其优秀产品中，感谢广大同行、网友的热情鼓励和中肯建议。全国电力系统信息交互标委会配电网工作组组长沈兵兵先生为本书以“简单其实不简单”为题作序、中国电力科学研究院赵江河先生题写本书书名，中国电力出版社邓春等编辑精心编辑本书和连载论文，在此一并表示衷心感谢。书中不妥之处敬请读者批评指正。

刘　健

2017 年 2 月

前言

近年来，配电网领域的研究项目、研究成果以及建设项目非常丰富，各种专业期刊中有关配电网的学术论文也占据了较大比例。与 20 年前作者刚刚开始涉足配电网领域的研究时几乎不被看好的情形相比，配电网领域空前繁荣。

但是作者对此喜忧参半，因为这种繁荣景象中隐藏着浮躁。近年来作者通过评奖、立项评审、鉴定、验收、督导和审稿等环节接触了大量配电网领域的项目和成果，发现一些项目和成果中存在将简单的问题复杂化、为了自动化而自动化、为了创新而创新、盲目求大求全求豪华、刻意创造新概念、盲目追求时髦概念、将尚不成熟的科技示范项目过早地大面积推广等错误倾向。

实际上，由于配电网具有点多面广的特点，不宜刻意追求复杂和豪华，因为简单才能可靠，可靠才能实用，配电网的建设与改造项目不是为了给人看的，而是为了用的。目前，正值国家加大配电网投资力度的大好时期，为了避免上述浮躁误导了建设者造成巨大的浪费，专门撰写此书。

本书分为“思想篇”、“研究篇”和“实践篇”3 篇。

第一篇“思想篇”主要论述能使配电网的问题简单化的 12 个途径，包括：“能使配电网的问题简单化的主要途径”、“利用自然适应性改善配电网的性能”、“发挥本地控制作用改善配电网的性能”、“将一些指标当作资源以简化配电网”、“解决配电网自动化问题不必追求完美”、“利用冗余提高配电自动化系统的容错能力”和“配电网的协调控制需尽量简单化”7 章。

第二篇“研究篇”围绕几个重要领域，对作者提出的一些新观点、新思路和新方法的可行性和有效性进行深入的理论分析，包括：“利用自然适应性解决配电网电压和线损问题”、“充分发挥继电保护与自动装置的作用”、“分布式电源应对技术”和“海岛配电网防灾减灾研究及应对措施”4 章。这些内容理论性较强，正如胡适先生所云科学研究需“大胆假设、小心求证”，也体现了“简单”并不意味着“容易”，更需要智慧和匠心。

第三篇“实践篇”主要论述用简单的方法解决配电网问题方面的应用经验，包括：“国家电网公司配电自动化终端规划的实践”、“中国南方电网公司实用型配电自动化实践”、“低负荷密度供电区域实用型配电自动化实践”、“北京架空线路级差配合就地型馈线自动化”、“智能接地配电系统”和“利用快速开关解决配电网问题”6 章。

刘健教授负责组织全书内容，并著写第 1～10 章；侯义明教授著写第 11 章；刘健教授和程红丽教授共同著写第 12 章；黄邵远高级工程师著写第 13 章；郭琳云博士著写第 14 章；林涛高级工程师著写第 15 章；刘健教授和芮俊硕士共同著写第 16 章；李艳军高级工程师著写第 17 章。

本书采用了张志华硕士、黄炜硕士、魏昊坤博士、刘超硕士、尹海霞硕士、王魁元硕士等刘健教授指导的研究生在攻读学位期间围绕相关领域的研究成果，这些研究生还认真检查和完善了书稿部分内容，在此一并表示感谢。

书中不妥之处敬请读者批评指正。

刘　健

2017 年 2 月

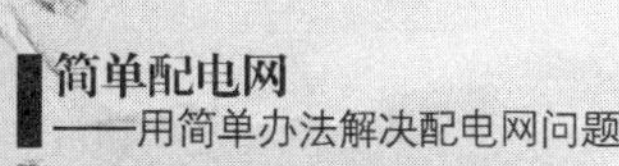

目录

第二篇　研　究　篇

第三篇　实　践　篇

第一篇

思想篇

1 能使配电网的问题简单化的主要途径

解决具有点多面广特点的配电网问题宜尽量采取简单的方法，因为简单才能可靠、可靠才能实用[1]。

我们追求配电网问题的“简单”，是指建设简单、运行简单和维护简单，但是如何做到上述简单，实际上并不容易，需要对具体问题进行深入的研究，而且还需要克服好大喜功、盲目追求先进、为了炫耀而非应用等错误的思想观念。

20 世纪末我国开展的那一轮大规模配电自动化建设高潮最后以失败告终的主要教训之一就在于将原本应当简单化的问题复杂化，盲目追求一步到位、大而全造成摊子铺得过大而后期运行、维护不够[2]。

当前，在国家下决心投入巨资促进配电网建设的形势下，为了避免在建设中再走类似的弯路既造成巨额浪费也错失发展良机，在本章中阐明使配电网的问题简单化的主要途径。

1.1 规模小的系统更加简单

相比规模大的系统而言，规模小的系统中配置的装置数量少，不仅投资和建设工作量少而且维护工作量也少，因此更加简单。

小规模系统中的装置数量少，使适当加大每台装置的资金投入以尽量提高其性能和耐久性成为可能，投运后的故障率和维护工作量都可大幅降低。

固然，采用的装置越多，所得到的性能改进越大，但是如果许多装置发生故障而得不到及时修复，造成系统带病运行则其可靠性难以保证，会严重影响其效果的发挥，何况随着装置数量的增加，性能的进一步改善程度也越来越不显著。

因此，降低规模是一个重要的简化途径。但是，相比不分青红皂白的大规模资源配置方案（如在配电自动化建设中，见开关就装终端、凡终端都实现“三遥”的错误做法）而言，怎样才能以较小的规模满足性能要求，即如何优化所必需的资源配置，并不是一件容易的事，需要具体问题具体深入分析和研究。

1.2 维护少的系统更加简单

相比系统的建设过程而言，对系统中各类装置的维护工作贯穿系统的整个运行寿命周期，是一个更加长期的过程，而维护工作量被低估则是行业的常见误区之一。

如果维护工作量过大，往往造成缺陷不能及时消除，严重影响系统的运行，因此维护工作量小的系统更加简单。

在配电网建设与改造中，将资金主要花费在购置更加可靠和耐久的电气设备上比将资金过多花费在为了减少电气设备失效所带来问题的自动化装置和通信手段上的做法更加可取。对于确有必要建设自动化系统的情形，也应采用可靠和维护工作量少的装置和技术。

比如，过去在配电自动化系统中常用蓄电池作为储能元件，而蓄电池的维护工作量大并且需要经常更换。采用超级电容器替代蓄电池作为储能元件，可以大大降低维护工作量和延长储能元件工作寿命[3]。

再比如，许多人喜欢要求装置带有液晶显示器以便于本地操作和维护，但是液晶显示器的故障率比较高（尤其是应用于户外恶劣环境时），显著增加了维护工作量。其实配置短距离无线通信手段，通过手持机进行操作和维护而避免配置液晶显示器，就能有效降低终端故障率和维护工作量。

再比如，许多配电自动化终端通过线圈式电压互感器（TV）取电，而 TV 的故障率比较高。对于架空线路可以采用电容分压取能装置代替线圈式 TV，它不仅具有体积小、重量轻和现场安装方便的优点，而且比较可靠，尤其适合于采用 GPRS 通信的“二遥”配电自动化终端[4]。

可以带电安装和拆卸的装置更加便于维护，因此比需要停电作业的装置更加简单。比如，故障指示器可以带电装拆，因此比 FTU 和 DTU 更加简单易行，此优点在很大程度上减轻了其需要定期更换储能电池的不便。

具有自恢复和自诊断功能的装置比需要人工检测与重新启动的装置维护工作量小，因此更加简单。比如，在许多自动化装置中都设有多级软件和硬件“看门狗”，当受到干扰导致程序“跑飞”时可以自动将其“拉回”正常运行程序，较好地保障了装置连续运行的需要。但是，一定要小心避免因为装置重启导致的错误信息上报。例如，配电终端或子站重启有时往往会造成批量遥信误报，原因在于当配电终端或子站重启时，在完成一轮状态量采集之前，在响应配电自动化系统主站召唤数据时，往往会将初始化时内存中的默认值上报，往往与所反映的状态量的实际状态不相符，造成大批量遥信误报[5]。解决这个问题的方法是：科学设计配电子站和配电终端的程序，令其在重启或复位后，在还未完成一轮状态量采集之前，不要响应配电自动化系统主站的数据召唤即可。

1.3 先进的技术未必更简单

先进的技术未必能使问题的解决变得更加简单。

比如，为了利用自动化技术解决电容器动态投切的问题，需要为电容器组配置具有电动操动机构的开关、需要加装互感器、需要配置自动化监控终端、需要建设通信通道（为了能进行遥控往往还需要满足一定的加密要求）、需要建设一个指挥控制平台（即主站）等。所有这些设施都需要维护，而且涉及一次、二次、通信、计算机、信息化等多个专业，带来很大的维护工作量。而在掌握了负荷和电压规律的基础上（可以从用电信息采集信息中获取），不难发现其实每天仅有极少次电容器投切操作的必要（有时只需早、晚各操作一次，有时甚至根本不需要投切操作），采用人工操作的方式看起来似乎很落后，但是却省去了大量需要增添的设备和设施，而且只涉及配电网运行维护一个专业，大大节省了建设费用和运维工作量，实际上是一种明智的选择。

再比如，被高度重视的春节期间农村过负荷问题，曾带动了“有载调容变压器”的研究、开发和应用，但是实际上与之类似的农村季节性灌溉负荷问题早就有成熟和简单的解决方案，那就是采用“母子”变压器的解决方案，虽然看起来落后，但是实际上简单和可靠。

再比如，许多人认为给配电电气设备安装一些在线监测装置和传感器，对于实时监视配电电气设备的状况实现状态检修会有较大的作用。但是考虑到配电电气设备数量众多，安装在线监测装置不仅费用巨大，而且这些监测装置自身的故障率甚至比其监测对象还要高，为保证信息的可用性必须投入巨大的涉及众多专业的维护资源，并且有时还需要停电修复，实际上既复杂又得不偿失。安排人员进行定期巡检的做法看起来落后，但是考虑到红外、紫外等非接触式检测技术的方便性，以及巡检人员长年积累的经验的发挥（一些有经验的工程师有时根据听到的振动噪声就能大致定性设备的状况、根据闻到的气味就能大致定性设备的缺陷），这种做法实际上是一种简单和划算的做法。

再比如，许多建设者投入大量资金建设了非常先进的自动化系统，但是由于配电网的规模实在太大了，这种先进却豪华的技术很难大面积推广，往往只能在极小的范围内建成所谓“示范工程”，无论对于管理提升还是对于应用效果都不突出。而采用非常简单但是廉价的技术实现大面积推广甚至全覆盖，则可从根本上推动管理水平提升获得明显的规模效益[6]。

1.4　规划设计中不刻意追求细节更简单

在配电网规划设计中容易犯的一类错误是对一些候选方案的指标进行过于精细的分析计算和比较，并从中选取数值上最优的方案作为最终的规划结果。

实际上这些分析计算所依据的数据的准确性并不很高，因为规划中用到的数据往往都来源于对未来趋势的预测，其中必然存在不确定性。

考虑到这些预测数据的不确定性及其组合后一些指标相差不是很大的方案其实都具有大致相同的优劣性，这实际上增加了选择的自由度，使综合考虑更多的其他因素成为可能，因此是为规划设计者提供了方便。上述分析也表明，在规划设计中没有必要在并不十分确切的数据基础上进行过度的计算。

许多人认为过去根据一些导则进行的规划设计已经落后了，现代规划设计应当借助计算机在大量分析计算的基础上进行。这种观点存在一定的误区，因为支撑分析计算的数据中存在大量不确定性，而这些不确定性往往不便于定量描述。而导则是经验的结晶，往往对于不确定性有较强的抵御能力，因此可以更好地保障规划设计方案的鲁棒性。而且，规划设计是科学和艺术的结合物，而其艺术性则更多地需要发挥规划设计人员的丰富经验和创造力。就如同机器人永远不能代替人类一样，计算机永远不能取代有经验的工程师去开展规划设计。并且，在规划设计中，人的创造力所发挥的作用是主要的，是系统性、战略性和框架性的，而计算分析仅仅是参考性或局部性的。

1.5　减少尚不明确的预留资源更简单

许多人在规划和建设中配置了过多的资源，目的在于满足未来可能发生的需要，但是这些需要因不是当前所需，所以对它们的认识往往并不十分明确，那么为了保险起见就干脆配置更多的资源以备使用，由于各种可能性都不确定，相互交织起来构成的有可能发生的场景就非常之多，每种可能的场景都需要留有相应的资源最终导致远远超过现实实际需要的大量资源被配置，使工程的规模显著增大。

上述做法是不明智的，因为不仅浪费了资源，而且一旦某种需求真的变为现实的时候，往往发现曾经为这种需求留有的资源其实根本不够用而需要“推倒重建”。太多尚不明确的预留资源还增大了维护工作量，而这些维护往往因对需求的认识不十分清楚而很不到位。并且对于当前并没有使用的资源，不仅缺乏认真维护和及时消缺的积极性，而且对维护的效果也较难检验和考核，随着时间的推移，会造成这些资源疏于维护、年久失修和广泛破损的局面。

实际上，将关注点从过度超前配置资源转移到注重系统的可扩展性和开放性，等到某种需求明朗化之后，再根据需要恰当地增配相应的资源是更加明智的做法。

1.6 遵循公共标准和避免专门定制更简单

在配电网及其自动化领域，已经颁布了大量标准，涵盖了工程建设的大部分需求。所谓标准即是“共识”，遵循这些共识会带来许多方便，但是许多规划和建设人员却喜欢标新立异采用专门特殊定制的做法。

遵循共识可以采购到更加成熟可靠的设备，减少故障率和维护工作量；而专门定制的设备往往比原理样机强不了多少，需要在运行中加以检验，风险和维护工作量都会增大。

选购符合标准的型号系列的设备，因制造商可以实现批量生产，其造价往往比专门特殊定制的设备低许多，而且供货周期也短得多，需要时可以较快地供出备品和备件。

遵循共识可以使对设备制造商的选择更加丰富，经过长期的市场竞争，各个厂家生产的标准设备的价格往往相差不大，因此可以将服务质量作为关注点从而筛选出服务质量更好的厂家。

遵循标准还可以增强设备的互换性，并使对设备的配套设施的设计考虑和建设施工更加简单；而采用专门定制的设备，往往带来与之配套的一切都必须专门定制的麻烦。

遵循标准还可以使设备间电气连接以及信息交互的设计和实现更加简单，从而使系统更加具有开放性，也为今后可能发生的进一步扩充提供了方便；而对电气接口以及信息交互协议的专门定制不仅增大了与相关制造企业之间的协调工作量，而且系统联调的工作量也很大，并且专门定制的格式、协议、规约等往往考虑的远没有像经过反复推敲和酝酿才最终颁布的公共标准那样周密。

因此，应尽可能地遵循公共标准是一种明智的做法，只有在万不得已的情况下才有必要考虑专门定制的方式，这样做是使问题简单化的有效途径之一，但是却往往没有被给予足够的重视，原因之一是许多规划和建设人员并不了解领域内究竟有哪些标准以及这些标准都规定了些什么内容。盲目追求创新的错误心态也是原因之一。

1.7 其他简化途径

能使配电网的问题简单化的途径还包括：

（1）能利用自然适应性解决的就不进行控制；

（2）能通过本地控制解决的就不进行广域协调控制；

（3）非进行广域控制不可的也应尽量减少控制对象数量和控制频繁程度；

（4）将一些指标限值作为资源；

（5）不必刻意追求完美；

（6）利用数据冗余提高容错性降低对数据可靠性的要求。

1.8 本章小结

解决具有点多面广特点的配电网问题宜尽量采取简单的方法，但是要做到简单化并不容易，下列为实现简单化的主要途径：

（1）降低系统规模；

（2）免维护或减少维护工作量；

（3）避免刻意追求先进性而使问题复杂化；

（4）避免在规划设计中刻意追求细节；

（5）减少尚不明确的预留资源；

（6）遵循公共标准和避免专门定制；

（7）充分利用自然适应性；

（8）充分发挥本地控制的作用；

（9）减少协调控制对象和次数；

（10）将一些指标作为资源；

（11）避免刻意追求完美；

（12）降低对数据可靠性的要求。

本章参考文献

［1］ 刘健，等. 城乡电网建设与改造指南［M］. 北京：中国水利水电出版社，2001.

［2］ 刘健，赵树仁，张小庆. 中国配电自动化的进展及若干建议［J］. 电力系统自动化，2012，36（19）：12–16.

［3］ 程红丽，王立，刘健，等. 电容储能的自动化终端备用开关电源设计［J］. 电力系统保护

与控制，2009，37（22）：116–120.

［4］ 刘健，沈兵兵，赵江河，等. 现代配电自动化系统［M］. 北京：中国水利水电出版社，2013.

［5］ 刘健，刘东，张小庆，等. 配电自动化系统测试技术［M］. 北京：中国水利水电出版社，2015.

［6］ 刘健，倪建立，蔺丽华. 配电网自动化新技术［M］. 北京：中国水利水电出版社，2004.

2 利用自然适应性改善配电网的性能

复杂的系统往往设施众多且相互关联，不仅造价高、维护工作量大，而且由于完成一个功能涉及的环节较多，不够可靠也不够迅速。因此，改善配电网性能的各类项目宜追求简单化，才能达到可靠、实用。

上述道理虽然比较容易理解，但是在现实中，将简单的问题复杂化的现象却并不少见，根本原因之一在于对如何才能简单化缺乏足够的认识，另外盲目追求先进、赶时髦以及缺乏现场实际经验也是重要原因。

在解决配电网问题时，借助高速可靠的通信网络对一些分散的对象进行协调控制的方法属于下策，根据本地量测信息进行就地控制的方法属于中策，利用配电网或其局部的自然适应性而不进行任何控制的方法才属于上策，因为影响其正常发挥作用的环节最少，最简单也最可靠，在实际工程中应尽量争取采用利用自然适应性的方法。

本章以几个工程应用案例进一步说明利用自然适应性解决配电网问题的可行性。

2.1 油田配电网无功补偿

电能是油田生产的最主要动力，随着油田的发展、油气勘探开发的深入，用电量将不断增大，同时电能在传输、使用中的损耗也随之增大。对于石油生产企业，能耗过大、生产成本增加将成为制约油田生产发展的重要因素。

电能消耗在采油行业总能耗中已占到 48%左右，每年电费约占生产总成本的 1/3。抽油机是油田配电网的主要负荷之一，其功率因数较低，导致油田配电网传输的无功功率较大，造成网损较大、电压质量较低和电网容量不能得以充分利用等问题。

因此，无功补偿的研究对于降低油田配电网的损耗和保障电压质量具有重要的意义。并联电容器是油田配电网无功补偿最重要的设备之一，由于抽油机负荷具有显著的周期波动性，装于油田配电网中的并联电容器一般被设计成根据功率因数的变化而分组投切电容器，造成电容器频繁投切，不仅容易损坏开关元件，而且也增加了无功补偿装置的复杂度和造价。

对抽油机负荷特性深入研究后不难发现，安装固定补偿电容器而不进行投切控制就能得到非常好的效果，从而使问题大大简单化。

抽油机负荷是以抽油机的冲程为周期、连续变化的周期性负荷，在一个周期内，每时每刻的负荷不同，这种负荷占油区总负荷的 80%以上。

抽油机靠抽油杆的上下运动将原油抽汲到地面的管网中，抽油机的上冲程起油柱时所需的功率较大，而下冲程时无需动力可自行下落。为了使负荷均匀，一般配有某种平衡机构，如平衡块，电机轴上形成的总负载转矩为油井负荷扭矩与平衡扭矩之和[1]。平衡扭矩是一正弦曲线，而油井负荷不规则，形成的总负载转矩曲线有些变形但是仍接近正弦曲线。与抽油机电机的输出功率相比，电机的损耗较小，所以电机的输入功率与转矩成正比，波形也接近正弦曲线。

抽油机的负荷曲线上有两个峰值，分别为抽油机上下冲程的死点。抽油机自由停车后再启动时，总是从两个死点中负载较大的死点开始启动，因此抽油机电机要求启动转矩大。为了保证足够大的启动转矩，抽油机正常运行时负荷率很低，一般在 20%左右[2]。由感应电机的特性可知，抽油机的无功功率虽然与电机负载大小有一定关系，但是抽油机的负载率很低，所以抽油机上下冲程的无功功率的变化较小。

不同油井抽油机的负荷曲线不同，但是通过对抽油机负荷特性的大量测试表明，各种抽油机负荷功率变化曲线很相似[3]。图 2–1 为一个典型的抽油机负荷功率变化曲线图。

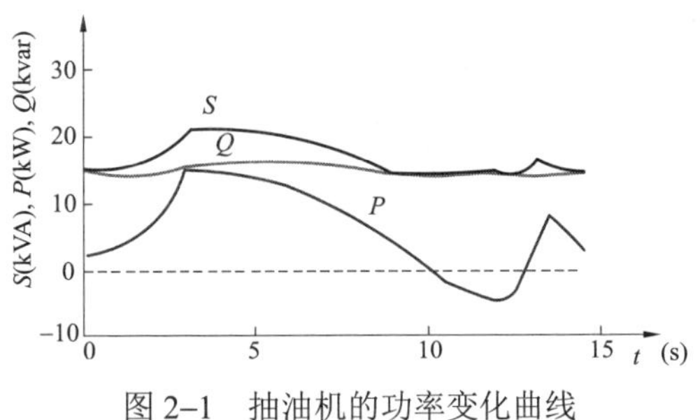

图 2–1　抽油机的功率变化曲线

由图 2–1 可以看出，其有功功率以冲程为周期变化较大，但是无功功率的波动范围较小，导致功率因数呈现周期性变化，若采用根据功率因数动态投切电容器组的方法则必然造成频繁投切。

但是，无功补偿的目的并非保障高功率因数，而是旨在减少无功功率流动，因此利用抽油机的无功功率的波动范围较小的特点，可以采用固定电容器的方案进行低压侧无功补偿，电容器的容量需根据所补偿的抽油机的无功功率确定。

在资金允许的条件下，可以为每一台抽油机都安装固定电容器进行就地无功补偿，对于多台抽油机共用一台配电变压器的情形，也可以共享一台固定电容器。

在资金有限的情况下，可以降损收益最大为目标函数，以允许投入的资金为约束条件，从而将固定电容器的选址定容问题转化为优化问题进行求解，最终获得最佳方案。这部分内容将在8.3节中详细论述。

2.2 分布式电源的自由消纳能力

研究分析表明，在分布式电源接入容量不是很大的情况下，做好分布式电源接入规划，尽量做到“大马拉小车”，则即使不对分布式电源采取任何控制措施，配电网也有比较强的消纳能力，这种消纳方式称为自由消纳方式。

由于容量较小，分布式电源（尤其是逆变器并网型分布式电源）对短路电流的影响较小，而约束分布式电源接入的主要因素是电压质量。分布式电源接入配电网应同时满足3个条件：① 分布式电源接入后馈线上任何位置处的电压偏差不超越额定电压的上限；② 分布式电源退出运行后馈线上任何位置处的电压偏差不跌落到额定电压的下限；③ 馈线上任何位置处的由分布式电源引起的电压波动不超过允许限值。

上述3条约束曲线共同围成的阴影部分区域就是不对分布式电源采取任何控制措施的条件下分布式电源的可接入容量范围[4]。例如，对于一条负荷功率沿馈线递增分布、分布式光伏电源容量沿馈线均匀分布的馈线，供电半径为5km，分别采用YJV–120型电缆和LGJ–120型架空线，在容载比为75%的情况下，分布式光伏电源的允许接入容量范围分别如图2–2和图2–3中阴影区域所示。图中，P_{PV}表示分布式光伏电源的容量。由图可见，即使不对分布式电源进行控制，馈线对其的消纳能力也很大。这部分内容将在10.1节详细论述。

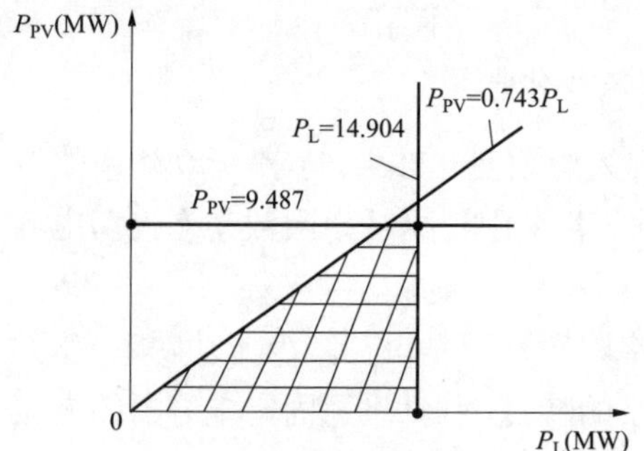

图2–2 YJV–120型电缆条件下分布式光伏电源允许接入的容量范围

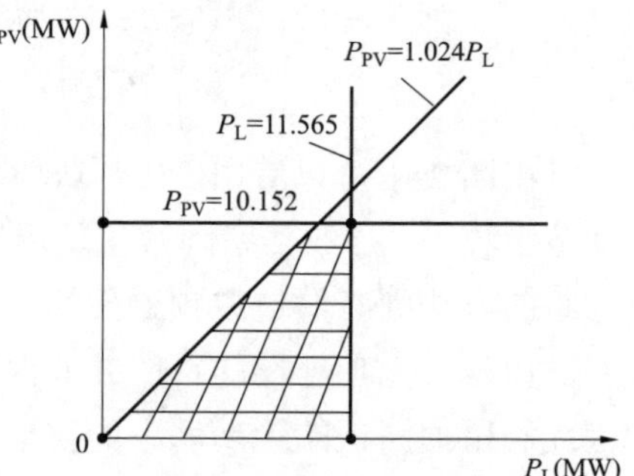

图2–3 LGJ–120型架空线条件下分布式光伏电源允许接入的容量范围

2.3 利用自然适应性解决农村配电网电压质量问题

电压质量问题是农村配电网面临的挑战之一，有的地方电压始终偏低，有的地方电压始终偏高，还有的地方有时电压高（后半夜）有时电压低（白天），有的地方电压波动和电压闪变问题比较突出。

对于电压始终偏低和电压始终偏高的供电区域，往往只需恰当调整配电变压器分接头就可以比较好地解决电压偏差问题，这也是利用自然适应性的一种情形，但是一般不能解决电压波动和电压闪变问题。对于有时电压过高有时电压过低的供电区域，调整变压器分接头不能解决电压质量问题。

对解决农村配电网电压质量问题有效果的措施包括：网络重构[5]、增大导线截面、调压器、并联电容器[6]、串联电容器[7]、利用分布式电源[8]、利用电力电子装备[9]、利用储能设备[10]等。

好的储能措施可以解决电压暂降和电压闪变问题，但是往往解决电压偏差问题的能力较差，而且建设费用和运行维护费用都比较高，因此通常用在不得不用的“不寻常”场合。

恰当使用正确类型的电力电子设备几乎可以解决任何电压质量问题，但是建设费用和运行维护费用高，而且会增大损耗，因此宜尽量不在农村配电网使用。

分布式电源对于电压质量有一定影响，但是它不适合于仅仅作为电压支持手段而建设，因为会引起许多复杂的运行问题。

串联补偿电容器对于导线截面大且长的线路效果好，但是需要采取 10kV 快速开关对电容器进行保护，以避免在馈线发生故障时导致电容器承受太高的电压而损坏，因此整套设备造价较高，宜限制在不得不用的场合使用。

并联电容器是一种较好的手段，但是如果需要动态投切则费用较高，且增加运行维护的费用及其复杂程度。

安装于母线的调压器（如有载调压变压器）往往不能兼顾部分馈线需要升压而部分馈线需要降压的情形，而对每条馈线分别安装调压器则费用很高。

网络重构也有助于解决电压偏差问题，但是需要安装配电终端和建设通信网络。

增大架空线导线截面有助于解决电压偏差和电压波动问题，但仅在针对截面较小的导线时效果较好。因为馈线的阻抗为 $R+jX$，增大导线截面可以减少 R 但是对 X 的影响却比较小。当导线截面增大到一定程度后，R/X 已经较小，馈线的阻抗主要取决于 X，再继续增大导线截面，对电压降落的改善效果较小。

缩小架空导线相间距离可以减少 X，因此可以将部分馈线段改用紧凑型结构敷设。将架空馈线的一部分改造成三芯电缆，可以极大地缩小导线相间距离并有效减少 X，采用较大截面的导体（或铜导体）又能有效减少 R，从而有效降低母线到负荷之间的阻抗，能够有效减少电压偏差和电压波动。换句话说，在同样的负荷条件下，在给定的电压偏差极限限值和电压波动指标下，采用三芯电缆替换一部分架空线可以有效延长供电半径。

替换一部分架空线的三芯电缆可以利用原有配电线杆架空敷设，经过核算在大部分情形下不必更换线杆。由于越接近母线的馈线段上流过的电流往往越大、产生的单位长度压降也越大，因此一般可以选择将靠近母线的馈线段更换为三芯电缆。采用三芯电缆后还可以显著改善受树木侵害区域的可靠性，因此也可以选择将容易受到树木侵害的架空馈线段更换为三芯电缆。

2.4 发挥自然适应性的运行方式

许多人认为通过配电网络重构可以有效降低配电网的线损率，这方面也有大量学术论文发表[11-12]。但是，仔细研究后发现，通过网络重构改变运行方式对配电网的线损的影响并没有那么显著，主要原因在于：

（1）通过网络重构改变运行方式一般只能降低10kV配电网主干馈线段的导体损耗，而不能影响到分支馈线段、配电变压器以及低压配电网的损耗。而配电网的损耗主要来自于配电变压器和低压配电网，10kV 主干馈线段的导体损耗率通常都比较小，因此降损效果并不突出。

（2）即使对于 10kV 配电网主干馈线段的线损，也只有当相互联络的馈线供出的负荷具有时间上的交错性时（如：白天 A 馈线负荷重，B 馈线负荷轻；夜间 B 馈线负荷重，A 馈线负荷轻），适时改变运行方式才有一定的降损效果（如：白天将 A 馈线的部分负荷倒至 B 馈线，夜间再将其倒回来），但是对于区域配电网，其大部分馈线供出的负荷的特性都比较接近，在时间上的交错性并不强。

（3）大量文献研究的都是在某个时间断面条件下的最优运行方式问题，而实际上无论负荷还是分布式电源的出力都是变化的，仅仅根据某个时间断面数据安排运行方式，会造成运行方式频繁调整的问题，而对于部分不宜合环的情形，往往在运行方式调整过程中对部分用户带来短暂停电问题。

实际上，对于配电网的运行方式通常并不需要频繁调整，而只需要结合负荷特性固定一种在一段时期内（如一日）的总线损电量最小的运行方式即可。当然，由于随着时间的推移，负荷特性会发生一些变化，一段时间后往往需要适当移动联络开关的安装位置以适应这种变化，但是仍然没有必要为了降损的目的而频繁调整运行方式。

在绝大多数情况下，配电网可以损耗电量最低的固定方式运行而不必为降损来频繁调整运行方式，这也是发挥自然适应性的一个例子。

2.5 本 章 小 结

（1）在许多情形下，利用自然适应性能够改善配电网的性能。由于不需要采取任何控制手段，这种方法实现简单、运行可靠，往往造价也经济。

（2）抽油机无功功率的波动范围较小，可以采用固定电容器进行低压侧无功补偿，而不需要根据功率因数动态调整电容器的补偿容量。

（3）做好分布式电源接入规划，尽量做到“大马拉小车”，则即使不对分布式电源采取任何控制措施，配电网也有比较强的消纳能力。

（4）将架空馈线的一部分改造成三芯电缆，可以有效降低母线到负荷之间的阻抗，从而有效减少电压偏差和电压波动并延长供电半径，大部分情况下，三芯电缆可以利用原有线杆架空敷设。

（5）在大多数情况下，配电网可以损耗电量最低的固定方式运行而不必为降损而频繁调整运行方式。

本 章 参 考 文 献

[1] 薄保中，龚新强. 抽油机电机的节能改造［J］. 节能技术，2000，18（2）：31–32.

[2] 周新生，程汉湘，刘建，等. 抽油机的负载特性及提高功率因数措施的研究［J］. 北华大学学报（自然科学版），2003，4（6）：536–540.

[3] 张小宁，张宝贵，陆则印，等. 油田抽油机供电系统无功补偿研究与应用［J］. 电力自动化设备，2004，24（4）：57–60.

[4] 刘健，张志华，黄炜，等. 分布式电源接入对配电网故障定位及电压质量的影响分析［J］. 电力建设，2015，36（1）：115–121.

[5] 毕鹏翔，刘健，张文元. 以提高供电电压质量为目标的配网重构［J］. 电网技术，2002，26（2）：41–43.

[6] 刘健，阎昆，程红丽. 树状配电线路并联电容器无功优化规划［J］. 电网技术，2006，30（18）：81–84.

[7] 王笑棠，王曜飞，宋亚夫，等. 串补解决 10kV 配电线路高压与低压问题的研究［J］. 电力电容器与无功补偿，2015（2）：33–37.

[8] 黄伟，崔屹平，华亮亮，等. 基于小水电及储能的主动配电网电压控制［J］. 电力建设，2015，36（1）：103–109.

［9］ 唐杰，王跃球，刘丽，等. 配电网静止同步补偿器新型双闭环控制策略［J］. 高电压技术，2010，36（2）：495–500.

［10］ 王云玲，曾杰，张步涵，等. 基于超级电容器储能系统的动态电压调节器［J］. 电网技术，2007，31（8）：58–62.

［11］ 刘健，毕鹏翔，董海鹏. 复杂配电网简化分析与优化［M］. 北京：中国电力出版社，2002.

［12］ 刘健，武晓朦，余健明. 考虑负荷不确定性和相关性的配电网络重构［J］. 电工技术学报，2006，21（12）：54–59.

3　发挥本地控制作用改善配电网的性能

在实际当中，通过恰当的设计和建设，利用配电网或其局部的自然适应性而不进行任何控制的方法是解决配电网问题的上策。

当仅仅利用配电网的自然适应性不能满足要求的情形下，往往必须引入控制策略。比如：故障后必须采取控制措施进行故障处理，当配电网的运行越限时（如过电流、过电压等）必须采取控制措施加以解决。

相比借助通信网络对一些分散的对象进行协调控制的方法，本地控制只需根据本地的量测信息就能进行预定的控制，它不需要借助通信网，也不依赖异地信息，因此不仅具有牵扯环节少和简单可靠的优点，而且往往控制的响应速度也很快，在实际工程中应尽量发挥本地控制的作用。

本章结合实际应用，论述几个发挥本地控制作用的应用案例。

3.1　发挥继电保护的作用实现快速故障处理

配电网主干线的绝缘化程度一般较高，电气设备的质量也较好，因此故障率较低，分支线和用户线的故障比例达到 80%以上。

传统做法大都仅在变电站 10kV 出线断路器配置继电保护装置，则馈线上任何位置故障均会导致变电站 10kV 出线断路器跳闸造成全馈线停电，对供电可靠性造成较大影响[1]。

若对故障率较高、维修时间长的分支线配置断路器和快速电流保护，与变电站出线断路器实现级差配合，就能实现分支线故障后快速切除不影响馈线其余部分正常供电，可使故障停电户时数大为减少。

在与中压配电网相关的继电保护运行整定规程和设计规范中，均对于在变电站出线断路器可以不配置瞬时速断电流保护而配置延时电流保护的条件进行了描述，指出在线路短路不会造成发电厂厂用母线或重要用户母线电压低于额定电压的 60%、线路导线截面较大允许带时限切除短路、并且过电流保护的时限不大于 0.5～0.7s 的情况下，可以不装设瞬时电流速断保护，而采用延时电流速断保护或过电流保护[2-4]，为多级级差保护配合提供了条件。

变电站出线断路器的过流保护动作时间一般为 0.5～0.7s。考虑最不利的情况，为了不影响上级保护的整定值，需要在此时间内安排多级级差保护的延时配合。

对于馈线断路器使用弹簧储能操动机构的情形，其分闸时间一般小于 60～80ms，采用全波傅氏算法故障检测的保护出口时间在 30ms 左右，继电器驱动时间一般为 5ms 左右，考虑一定的时间裕度，延时时间级差可以设置为 200～250ms，从而实现“变电站出线断路器—分支线断路器两级级差保护配合”[5]。

对于馈线断路器使用永磁操动机构的情形，其分闸时间可以做到 20ms 左右。采用全波傅氏算法故障检测的保护出口时间在 30ms 左右，若采用 IGBT 驱动则时间可忽略不计，若仍采用继电器驱动则一般在 5ms 左右，考虑一定的时间裕度，延时时间级差可以设置为 150～200ms，从而实现“变电站出线断路器—分支线断路器—次分支/用户断路器三级级差保护配合”[5]。

在系统的抗短路电流承受能力较强的情况下，可适当延长变电站出线断路器的过流保护动作延时时间，以便提高多级级差配合的可靠性。

由于要求变压器、断路器、负荷开关、隔离开关、线路以及电流互感器的热稳定校验时间为 2s，因此所建议的多级级差保护配合方案并没有对这些设备造成影响。

即使变电站出线断路器配置瞬时速断保护，馈线上仍有保护配合可能，因为瞬时速断保护并不保护馈线全长，馈线下游部分区域发生相间短路故障（尤其是两相相间短路故障，其在架空线发生的比例远较三相相间短路高）时将不启动变电站出线断路器配置的瞬时速断保护，而仅启动其延时速断保护[6]。

在馈线分支 W 处配置断路器和继电保护装置的作用是当 W 下游故障时能够避免 W 上游的用户停电，其对供电可用率的改进为：

$$\Delta ASAI_1 = \frac{F_{W-} N_{W+} T}{8760N} \tag{3-1}$$

式中：F_{W-}为 W 下游的故障率，次/年；N_{W+}为 W 上游的用户数；N 为馈线的总用户数；T 为每次故障修复时间。

如果所有易发生故障的分支都配置继电保护装置，并且能可靠配合的话，原则上可以解决 80%的相间短路故障问题。

例如，对于图 3–1（a）所示的架空配电网，变电站出线断路器 S1 配置瞬时电流速断保护、过流保护以及自动重合闸功能，过流保护延时时间为 500ms；大方块表示的断路器配置电流保护，延时时间为 250ms；小方块表示的断路器配置电流保护，延时时间为 0s。虚线框表示变电站出线断路器瞬时速断保护动作区以外的区域。

当用户开关 J 下游发生两相相间短路时，由于在变电站出线断路器瞬时速断保护动作区外，J 断路器的电流保护动作跳闸切除故障就完成了故障处理，如

图 3–1（b）所示。

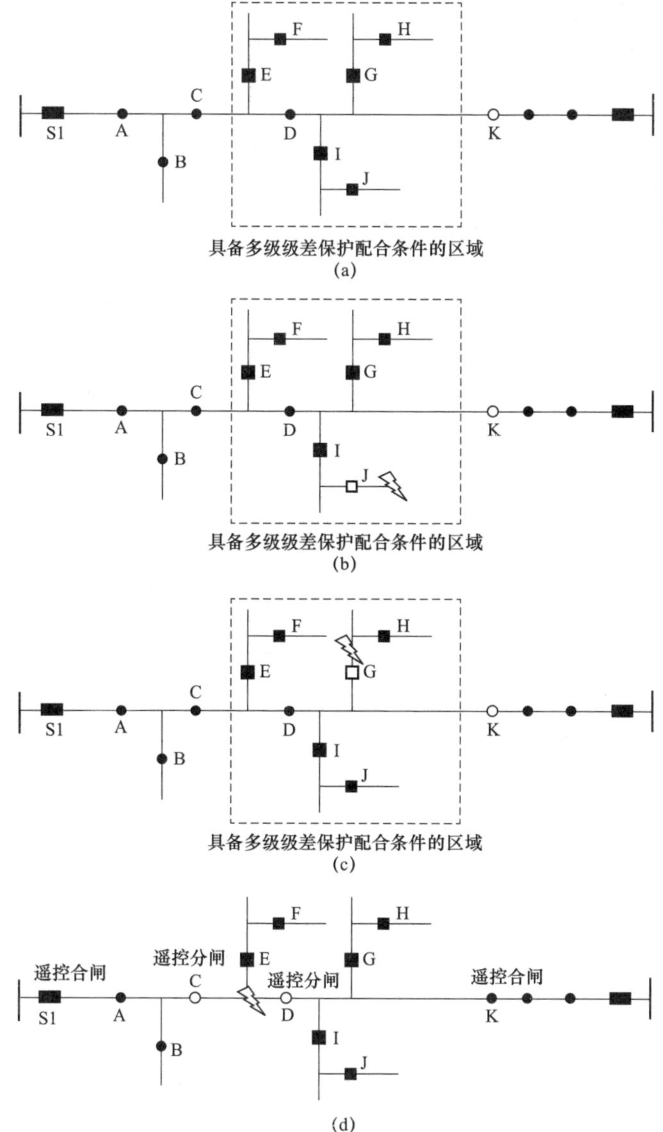

图 3–1　发挥多级级差继电保护配合作用的故障处理实例

（a）正常运行方式；（b）J 下游发生两相相间短路时，J 跳闸切除故障；（c）G 下游发生两相相间短路时，G 跳闸切除故障；（d）C 和 D 之间发生永久性相间短路故障时的故障处理结果

当分支开关 G 下游发生两相相间短路时，由于在变电站出线断路器瞬时速断保护动作区外，G 断路器的电流保护动作跳闸切除故障就完成了故障处理，如图 3–1（c）所示。

当主干线上开关 C 和 D 之间区域发生永久性相间短路故障时，由于在变电站出线断路器瞬时速断保护动作区内，导致 S1 跳闸切除故障，之后 S1 重合失败，配电自动化系统根据故障信息上报情况判断出故障就发生在 C 和 D 间，遥控 C 和 D 分闸、遥控 S1 和 K 合闸，完成故障处理，如图 3–1（d）所示。

除了上述基于时间级差配合的继电保护配合方式之外，对于供电半径较长的城郊或者农村配电线路，在馈线发生故障时，故障位置上游各个分段开关处的短路电流水平差异比较明显，还具有采取多级三段式电流保护配合的可行性[7]。

值得一提的是，对于系统短路容量较小、供电半径很长的农村配电线路，在其末端发生两相相间短路时的短路电流甚至低于最大负荷电流，在这种情况下，必须对其进行恰当分段，并配置多级三段式电流保护。因为，变电站出线断路器的Ⅲ段保护电流定值也需高于其下游最大负荷电流，仅仅依靠变电站出线断路器的继电保护装置已经无法完成保护功能。

3.2　发挥自动重合闸控制的作用

由于故障大多发生在架空线部分，且很多都是瞬时性故障，因此可以在配备了本地继电保护的架空馈线或电缆—架空混合馈线断路器配置自动重合闸功能，虽然它不具备故障定位与隔离功能，但是它可以在瞬时故障情况下恢复全部或部分馈线段供电。

如果仅仅在变电站出线断路器装设了重合闸控制器，一旦馈线上发生了越级跳闸，即使重合闸成功也只能恢复部分馈线段供电。因此，架空线沿线设有保护功能的断路器均应配置自动重合闸功能，该自动重合闸控制在检测到电源侧有电压时启动（即当供电恢复到相应断路器才启动，称为“来电启动”）。这样，对于瞬时性故障的情形，无论是否发生越级跳闸都能恢复全馈线供电（即恢复到正常运行方式）。

假设永久性故障所占的比例为$\eta\%$，在馈线分支 W 处除了配置继电保护以外，再配置自动重合闸控制，其作用是当其下游发生瞬时性故障时能够迅速重合，避免该区域用户停电，对供电可用率的进一步改进为：

$$\Delta ASAI_2 = \frac{(1-\eta\%)F_{W-}N_{W-}T}{8\,760N} \tag{3–2}$$

式中：N_{W-} 为 W 下游的用户数。

同时在该馈线的变电站出线断路器也配置自动重合闸控制后，其作用是当变电站出线断路器与 W 之间发生瞬时性故障时能够迅速重合，避免整条馈线用户停电，则对供电可用率的进一步改进为：

$$\Delta ASAI_3 = \frac{(1-\eta\%)F_{W+}T}{8\,760} \tag{3-3}$$

式中：F_{W+}为 W 上游的年故障率。

3.3 发挥备自投的作用

备自投不具备故障定位与隔离功能，但是在主供电源因故障而失去供电能力时，它可以快速切换从而迅速恢复双电源用户供电。

对于国网公司划定的 A+类供电区域，供电可靠性要求达到 99.999%，户均停电时间每年不能超过 5min，其中还包含计划停电的因素，留给故障处理的时间非常短。基于集中智能配电自动化系统，由于存在配电自动化系统故障收集时间和开关遥控顺序操作时间等，即使全部开关都配置“三遥”终端，也较难以满足要求[8]。

保障 A+类供电区域供电可靠性的有效措施为：采用电缆供电降低故障率、为所有用户配置两路及以上供电途径并配置备自投控制装置、分段开关安装配电终端（“三遥”、“二遥”甚至故障指示器），当用户的主供电源因故障而失去供电能力时快速切换到另一电源迅速恢复用户供电，故障所在馈线的配电终端将故障信息上报配电自动化主站进行故障定位，根据定位结果派出工作人员赴现场进行检修，修复后再将用户的供电方式切换回正常方式。

我国配电网目前面临的挑战之一是：一方面变电站的备用出线间隔和线路走廊已经极少、难以满足日益增长的负荷要求，并且在负荷中心新建变电站的困难越来越大；另一方面变电站大量的出线间隔被轻载的用户专线占用，而不能发挥出其应有的供电能力。

如果能将轻载专线用户改由公共馈线供电，并且为他们提供两个供电途径并配置备自投控制装置，则不仅能够更好地保障这些用户的供电可靠性（供电可用率比辐射状专线还要高），而且可以释放出宝贵的出线间隔，从而显著提升该区域配电网的供电能力，从而实现双赢。

3.4 分布式电源的本地控制消纳方式

在分布式电源接入容量不是很大的情况下，即使不对其采取任何控制措施，配电网也有比较强的消纳能力，称为自由消纳方式。

在分布式电源接入容量超出自由消纳能力的情况下，首先可以考虑在较大容量的分布式电源中采取本地控制策略，不必借助通信网络和协调控制，而仅仅根据分布式电源本地采集到的接入点实时电压信息，对其输出的无功功率或有功功率率进行本地调节，以满足轻载或重载条件下的电压偏差不致越限的要求，称为本地控制消纳方式。

分布式电源的接入对馈线电压具有抬升作用，而且对于出力受自然因素影响的分布式电源（如光伏、风电等），由于其出力的波动性还会产生电压波动，因此对其接入点的电压抬升作用和电压波动作用最大。接入多台分布式电源的馈线，其沿线电压在各个分布式电源的接入点形成一个个电压极值点，因此只要根据分布式电源接入点的电压对其采取本地控制策略，使这些极值点的电压满足电压约束，则一般可使整条馈线的电压满足电压约束要求，这就是本地控制消纳方式具有可行性的理论依据。

由于调节无功功率对电压幅值的调节效果比较明显，而且为了充分利用自然资源提供有功功率和保护分布式电源业主的利益，因此本地控制宜在保证有功功率的前提下、在剩余容量允许的范围内以调节分布式电源的无功功率为优先，在无功功率调节到剩余容量极限还不能解决电压偏差问题（或该分布式电源只能提供有功功率）的情况下，再对分布式电源的有功功率进行调节。

分布式电源的本地控制策略可以按固定时间间隔对分布式电源的出力进行调整。当观测到接入点的电压越上限时进行无功功率调节并在有必要时配合以有功功率调节以消除电压越限；当接入点不出现电压越上限时，实时计算该点可继续接纳的分布式电源有功出力容量，并释放相应的受限上网出力以实现最大化接纳分布式电源的容量，另外在电压不越限的条件下调节并网的无功功率，以减小分布式电源无功功率带来的损耗并释放无功功率所占用的并网逆变器容量，也可避免分布式电源之间的无功振荡问题。

对分布式电源进行本地控制，不仅可以提高配电网对分布式电源的消纳能力，而且可以充分利用分布式电源所具有的可以根据需要发出感性无功功率或容性无功功率、并且可以连续调节无功功率输出的特点，实现配电网无功电压控制，解决低电压和过电压问题，由于是利用变流器的剩余容量提供所需的无功功率，因此一般不影响自然资源的利用和有功功率输出。

例如，对于电缆化率较高的城市配电网，白天由于负荷较重且多呈感性，可能存在个别节点电压偏低问题，此时可以通过本地控制令一些分布式电源发出感性无功功率进行补偿以解决低电压问题；夜间由于负荷较轻，电缆馈线表现出容性无功功率而可能导致一些节点电压偏高，此时可以通过本地控制令一些分布式电源吸收感性无功功率进行补偿以解决高电压问题。

3.5 本 章 小 结

（1）相比借助通信网络对一些分散的对象进行协调控制的方法，本地控制具有简单可靠的优点，而且响应速度快，实际中应尽量发挥本地控制的作用。

（2）发挥配电网继电保护配合的作用，可以迅速可靠地切除故障，做到分支线故障不影响主干线，显著提高配电网供电可靠性。

（3）结合继电保护，配置来电启动的自动重合闸控制，能够在发生瞬时性故障时快速恢复供电，进一步提高配电网供电可靠性。

（4）对于高供电可靠性要求的用户配置备自投控制，是保障所要求的供电可靠性指标得以实现的有效措施。配置备自投对于“专改公”、释放变电站出线间隔的供电能力也具有积极意义。

（5）本地控制消纳方式不仅能够有效提高分布式电源的消纳能力，而且对于解决配电网电压问题也具有积极的意义。

本章参考文献

［1］崔其会，薄纯杰，李文亮，等. 10kV 配电线路保护定值的整定探讨［J］. 供用电，2009，26（6）：32–34.

［2］DL/T 584—2007　3kV～110kV 电网继电保护装置运行整定规程［S］. 2007.

［3］GB/T 14285—2006　继电保护和安全自动装置技术规程［S］. 2006.

［4］GB/T 50062—2008　电力装置的继电保护和自动装置设计规范［S］. 2008.

［5］刘健，张志华，张小庆，等. 继电保护与配电自动化配合的配电网故障处理［J］. 电力系统保护与控制，2011，39（16）：53～57.

［6］刘健，同向前，张小庆，等. 配电网继电保护与故障处理［M］. 北京：中国电力出版社，2014.

［7］刘健，刘超，张小庆，等. 配电网多级继电保护配合的关键技术研究［J］. 电力系统保护与控制，2015，43（9）：35–41.

［8］刘健，林涛，赵江河，等. 面向供电可靠性的配电自动化系统规划研究［J］. 电力系统保护与控制，2014，42（11）：52–56.

4　将一些指标当作资源以简化配电网

包括配电网在内的电力系统在运行中需要满足许多性能指标，包括供电可靠性、电压质量、线损、频率等。有些指标是强制性的，有些指标是电力公司“自我加压”要求的，也有一些指标是电力公司与用户协商确定的（尽管目前国内这类指标很少，但在发达国家却很普遍）。

在科技高度发展的今天，如果不计代价一般都可以获得很高的运行指标，但是任何提高运行指标的措施都要花费资金（不仅仅是建设资金，一般还涉及维护费用甚至租赁费用等），有些措施还会显著增加系统运行的复杂性（比如需要借助高速可靠通信的实时监控措施）。

将一些指标当作资源，在配电网规划、设计、建设和运行中加以充分利用，往往可以有效简化配电网并显著降低费用。

欧美发达国家认为：不能充分使用指标的可用范围是输配电行业最普遍的“不好做法”[1]。

在需要加以充分利用的指标中，可靠性指标和电压偏差指标的合理利用，收益最为明显，本文即论述可靠性指标和电压偏差指标的合理利用问题。

4.1　面向可靠性的配电自动化终端配置规划

造成用户停电的原因包括 3 类：非限电因素计划停电（即预安排停电）、因限电造成的停电、因故障导致的停电，我国通常用不计及因限电造成停电的系统平均供电可用率（即 RS–3）作为可靠性指标。

据统计，随着我国电网建设的发展，因限电造成的停电在所有停电中占据的比例在逐渐减小，近年来已经基本没有发生严重的拉闸限电；但是非限电因素计划停电仍是主要的停电原因。根据 2002～2011 年全国城市 10kV 用户供电可靠性统计数据[2–5]，故障停电户时数仅占约 30%，目前计划停电仍是影响供电可靠性的主要因素，随着电网建设的日臻完善以及运维管理水平的不断提高，非限电因素计划停电的比例将会逐渐降低至较低水平。

故障是指可引起意外停运或停电的所有原因，包括设备失效、风暴、地震、车祸、破坏、操作错误或其他未知原因。故障处理过程对供电可靠性的影响主要取决于故障区域查找时间、故障区域隔离时间和故障修复时间。

若采用“二遥”配电终端或可上传故障信息的故障指示器，一般不需要改造开关，通信通道可采用 GPRS，建设费用低，但是只能定位故障区域而不能自动隔离故障和恢复健全区域供电，需要人工到现场进行操作。

若采用“三遥”配电终端，往往需要为开关加装电动操作机构以及建设光纤通信通道，它不仅能定位故障区域，而且可以自动隔离故障区域和恢复健全区域供电，但是建设费用也较高。

国家电网公司和中国南方电网公司都根据区域差异性将供电区域进行了分类，并规定了各类区域对供电可靠性的要求。比如国家电网公司将供电区域划分为 A+、A、B、C、D 和 E 6 类，其供电可用率的要求分别为：99.999%、99.99%、99.965%、99.897%、99.828%和达到对社会承诺即可。

现实当中许多城市存在配电自动化过度建设的问题，在这些配电自动化系统建设项目中，“见开关就装配电自动化终端，凡配电自动化终端一律采用三遥配置”，往往导致为了建设配电自动化而大量改造甚至彻底更换柱上开关和环网柜，不仅造成巨大的浪费而且效果不佳。这些项目的设计师和决策者的宗旨是为了提高配电自动化覆盖率。应当说配电自动化的覆盖率确实是一个值得大力追求的建设目标，否则从运行和管理上都不能“齐步走、高标准、严要求”，也难以发挥出规模效益（20 世纪末掀起的那一轮配电自动化建设高潮没有发挥出应有作用的主要教训之一也在于此，那时建设的配电自动化系统普遍存在“头大身子小”的问题）。但是，在对覆盖率的认识上存在误区，许多人认为必须将馈线上的所有开关都配置了自动化终端才算覆盖到该馈线，而欧美和日韩等配电自动化发达国家普遍认为一条馈线上只要配置至少一台自动化终端，就认为该馈线被覆盖到了。

因此，应当根据各供电区域对供电可用率的不同，进行差异化规划和建设，充分利用好供电可用率这个指标，达到事半而功倍的目的。

例如，某区域目前每年户均停电时间为 130min，其中预安排停电占 85min，故障停电占 45min。该区域为 A 类区域，要求的供电可用率为 99.99%，允许的每年户均停电时间不超过 52min。

通过运维管理提升，科学安排停电计划、推广带电作业和不停电检修技术、增加检修资源和装备、提高检修人员熟练程度等，可望将预安排停电时间大幅度降低到 35min。

因此，还需要将每年户均故障停电时间降低到 17min 以下，由于该区域配电网满足 N–1 准则，每条馈线只需要布置 2 台可以实现“三遥”的分段开关，把馈线分割成 3 个馈线段，故障时将在修复期间停电的范围减少到目前的三分之一即可以将每年户均故障停电时间从目前的 45min 降到 15min。值得一提的是，对于架空馈线而言，1 台“三遥”开关就对应 1 台配电自动化终端；而对于电缆馈线，有时可能不止 1 台需要“三遥”的开关位于同一台环网柜内，此时可共享 1 台配电自动化终端。

基于上述原理，国家电网公司颁布了 Q/GDW 11184—2014《配电自动化规划设计技术导则》[6]，给出了各类供电区域在满足 N–1 准则和不满足 N–1 准则两种情况下，全部采用“三遥”、全部采用“二遥”以及采用“三遥”和“二遥”混合方式所需的配电自动化终端最少数量的计算公式。还给出了对于各种长度馈线，在典型单位长度故障率、典型故障查找时间和修复时间条件下各类配电自动化终端的典型配置数量列表，在实际应用中宜参照执行，避免过度超额配置。

本章文献［7—8］对面向供电可靠性的配电自动化系统差异化规划方法进行了比较详细的分析，并给出各类供电区域的配电自动化终端类型建议，如表 4–1 所示。

表 4–1　　各类供电区域的配电终端配置方式

供电区域	终端配置方式
A+	“三遥”，必要时配置自动装置
A	“三遥”或“二遥”或故障指示器
B	以“二遥”或故障指示器为主，联络开关和特别重要的分段开关也可配置“三遥”
C、D	原则上“二遥”或故障指示器，确需“三遥”时需经过充分论证
E	故障指示器或暂不建设

将供电可靠性指标作为资源是一种务实的做法，从法国配电自动化（DAS）的发展历程中也可得到相类似的启示[9]。

法国配电自动化的第一阶段就是在所有的配电开关处安装具有本地信号的故障指示器（ID）。第二阶段在一些选定的开关处安装通信单元（BC），并将附近一部分 ID 集结到 BC。第三阶段在一些重要的开关处安装远方监控设备（ITI），并将附近一部分 ID 集结到 ITI，一般一条馈线不超过 4 个具有“三遥”功能的开关。第四阶段在双回线供电的情况下，使用 ITI 的双电源自动切换功能。

随着配电自动化水平的逐渐提高，故障发生后的工作情况如表 4–2 所示。

表 4–2　　不同程度配电自动化故障后的工作情况

DAS 程度	故障发生后进行的工作情况
无任何 自动化设备	1）故障定位需要很长时间和跑很多路，还受交通阻塞等因素影响； 2）在查找线路的整个时间内，故障所在馈线都处于停电状态； 3）为了进行故障定位需要合/分操作过多的开关

续表

DAS 程度	故障发生后进行的工作情况
仅安装了 ID（第一阶段）	1）根据故障指示很容易定位故障，但是仍需要进行现场勘察； 2）进行故障定位只需要操作故障区域相邻的开关和联络开关即可，但仍需要赴现场操作
安装了 ID 和 BC（第二阶段）	1）可实现故障迅速定位； 2）只须进行很少的现场勘察； 3）进行故障定位只需要操作故障区域相邻的开关和联络开关即可，但仍需要赴现场操作
安装了 ID、BC 和 ITI（第三、四阶段）	1）可实现故障迅速定位； 2）故障区域隔离可以采取远方控制方式； 3）可以采用网络重构自动恢复受故障影响的健全区域供电； 4）进行故障定位只需要操作故障区域相邻的开关和联络开关即可，且不需要赴现场操作； 5）故障时双电源用户可迅速切换到备用供电途径

综上所述，将供电可靠性指标当作资源而充分加以利用，根据需要科学地规划和建设配电自动化系统，能够在保障供电可靠性指标的前提下降低系统规模，从而有效避免过度建设与浪费，并显著减少维护工作量。

4.2 将电压指标作为资源

GB/T 12325—2008《电能质量 供电电压偏差》[10]中规定了 35kV 配电网的电压偏差限值为“供电电压正、负偏差的绝对值之和不超过标称电压的 10%”，20、10kV 和 6kV 配电网的电压偏差限值为“标称电压的±7%”。

在配电系统中，正是电压幅值而非相角使得功率得以传输，电压降是不可避免的，任何一种减少电压降的方法都需要花费资金甚至增加运行的复杂性。因此，最好将电压、特别是电压降看成是一种资源，在输配电规划的配置和实施中将其精打细算地使用，并达到最优化的目的。一个妥善利用电压降，并且充分利用电压的全部可用范围的规划人员，总是胜过一个不能以较低的代价设计出满足适应所有准则限值的馈线的规划人员。

例如，对于 10kV 配电网，其允许的电压偏差范围为±7%（即 9.3～10.7kV），则在准备投资减少电压降之前，应当将该限值用满。但是，许多电力规划人员投入费用将电压维持在±4%甚至±3%，以为这样对电压性能进行改进是在做一件好事，但其实这些开支是没有必要的，并且很可能增加运行的复杂性，比如可能需要采用动态有载调压、电容器组动态投切、网络重构甚至采用昂贵而又耗能的电力电子装置。而充分利用电压偏差范围，则可能通过采用固定电容器或调整变压器分接头等非常简单的措施就能解决问题，即使有必要也仅仅需偶尔人工控制一次电容器的投切即可，而不必建设由通信网络、监控终端以及控制主站等构成的复杂而又必须投入大量维护费用的自动化系统。

当遇到紧急情况或故障时，大多数欧美电力公司允许电压降超过正常运行时的值。例如，许多供电公司采用美国国家标准学会的标准（C84.1—1989），其中规定正常运行时采用 A 范围（105%～95%），而紧急情况时采用更宽的 B 范围（105%～91.7%），也即允许在故障时电压降更大，因为在紧急情况或故障条件下，维持尽可能多的用户“有电可用”是矛盾的主要方面，而对电压质量（如电压偏差）和经济性（如损耗）的要求则可适当放宽。

为了满足 *N*–1 准则，一条馈线需与其他馈线相联络，并在其他馈线故障时通过切换操作转带其全部或部分受故障影响的健全区域负荷，那些向额外的用户供电的馈线段承担的负荷比正常运行时的多，从而产生更大的电压降，而且负荷转带时的供电半径也比正常运行时的路径长度长许多。在配电网规划设计以及改造时，必须检验设计方案在紧急情况下的电压偏差能否满足要求，这有时会使得一些物理距离较近且容易联络的馈线之间的相互联络因负荷转带情况下电压限值不满足要求而不具备可行性，从而需要新建一条或几条馈线分散原有馈线上的部分负荷才能解决问题。

在紧急情况或故障时采用适当放宽的电压偏差标准可以有效地延伸馈线的供电半径，使得相互联络更加方便。如果再将架空线和电缆的短时过载能力加以利用的话，则还能有效提高馈线的供电能力。

但是，我国目前的相关标准并没有将配电网正常运行方式下和紧急情况或故障时的应急支持运行方式下所允许的电压偏差限值加以区分，这也是值得标准化组织深思的问题。

虽然如此，在紧急情况或故障时适当放宽电压偏差标准以改善配电网性能的措施在我国仍然具有一定的可行性，因为电压合格率指标并非一定要求达到100%，而在一年当中相对正常运行情况来说，紧急情况或故障状态发生的概率很小、持续时间很短，即使在此期间存在少数节点电压越下限的情况，对于整条馈线全年的电压合格率指标的影响也很小。

4.3 本 章 小 结

（1）将一些指标当作资源，在配电网规划、设计、建设和运行中加以充分利用，有助于简化配电网的运行并降低建设和维护费用。

（2）将供电可靠性指标当作资源而充分加以利用，根据需要科学地规划和建设配电自动化系统，能够在保障供电可靠性指标的前提下有效避免过度建设与浪费并显著减少维护工作量。

（3）充分利用电压偏差的允许范围，并在紧急情况或故障下的应急支持条件下适当放宽电压限值，有助于简化配电网电压问题的解决方案并降低费用。

本章参考文献

［1］H Lee WILLIS. Power distribution planning reference book（Second edition，Revised and expanded）［M］. New York：Marcel Dekker，Inc.，2004.

［2］赵凯，蒋锦峰，胡小正. 2002 年全国城市 10kV 用户供电可靠性分析[J]. 电力设备，2003，4（3）：61–66.

［3］赵凯，胡小正. 2004 年全国城市 10kV 用户供电可靠性分析［J］. 电力设备，2005，6（7）：80–83.

［4］陈丽娟，贾立雄，胡小正. 2007 年全国输变电设备和城市用户供电可靠性分析［J］. 中国电力，2008，41（5）：1–7.

［5］胡小正，王鹏. 2009 年全国城市用户供电可靠性分析［J］. 供用电，2010，27（5）：15–18，30.

［6］Q/GDW 11184—2014　配电自动化规划设计技术导则［S］. 2014.

［7］刘健，张志华，张小庆，等. 保障供电可靠性的自动化装置配置策略［J］. 供用电，2014，31（9）：24–27.

［8］刘健，林涛，赵江河，等. 面向供电可靠性的配电自动化系统规划研究［J］. 电力系统保护与控制，2014，42（11）：52–60.

［9］刘健，倪建立，蔺丽华. 配电网自动化新技术［M］. 北京：中国水利水电出版社，2004.

［10］GB/T 12325—2008　电能质量—供电电压偏差［S］. 2009.

5 解决配电网自动化问题不必追求完美

配电网具有“点多面广”的特点，配电自动化装置和通信站点数量众多，且大多工作于户外恶劣条件下，在运行中出现差错的概率较高，而且遥控拒动现象时有发生[1-2]。

馈线供电半径短且分段多，加之变电站出线断路器往往为了确保主变压器（简称主变）的安全而配置瞬时电流速断保护，因此配电网继电保护配合难度较大，难免发生多级跳闸甚至越级跳闸现象[3]。

故障指示器具有造价低廉、可不停电方便安装的优点[4]，非常适合于在配电网大范围应用以提高配电自动化的覆盖率，但是其也存在取电可靠性等方面的不足。

以当今的科学技术水平，妥善解决上述问题不存在技术难点，但是要付出巨大的代价，相比产生的收益很不划算。

实际上，解决配电网问题不必刻意投入费用追求完美，只要能够解决主要矛盾获得较大的收益，即使存在少许缺陷也可以容忍，这样可以使问题简单化，而简单往往意味着可靠，可靠则更加实用。

5.1 变电站出线断路器配置瞬时速断保护情况下馈线的继电保护配合问题

当变电站出线断路器采用延时速断保护（即Ⅱ段）时，可以实现馈线分支断路器与变电站出线断路器两级时间级差配合的过电流保护，做到分支线故障不影响主干线，甚至还可以实现次分支/用户、分支、变电站出线开关三级时间级差配合的过电流保护，实现次分支/用户故障不影响分支，分支线故障不影响主干线[5]。

但是，对于短路电流大、主变的抗短路能力不足的情形，变电站出线断路器往往仍采用瞬时速断保护（即Ⅰ段），许多人认为这种情况下馈线就不具备过电流保护配合的条件了。

实际上，即使变电站出线断路器配置瞬时速断保护，馈线上仍有保护配合的可能，因为瞬时速断保护并不保护馈线全长，而且配电网的故障高发于架空线路且以两相相间短路故障为多。随着配电网建设与改造的推进，主干线的绝缘化率一般较高，而分支线和用户线仍以架空线为主且总长度较长，因此配电网上发生的相间短路故障大部分都发生在分支线和用户线。

对于装设了瞬时电流速断保护的馈线，可以分为两个部分，上游部分发生相间短路故障时将引起变电站出线断路器的瞬时电流速断保护动作跳闸，不具备多级时间级差保护配合的条件；下游部分发生两相相间短路故障时，将不引起变电站出线断路器的瞬时电流速断保护动作，但是具有延时的过电流保护会启动，具备多级时间级差保护配合的条件[6-7]。

由于 10kV 馈线都从主变电站发出，一般情况下一条馈线的供电范围大致呈扇形（如图 5-1 所示），越向下游分支越多，而离变电站较近的路径多为电缆而没有供出负荷。因此，对于装设了瞬时电流速断保护的馈线，其具备多级时间级差保护配合条件的区域恰好落于分支比较多的范围，对于实施变电站出线断路器–分支线断路器–次分支/用户断路器的多级时间级差配合非常有利，往往可以使该馈线供出的大多数负荷受益，并且对于大部分相间短路故障有效。

图 5-1　馈线的供电范围大致呈扇形

即使对于不具备多级时间级差保护配合条件的故障情形，在故障时发生了越级跳闸或多级跳闸现象，但是因为可以将保护动作信息上传至配电自动化主站，主站仍然可以正确判断出故障区域。若相应断路器具备遥控条件，则主站可以通过遥控进行修正性控制，将故障区域正确隔离并恢复健全区域供电；若相应断路器不具备遥控条件，则根据主站的故障定位结果可以派出工作队迅速赶赴故障区域进行人工处理[8]。

特别地，对于多级继电保护配合存在困难而导致故障后多级断路器同时跳闸的情形，可对断路器配置带电后一次重合闸功能，且重合成功后暂时闭锁Ⅰ段而保留Ⅱ段电流保护。若“子”断路器下游发生永久性故障后导致多台断路器均跳闸，则“父”断路器重合成功将电送到“子”断路器并暂时闭锁Ⅰ段电流保护，“子”断路器带电后，重合失败而将故障隔离，“父”断路器因暂时闭锁Ⅰ段电流保护而不会跳闸，一段时间后“父”断路器自动复归再次具备Ⅰ段电流保护和一次重合闸功能。

综上所述，配电网继电保护配合问题没有必要追求完美，只要对大部分用户和大部分故障情形有效并且投资规模不大就值得去配置。

5.2 应用故障指示器提高自动化覆盖面

配电自动化的覆盖面直接影响其实用化，否则将难以全面提升运行管理水平。20 世纪末的那一轮配电自动化建设热潮失败的教训之一就是建设的主站配置豪华而仅在极少数馈线配置了配电自动化终端，导致“头大身子小”。

对配电自动化覆盖率的认识也一度存在误区，曾经导致“见开关就装终端，凡终端都实现‘三遥’”的过度建设局面。

故障指示器造价低廉并且可以不停电安装，而且不必随开关安装，非常适合于大范围应用提高自动化的覆盖率。

故障指示器的取电问题一直是关注的焦点。对于安装于架空分支线的故障指示器，由于在谷期负荷较轻，采用电流互感器取电方式难以维持装置正常工作所需功率；若采用太阳能取能方式，在夜间或遇到阴雨天时，也难以维持装置正常工作所需功率。因此，故障指示器一般都内置有储能电池，在正常取能不能维持装置正常工作时提供能量。而储能电池的寿命有限，在其失效前必须加以更换，这也是许多人诟病故障指示器之处。

对于故障指示器也不必刻意追求完美，如果只要求故障指示器在相间短路故障时能够正确可靠地反映故障现象，就不需要内置储能电池而可以做到免维护，因为无论故障指示器安装位置流过的负荷电流怎样，在其下游发生相间短路时，故障指示器的电流互感器都能够从强大的短路电流中提取足够大的能量，并将之存储于超级电容中，该能量足以维持故障指示器工作一小段时间（如 1min），使之正确完成故障信息检测并经 GPRS 通道将故障信息传送到配电自动化主站。但是，这样设计的故障指示器在配电网正常运行时可能会停止工作（如遇到负荷谷期时），而且对于中性点非有效接地系统当发生单相接地时可能也会没有反应。但是，这种故障指示器毕竟在相间短路故障时能够可靠发挥其作用，而且能做到免维护，试想那些利用故障时的电动力“翻转指示”的传统就地型故障指示器也仅在相间短路时能够起作用而已。

许多人对于故障指示器仅仅能够在相间短路故障时发挥作用不满意，还希望其能有助于单相接地位置查找，甚至还希望在配电网正常运行时，通过故障指示器粗略观测电流以大致了解配电网的运行情况。为了实现上述功能，在现有技术水平下，就必须接受“故障指示器需要内置储能电池并及时进行更换”的现实，这也是“不必追求完美”理念的另一种表现。

作者认为，由于故障指示器能够方便地带电安装和拆卸，更换其内置的储能电池并非不能接受，而且还有必要采用轮换替代法定期对故障指示器进行巡检和维护，具体做法是：定期用很少量通过实验室测试的完好的故障指示器去替换现场同样数量的故障指示器，并对更换下来的故障指示器进行实验室测试（即抽样测试），若全部完好则下次再用这批故障指示器去进行现场替换；若发现存在少许有缺陷的故障指示器，则适当增加轮换替代的故障指示器数量并缩短进行轮换替代的周期（即适当加大抽样力度）。对储能电池性能的检测和更换可以在上述例行维护中同时进行。

通过对故障指示器的定期轮换替代和测试维护，可以及时发现缺陷并进行修复，从而更加可靠地发挥出故障指示器的作用。

与采用“三遥”配电自动化终端相比，故障指示器只能上报故障信息并由配电自动化主站进行故障定位并派出人员去现场操作，而不能通过遥控隔离故障区域和恢复健全区域供电。但是，相比不采用任何措施，已经大大节省了故障查线时间，并且工作人员到现场后，可以人工操作隔离开关将故障隔离在远比具有“三遥”的自动化开关所能隔离的范围小得多的区域之内，在大多数情形下，在故障定位指引下的人工操作大致可以在 30～45min 之内完成。因此，故障指示器方案能够显著减少停电时户数，“不完美”未必不能满足需要。

当然，对于供电可用率要求较高的区域，还必须适当安装“三遥”配电自动化终端才能满足要求，而对于供电可用率要求特别高的区域，还必须采用多供电途径备自投等措施[9]。

5.3 配电自动化指标亦不必追求完美

建设配电自动化系统的目的在于使用，而不是为了“看起来不错”，因此不必刻意追求某些指标的完美。

配电自动化系统中发生遥控失败的概率比地区电网调度自动化系统高，如果刻意追求一次遥控成功率指标，则往往需要花费较大的建设与维护费用，实际上从使用的角度看，在需要遥控时，只要在较短的时间内（如2～3min）能够正确地完成就可以了，在此时间范围内，若一次遥控失败，可以反复多次进行遥控，只要最终达到目的即可。

再比如，由于流过架空分支线开关和电缆环网柜的馈出开关的电流往往比较小，在进行自动化改造时，许多人为了保证足够高的遥测精度，而降低了电流互感器变比（如采用50/5的TA），导致当该开关下游发生相间短路故障时，相应TA因发生饱和而使配电自动化终端无法采集到故障信息造成漏报，导致故障定位错误。实际上，正是因为这些分支开关流过的电流小，其对于配电网运行的影响也很小，没有必要刻意追求其遥测的精度，但是一旦其下游发生相间短路故障，短路电流的大小并不因为其负荷轻而有所减少。因此，应当从满足故障定位的需求出发配置与主干线相同的保护用TA（变比一般为600/5）。如果确实需要比较准确地量测流过某个分支的电流，则可以将保护用TA配置在A相和C相，而在B相配置低变比的测量用TA（如：采用50/5的TA）。也许有人会诟病这种配置方案，认为无法反映配电网三相不平衡的特点，但是作者认为，在负荷很轻的情况下，即使三相不平衡对配电网运行的影响也不大，何况还可以从用电信息采集系统中得到低压配电网的相关信息。因此，对于配置于轻载开关处的电流遥测量没有必要刻意追求其具有完美的遥测精度。

再比如，电力行业标准DL/T 721—2000《配电网自动化系统远方终端》[10]中曾要求配电自动化终端在失去主供电源（通常来自所监控开关的TV）时，备用电源能够维持终端和通信装置工作8h以上，并能可靠操作开关3次。仔细分析后不难发现，在实际应用中，当失去主供电源后，配电自动化终端只需利用备用电源维持供电将故障信息及开关状态传送到配电自动化主站以便主站进行故障定位，如果所监控的开关与故障区域直接相联且仍处于合闸状态（即上级开关越级跳闸切除故障），则还需接受主站的命令将该开关补跳分闸。备用电源没有必要支撑恢复供电所需的合闸操作，因为合闸操作可以在电力恢复到相应开关（即开关一侧带电）后再进行，此时可以由主供电源供电。主供电源失去后的上述任务，在全自动化模式下，几分钟就可以完成，即使在半自动化（即主站给出故障处理策略由人工操作进行遥控）模式下，也应在 15min 内全部完成。因此，实际上只需要求配电自动化终端在失去主供电源时，备用电源能够维持终端和通信装置工作 15min 以上即可，这样就可以采用超级电容器替代蓄电池作为备用电源的储能元件，从而有效减少了维护工作量。实际上，对于无遥控功能的“二遥”配电自动化终端（包括具有本地继电保护功能的“二遥”终端），当失去主供电源后备用电源只需维持 5min 即足以满足要求。因此，在新修订的电力行业标准 DL/T 721—2013《配电自动化远方终端》[11]中将配电自动化终端在失去主供电源后，采用超级电容的备用电源维持“三遥”配电自动化终端和通信装置工作的时间修订为 15min。值得一提的是，上述指标对于绝大多数情形都是可行的，但是对于采用主从通信方式并配置了主通信装置（如主载波机）的配电自动化终端而言，在失去主供电源后还必须要求备用电源维持终端和通信装置工作较长时间，否则会因主通信装置停止工作而导致大片从通信装置失效。因此，配置有主通信装置的终端一般仍需要采用蓄电池，这也是为什么主从通信方式不被提倡的原因之一。

5.4 本 章 小 结

（1）配电网继电保护配合没有必要追求完美，即使变电站出线断路器采用瞬时速断电流保护，仍有保护配合的机会，一般能使馈线上较多用户受益。

（2）故障指示器造价低廉并且可以不停电安装，非常适合于大范围应用以提高自动化的覆盖率。尽管故障指示器的取电方式仍不够完美，但是在实际应用中尚可以接受。

（3）对于配电自动化系统的某些指标不必刻意追求完美，这样可以在不影响其实际应用效果的前提下，使得配电自动化建设和维护简单化。

本 章 参 考 文 献

［1］ 刘健，刘东，张小庆，等. 配电自动化系统测试技术［M］. 北京：中国水利水电出版社，2015.

［2］ 刘健. 配电网故障处理研究进展［J］. 供用电，2015，32（4）：8–15.

［3］ 刘健，同向前，张小庆，等. 配电网继电保护与故障处理［M］. 北京：中国电力出版社，2014.

［4］ 陈煦斌，秦立军. 配网故障指示器最优配置研究［J］. 电力系统保护与控制，2014，42（3）：100–104.

［5］刘健，张志华，张小庆，等. 继电保护与配电自动化配合的配电网故障处理［J］. 电力系统保护与控制，2011，39（16）：53–57.

［6］GB/T 50062—2008　电力装置的继电保护和自动装置设计规范［S］.

［7］刘健，刘超，张小庆，等. 配电网多级继电保护配合的关键技术研究［J］. 电力系统保护与控制，2015，43（9）：35–41.

［8］刘健，张小庆，陈星莺，等. 集中智能与分布智能协调配合的配电网故障处理［J］. 电网技术，2013，37（10）：2608–2614.

［9］刘健，林涛，赵江河，等. 面向供电可靠性的配电自动化系统规划研究［J］. 电力系统保护与控制，2014，42（11）：52–56.

［10］DL/T 721—2000　配电自动化系统远方终端［S］. 2000.

［11］DL/T 721—2013　配电自动化远方终端［S］. 2013.

6 利用冗余提高配电自动化系统的容错能力

对任何人造的系统，过分追求其可靠性都会付出昂贵的代价，对于配电自动化系统也不例外，由于其监控对象数量众多且工作在户外恶劣条件下，有时会因为开关辅助接点氧化、配电自动化终端受干扰而重启、短暂通信障碍等原因，造成数据采集信息不完整或出现差错[1]。

开关的状态是反映配电网运行方式的重要信息，必须尽可能保证其及时可靠地反映开关的实际状态。为了提高开关状态信息的可靠性，许多人主张采用“双点遥信”的解决方案，但仔细分析后不难发现，这样做反而增加了对开关状态观测的不确定性。

故障定位是配电自动化系统的最重要功能之一，但是在故障发生后，经常发生配电自动化主站收集的故障信息不全甚至个别信息错误的现象[2]，在大量采用故障指示器的系统中，这种现象更容易发生。此外，对于中性点非有效接地的配电网，在发生经较大过渡电阻接地的情况下，因单相接地信息检测的复杂性，也容易造成单相接地信息漏报、误报甚至错报的现象。

千方百计确保关键信息能够准确上报是解决上述问题的途径之一，利用采集数据的冗余也有助于解决上述问题，并且利用冗余克服信息上报缺陷的努力比保证信息可靠上报所付出的代价要小得多、简单得多。

本节即结合实例论述利用冗余克服信息上报缺陷的方法。

6.1 “三取二”原则

由于配电自动化系统采集的对象（如柱上开关、环网柜等）大都处于户外恶劣条件下，辅助接点表面容易氧化而接触不良，而且大都距离机动车辆道路不远，大型车辆驶过会造成不小的振动，这些都是造成辅助接点抖动的原因。

许多人试图采用增加辅助接点的数量来提高状态量采集的正确性，比如采用两套辅助接点（即“双点遥信”）代替传统的一套辅助接点反映开关的状态，但这种做法却适得其反，用一些简单的数学分析就能说明其原因：

假设一套辅助接点正确反映开关状态的概率是 90%，那么采用两套辅助接点反映该开关状态时，只有在这两套辅助接点都正确反映开关状态时才能正确掌握开关的实际状态（试想，如果这两套辅助接点反映的开关状态不相同，其中一套辅助接点反映开关处于合闸状态，另一套辅助接点反映开关处于分闸状态，那么究竟应该信哪一套呢），这个概率只有 90%×90%=81%，可见比单独采用一套辅助接点的情况下能正确反映开关状态的概率还要低。

采用增加辅助接点的数量来提高状态量采集的正确性比较可行的方法是：采集三套辅助接点并采用“三取二”的策略，即当三套辅助接点所反映的开关的状态不同时，总有两套辅助接点所反映的开关的状态是相同的，将此状态当作该开关的状态。

采集 A、B、C 三套辅助接点并采用“三取二”的策略时，各种情况的概率如表 6–1 所示，其中“0”表示错误，“1”表示正确。

可见，采取采集 A、B、C 三套辅助接点并采用“三取二”的策略后，正确反映开关状态的概率显著上升至 100%–0.1%–0.9%–0.9%–0.9%=97.2%。

表 6–1　　采集 A、B、C 三套辅助接点并采用“三取二”的策略时各种情况的概率

开关状态正确/错误	A	B	C	概率
错误	0	0	0	0.1%
错误	0	0	1	0.9%
错误	0	1	0	0.9%
正确	0	1	1	8.1%
错误	1	0	0	0.9%
正确	1	0	1	8.1%
正确	1	1	0	8.1%
正确	1	1	1	72.9%

在配电自动化系统中，还存在大量类似的应用需求。比如，配电自动化终端中的继电保护整定值和遥测量的转换系数等参数，都是需要重点保障的静态数据，如果因为受到干扰等原因造成这些数据的破坏，后果非常严重。

为了保障重要数据的可靠性，一些制造企业采取了重要参数双重化保存的措施，实际上反而增加了这些参数的不确定性。可采取“三取二”的策略，即将这些重要参数保存三份，使用时若其中一份参数与另外两份之间存在差异，则以完全相同的另外两份参数为准，并同时将存在差异的那份参数更新为与另外两份参数相同。

6.2 采用贝叶斯法提高容错能力

6.2.1 基本原理

贝叶斯法是一种能够利用数据冗余提高决策质量的常用方法，由于其物理概念清晰以及简便易行，在非健全信息条件下配电网相间短路故障定位领域已经取得了一定应用[2-4]。

贝叶斯法的基本原理是：

（1）罗列各种可能的结果。

（2）计算各种可能的结果的可信度，对于任意一种可能的结果，将收到的信息（也称为“证据”）分为支持该结果的证据和不支持该结果的证据两类，并根据相应证据的可信度计算出该种可能性的可信度。

（3）计算各种可能的结果占所有需要考虑的可能结果的可能性（发生的条件概率），对于任意一种可能的结果，其可能性可以用其可信度占各种可能的结果的总可信度的比例来反映。

（4）进行决策：若某一种可能结果的可能性显著高于其余所有可能结果的可能性之和（比如达到α%及以上），则将其作为唯一判断结果；否则，将可能性之和达到α%及以上的各种可能结果均作为判断结果并按照可能性大小进行排序。α%被称为置信度，一般可以根据需要选取为85%～95%。

6.2.2 提高相间短路故障定位的容错性

对于相间短路故障定位而言，故障信息的分布就具有一定的容错性，比如：故障区域上游所有开关均流过故障电流，只要距离故障区域最近的开关（即故障区域的“入点”）正确上报了故障信息，即使上游个别开关发生了漏报，一般仍可以高概率获得正确的故障定位结果。

在配电自动化系统中，当某个监测装置（可以是FTU、DTU或故障指示器）下游发生相间故障时至少可以采集到来自两相的故障信息，而只利用任意一相的故障信息就可以判断出故障区域（两处不同相接地构成的相间短路的情况除外）。对于在故障发生时跳闸的配置了本地继电保护装置的断路器，其跳闸信息与流过故障电流的信息也可构成冗余。对于架空线路，当故障发生时相应监测装置会上报一遍故障信息，若是永久性故障，在重合闸过程中合到故障点时，相应监测装置又会上报一遍故障信息，从而进一步加大了数据的冗余度。

例如，对于如图6-1（a）所示的配电网，S_{I}和S_{II}为变电站10kV出线断路器；A～D为分段负荷开关；E为联络负荷开关，实心代表合闸，空心代表分闸。假设流过故障电流并正确上报的概率为0.9（则漏报的概率为0.1），未流过故障电流并没有误报的概率为0.8（则误报的概率为0.2）。

假设在区域D_3内发生了永久性A–B相短路故障，导致S_I跳闸，如图6–1（b）所示，故障时监测到的过流信息为：S_I–A相、S_I–B相、A开关–A相、B开关–A相、B开关–B相、C开关–A相。可见，A开关B相经历了故障电流但发生了漏报，C开关A相未经历故障电流但发生了误报。

因是永久性故障，S_I重合闸失败再次跳闸，重合闸期间监测到的过流信息为：S_I–A相、S_I–B相、A开关–A相、B开关–A相、B开关–B相。可见，A开关B相经历了故障电流但仍发生了漏报，C开关没有再发生误报。

采用贝叶斯法融合上述信息后，得到各个区域发生相间短路故障的概率P分别为：$P(D_0)\approx 0$，$P(D_1)\approx 0$，$P(D_2)\approx 0$，$P(D_3)\approx 0.87$，$P(D_4)\approx 0$，$P(D_5)\approx 0.13$。

可见，融合故障时和重合闸过程中的故障信息可起到容错作用，尽管存在漏报和误报，仍能将故障区域正确判定为D_3。隔离故障区域并恢复健全区域供电，如图6–1（c）所示。

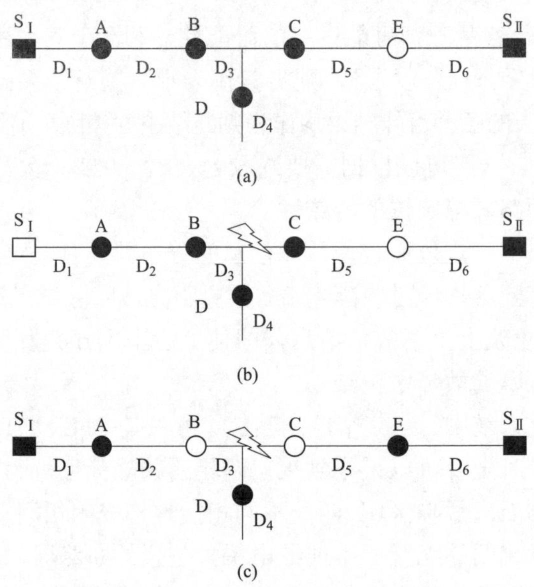

图6–1　D_3区域发生相间短路故障的例子

（a）正常运行方式；（b）D_3区域A–B相间短路导致S_1跳闸；（c）故障处理结果

6.2.3　提高单相接地定位的容错性

在配电网单相接地故障处理领域已经取得了大量研究成果，大致可分为利用外加信号的方法和利用故障信号的方法两类。前者又分为强注入法和弱注入法；

后者分为故障稳态信号法和故障暂态信号法。

“S 注入法”[5]是一种典型的弱注入法，强注入法包括残流增量法、中性点投入小电阻倍增零序电流的方法[6-7]和注入变频信号法。

基于故障稳态信号的方法包括工频零序电流比幅法[8]、工频零序电流比相法[9]、零序导纳法、负序电流法、谐波分量法[10]、零序电流有功分量法[11]。

基于故障暂态信号的方法有首半波法、衰减直流分量法、参数辨识法、相电流突变法[12]、行波测距法[13]和行波极性法[14]等。

基于单相接地监测装置上报的信息进行单相接地区域定位的原理与相间短路故障定位类似，单相接地可判定在只有一个端点有“单相接地特征”而其余所有端点都无“单相接地特征”的区域内。

各种单相接地监测原理下的“单相接地特征”各不相同，如表 6–2 所示。

表 6–2　　各种单相接地监测原理下的“单相接地特征”

单相接地监测原理	“单相接地特征”
参数辨识法	辨识出电容为负
相电流突变法	至少一相电流突变量与其他两项差异明显
首半波法	单相接地电流首半波极性相反
负序电流法	负序电流较大
零序导纳法	测量导纳为负
零序电流有功分量法	零序电流有功分量较大
谐波分量法	5 次谐波较大且极性相反
工频零序电流比相法	工频零序电流方向相反
工频零序电流比幅法	工频零序电流幅值较大
中电阻并入法	工频零序电流幅值较大
残流增量法	工频零序电流变化最大
“S 注入法”	特殊频率的奇异信号幅值较大

与相间短路故障定位类似，对于单相接地故障定位而言，“单相接地特征”的分布也具有一定的容错性。

除此之外，充分利用两种及以上不同原理的单相接地监测装置的定位信息也可构成冗余，不再赘述。

6.2.4 提高电话报修故障研判的容错性

配电自动化系统一般只能解决中压配电网的故障定位问题，而对于低压配电网的故障，通过 95598 客户服务系统接收的故障报修信息可以进行故障研判。

由于受到用户主观原因和知识水平等因素的影响，经 95598 电话投诉的信息当中可能包含着大量错误因素，但是收到的多组投诉报修信息也构成了数据冗余，其中大部分信息应该是正确反映故障现象的，利用贝叶斯法往往可以充分利用这些信息冗余排除错误信息的影响，以较大的概率获得正确的故障研判结果[15]。

在 95598 电话投诉信息的基础上，如果再能结合用电信息采集系统中相应配电变压器（简称配变）台区的电压监测信息，则能进一步增大数据的冗余度，更加有利于利用贝叶斯法获得正确的故障研判结果。

6.3 本 章 小 结

（1）对重要参数进行多重化采集和存储，并采取“三取二”原则，能够有效提高其可靠性。

（2）贝叶斯方法具有物理概念清晰以及简便易行的特点，配电网信息系统的数据存在一定的冗余性，采用贝叶斯方法可以有效提高相间短路故障定位、单相接地定位和 95598 电话报修故障研判的容错性。

本 章 参 考 文 献

［1］ 刘健，刘东，张小庆，等. 配电自动化系统测试技术［M］. 北京：中国水利水电出版社，2015.

［2］ 刘健，赵倩，程红丽，等. 配电网非健全信息故障诊断及故障处理［J］. 电力系统自动化，2010，34（7）：50–56.

［3］ 王英英，罗毅，涂光瑜. 基于贝叶斯公式的似然比形式的配电网故障定位方法［J］. 电力系统自动化，2005，29（19）：54–57.

［4］ 刘健，董新洲，陈星莺，等. 配电网容错故障处理关键技术研究［J］. 电网技术，2012，36（1）：253–257.

［5］ 王慧，范正林. “S 注入法” 与选线定位［J］. 电力自动化设备，1999，19（3）：18–20.

［6］ 陈禾，陈维贤. 配电线路的零序电流和故障选线新方法［J］. 高电压技术，2007，33（1）：49–52.

［7］ 王倩，王保震. 基于残流增量法的谐振接地系统单相接地故障选线［J］. 青海电力，2010（1）：50–52.

［8］ 何润华，潘靖，霍春燕. 基于变电抗的接地选线新方法［J］. 电力自动化设备，2008，27（12）：48–52.

[9] 熊睿，张宏艳，张承学，等. 小电流接地故障智能综合选线装置的研究[J]. 继电器，2006，34（6）：6–10.

[10] 郑顾平，杜向楠，齐郑，等. 小电流单相接地故障在线定位装置研究与实现［J］. 电力系统保护与控制，2012，40（8）：135–139.

[11] 梁睿，辛健，王崇林，等. 应用改进型有功分量法的小电流接地选线［J］. 高电压技术，2010（2）：375–379.

[12] 薛永端，冯祖仁，徐丙垠. 中性点非直接接地电网单相接地故障暂态特征分析［J］. 西安交通大学学报，2004，38（2）：195–199.

[13] 葛耀中，徐丙垠. 利用暂态行波测距的研究［J］. 电力系统及其自动化学报，1996，8（3）：17–22.

[14] 李泽文，郑盾，曾祥君，等. 基于极性比较原理的广域行波保护方法［J］. 电力系统自动化，2011（3）：49–53.

[15] 蔡建新，刘健. 基于故障投诉的配电网故障定位不精确推理系统［J］. 中国电机学报，2003，23（4）：57–61.

7 配电网的协调控制需尽量简单化

尽管对配电网上的一些分散对象进行协调控制的方法属于下策，但是有时为了解决问题，却不得不采用。

比如：① 在继电保护难以相互配合的情形（如供电半径较短的配电网主干线上发生相间短路故障），需要借助配电自动化系统根据各个终端采集的故障信息确定故障区段并进行故障隔离和健全区域恢复供电[1]。② 为了均衡配电网的负荷以提高供电能力，需要基于配电自动化终端采集的相互连接的一组馈线（即"连接系"）中负荷分布的全局信息，进行网络重构[2]。③ 为了利用分散的无功资源（分组投切电容器、分布式电源等）的作用，降低线损和改善电压质量，配电网无功电压综合控制有时也采取协调控制策略[3]。

对于不得不采用协调控制的情形，也应尽量简单化，简单化的主要途径包括：

（1）尽量不依赖通信网络。

（2）尽量采用固定的控制策略。

（3）尽量减少控制对象。

（4）尽量减少控制次数。

7.1 尽量不依赖通信网络

如果协调控制依赖高速可靠的通信网络，则其可靠性将打折扣，并且通信系统的建设需要额外的费用，其维护也需要额外的工作量。

但是，一些优秀的协调控制策略可以不依赖通信网络。例如，在需要相关开关协调配合以达到相间短路故障定位、隔离和恢复的应用中，重合器与电压–时间型分段器配合的馈线自动化系统[4–5]、重合器与过流脉冲计数型分段器配合的馈线自动化系统[6]、合闸速断方式馈线自动化系统[7–8]、重合器与电压–电流型分段器配合的馈线自动化系统[9]、重合器与重合器配合的馈线自动化系统[10]等都不需要借助通信网络，而依靠自动化开关相互配合就可以达到相间短路故障处理的目的。

借鉴上述针对相间短路故障处理的无通道协调控制技术，再增加少许改进，就可以用来解决单相接地故障定位与隔离问题。

比如，在重合器与电压–时间型分段器配合方案中，对重合器增加单相接地选线跳闸功能，就可以实现单相接地故障自动隔离。

例如，对于图 7–1（a）所示的配电网，A 为具有选线跳闸功能的重合器，第 1 次重合闸延时时间为 15s，第 2 次重合闸延时时间为 5s，B、C、D、E 为电压时间型分段器，B、C 和 E 的 X–时限为 7s，D 的 X–时限为 14s。在本节图中，实心符号代表开关处于合闸状态，空心符号代表开关处于分闸状态。

若区域 c 发生了瞬时性单相接地，则 A 选线跳闸导致馈线失压，随后 B、C、D、E 因失压而分闸，瞬时性接地现象消失，接着 A、B、C、D、E 按顺序依次重合成功，恢复全馈线供电。

若区域 c 发生了永久性单相接地，则 A 选线跳闸导致馈线失压，随后 B、C、D、E 因失压而分闸；15s 后 A 第一次重合把电送到 B；再过 7s 后 B 重合把电送到 C 和 D，再过 7s 后 C 重合把电送到单相接地点，A 再次选线跳闸，随后 B、C 因失压而再次分闸，由于 C 合闸后未达到 Y–时限，则其闭锁在分闸状态，如图 7–1（b）所示；再过 5s 后 A 第二次重合把电送到 B；再过 7s 后 B 重合把电送到 C 和 D，再过 14s 后 D 重合把电送到 E，再过 7s 后 E 重合恢复 e 区域供电；这样单相接地区域 c 得以隔离，其余区域都恢复了供电，如图 7–1（c）所示。

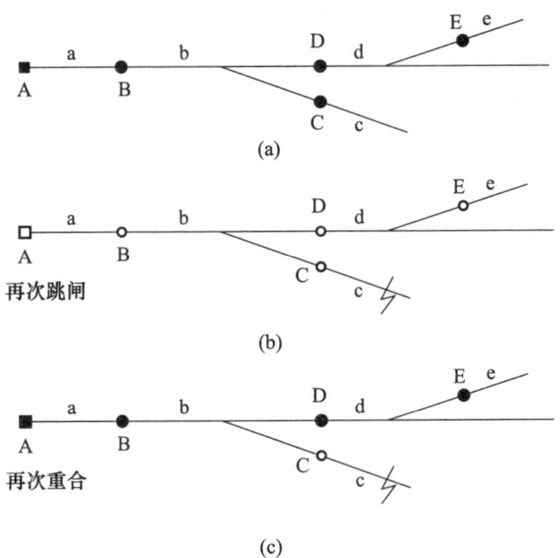

图 7–1 自动化开关协调控制的单相接地故障处理

（a）正常运行方式；（b）C 永久性单相接地，第一轮重合失败；（c）单相接地处理结果

值得一提的是，上述原理的关键在于重合器的单相接地选线跳闸功能，近几年来在单相接地选线领域已经取得了质的飞跃，包括基于暂态分量参数识别的选线技术、基于暂态分量相电流突变的选线技术、暂态行波法等已经能够比较可靠地实现单相接地选线，从而可以保证重合器的单相接地选线跳闸功能的可靠性。

基于上述原理，当发生永久性单相接地故障后，将对单相接地区域进行隔离而停止供电，与发生单相接地故障后可继续供电一段时间（如：2h）的认识不同，早隔离可以有效避免因威胁另外两相对地绝缘而可能导致的异地两相短路接地故障的发生。但是持续时间很短的瞬时性单相接地经常发生，为了避免因此导致的频繁跳闸，选线跳闸需经过足够长的延时时间才可进行，比如检测到单相接地持续时间超过 20s 才跳闸，但当第一次重合后若再次合到单相接地点，则该跳闸延时时间应缩短至明显短于 Y–时限，如：3s。

7.2 尽量采用固定的控制策略

协调控制策略随实际场景的变化而动态生成的方法固然有助于提高控制策略的适应能力，但是考虑到动态生成控制策略需要基于对反映场景的大量分散数据可靠采集，不仅如此，为了避免频繁控制，还需对这些数据的发展趋势进行比较准确的预测，这些都显著增加了控制策略动态生成的复杂度，同时也降低了其可靠性。

在对配电网工作特性认真分析和研究的基础上，建立一套固定的控制策略，不仅容易实现，而且也非常可靠。

比如，多分段多联络配电网架具有高供电能力和高设备利用率的优点，但是必须合理布置馈线各分段的负荷并配置合适的故障处理策略，而该故障处理策略可以采用固定不变的模式实现，称为“模式化故障处理”。

例如，对于图 7–2（a）所示的三分段三联络架空配电网，以 S_2、S_3 和 S_4 为电源点的 3 条馈线（虚线表示）分别与以 S_1 为电源点的馈线上的 3 个馈线段相联络。当主干线上 B–C 区域发生永久性故障后，经过模式化故障处理得到的结果如图 7–2（b）所示，此时故障未处于变电站出线开关的邻近区域，完成故障区段的隔离以后，合上变电站出线开关 S_1 恢复对故障位置上游健全区域的供电，故障位置下游不存在需要恢复的健全区域，联络开关不合闸；当主干线上 S_1–A 区域发生永久性故障后，经过模式化故障处理得到的结果如图 7–2（c）所示，此时故障处于变电站出线开关的相邻区域，开关 S_1 和 A 分闸隔离故障，开关 B 分闸将故障位置下游的健全区域分为 A–B 和 B–C 两段，联络开关 C 和 E 合闸，分别由 S_4 和 S_2 恢复对 A–B 段和 B–C 段供电；当电源点（S_1 上游）故障后，经过模式化故障处理得到的结果如图 7–2（d）所示，开关 S_1、A 和 B 分闸将健全区域分为 S_1–A、A–B 和 B–C 三段，联络开关 C、D 和 E 合闸，分别由 S_3、S_4 和 S_2 恢复对 S_1–A 段、A–B 段和 B–C 段供电。

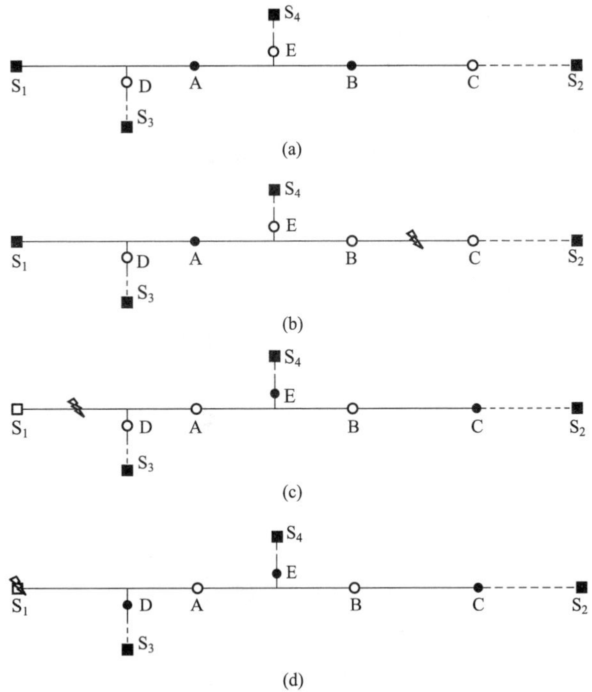

图 7–2 三分段三联络架空配电网及其模式化故障处理

（a）一个三分段三联络配电网；（b）B–C 区域永久性故障后的模式化故障处理结果；（c）S_1–D–A 区域永久性故障后的模式化故障处理结果；（d）S_1 电源失电后的模式化故障处理结果

采取上述网架结构和模式化故障处理以后，三分段三联络配电网中的每一条馈线只需要留有对侧线路负荷的 1/3 作为备用容量就可以满足“*N*–1”准则要求，因此线路的最大利用率可以达到 75%，从而发挥出了该网架结构高设备利用率的优点。

7.3 尽量减少控制对象

控制对象越少越容易投入足够的资源确保其可靠性。要避免那种盲目而不惜代价的“为了自动化而自动化”的错误做法，实际上配电网自动化水平较高的国家都没有过度配置自动化资源，比如在日本，只要一条馈线上配置了一台自动化设备（即使是故障指示器），就认为自动化覆盖到这条馈线了。

在实践中应抓主要矛盾和矛盾的主要方面：

（1）对于利用网络重构改善供电能力、电压质量、线损率等的应用中，不必将辐射状分支线上的开关纳入控制对象范围，而只需控制具有相互连接关系的主干线上的开关；即使对于主干线上的开关，也需尽量减少配置控制资源的开关个数，没有必要将区段划分得过于精细。

（2）对于分布式电源的控制，也需“抓大放小”，并且应建立在充分发挥分布式电源本地控制作用的基础上。如果确需个别容量较大的分布式电源参与协调控制才能达到改善运行控制指标的要求时，才考虑将相应分布式电源作为协调控制对象。作者的研究结果表明，从提高分布式电源能量渗透率的角度看，协调控制策略相比本地控制策略的改善程度是比较有限的。

（3）对于无功资源的协调控制，也需尽量减少控制对象数量，对于低压侧的无功资源宜采取本地控制策略，对于中压侧的无功资源宜优先考虑利用其自然适应性而“不控制”，造成的后果无非是负荷重时欠补偿、负荷轻时过补偿，但是只要改善后的电压质量满足要求（如电压偏差在±7%以内）就不必再考虑控制问题，若确有必要采取协调控制手段，也应在充分发挥“不控制”和本地控制的作用的基础上将少量无功资源纳入协调控制范围。

7.4 尽量减少控制次数

电气设备的控制不宜过于频繁，对同一台设备的相邻两次控制也不宜间隔太短，否则会由于暂态过程、持续燃弧等原因对系统和设备造成较大的影响。

造成频繁控制的主要原因和解决策略包括：

（1）仅仅依靠当前时间断面的实时数据进行协调控制策略决策，而负荷、受自然因素影响的分布式电源的出力等是随时变化的，造成协调控制策略也随之不断变化。

针对这个问题，需要结合一段时间内的趋势预测信息并考虑一定的不确定性因素在内，同时加入控制次数约束，生成能够保障在一段时期内指标较优的控制策略和控制时机，从而有效避免频繁控制。

（2）过于追求“蝇头小利”，一旦发觉通过协调控制能对指标实现少许改善，就轻易改变控制策略，从而频繁进行控制调整。

针对这个问题的解决策略很简单，就是采用反映一段时期的指标作为控制的目标函数而不是实时指标。比如：对于降损优化控制问题，可采用降损电量代替降损功率作为目标函数；对于分布式电源消纳问题，可以采用能量渗透率代替功率渗透率作为目标函数；对于负荷均衡化问题，可以一段时期内的最大不均衡率最低为目标函数等。

（3）参加协调控制的对象过多，使得控制策略过于丰富，也容易造成“最优控制策略”的切换过于频繁。

减少不必要的控制对象，可以收到一举两得的效果。

7.5 本 章 小 结

（1）对配电网上一些分散的对象进行协调控制的方法属于下策，在采用这类方法时需慎重。

（2）如果确需采用协调控制策略，也应尽量简单化，其主要途径包括：尽量不依赖通信网络、尽量采用固定的控制策略、尽量减少控制对象、尽量减少控制次数等。

本 章 参 考 文 献

［1］刘健，倪建立，邓永辉. 配电自动化系统［M］. 北京：中国水利水电出版社，2002.

［2］刘健，董海鹏，蔡建新，等，配电网故障判断与负荷均衡化［J］. 电力系统自动化，2002，26（22）：34–38.

［3］邓佑满，张伯明，王洪璞. 配电网络重构和电容器实时投切的综合优化算法［J］. 电力系统自动化，1995，15（6）：375–383.

［4］陈勇，海涛. 电压型馈线自动化系统［J］. 电网技术，1999，23（7）：31–33.

［5］刘健，张伟，程红丽. 重合器与电压–时间型分段器配合的馈线自动化系统的参数整定［J］. 电网技术，2006，30（16）：45–49.

［6］王章启，顾霓鸿. 配电自动化开关设备［M］. 北京：水利电力出版社，1995.

［7］刘健，崔建中，顾海勇. 一组适合于农网的新颖馈线自动化方案［J］. 电力系统自动化，2005，29（11）：82–86.

［8］程红丽，张伟，刘健. 合闸速断模式馈线自动化的改进与整定［J］电力系统自动化，2006，30（15）：35–39.

［9］刘健，倪建立. 配电网自动化新技术［M］. 北京：中国水利水电出版社，2003.

［10］刘健，等. 城乡电网建设实用指南［M］. 北京：中国水利水电出版社，2001.

第二篇

研究篇

8　利用自然适应性解决配电网电压和线损问题

在第 2 章中已经指出：在解决配电网问题时，利用配电网或其局部的自然适应性而不进行任何控制的方法才属于上策，因为影响其正常发挥作用的环节最少，并且维护工作量小，因此最简单也最可靠，在实际工程中应尽量争取采用利用自然适应性的方法。

对于无限大电源系统，电压问题主要是由于电能传输路径上的阻抗引起的，本章详细论述利用自然适应性解决配电网电压和线损问题的方法。在 8.1 节中论述仅采取将部分架空线改造为三芯架空电缆以改善配电网电压质量的方法，在 8.2 节中论述综合采取加粗导线截面、部分电缆替代和固定电容器以改善配电网电压质量的方法，在 8.3 节中详细论述仅采用固定电容补偿降低油田配电网线路损耗的方法。

8.1　部分电缆替代法解决农村配电网电压质量问题

8.1.1　基本原理

设一条长度为 L 的馈线首端电压为 $\dot{U}_1$，末端电压为 $\dot{U}_2$，馈线的单位长度电阻为 r（Ω/km），单位长度电抗为 x（Ω/km），则有：

$$\dot{U}_1-\dot{U}_2=\sqrt{3}(r+\mathrm{j}x)L\dot{I}=\Delta\dot{U}+\delta\dot{U} \tag{8–1}$$

$$\Delta U=\sqrt{3}(r\cos\varphi+x\sin\varphi)LI \tag{8–2}$$

$$\delta U=\sqrt{3}(x\cos\varphi-r\sin\varphi)LI \tag{8–3}$$

式中：$\dot{I}$ 为馈线流过的电流；φ 为功率因数角。

$$U_1=\sqrt{(U_2+\Delta U)^2+\delta U^2} \tag{8–4}$$

$$U_1-U_2=\sqrt{(U_2+\Delta U)^2+\delta U^2}-U_2 \tag{8–5}$$

由图 8–1 所示的相量图可知：

$$\alpha=\tan^{-1}\frac{\delta U}{U_2+\Delta U} \tag{8–6}$$

对于馈线而言，由于功率传输过程中 $U_2+\Delta U\gg\delta U$，故引起的电压相移 α 较小[1]，可见 δU 对电压降的幅值的影响很小。

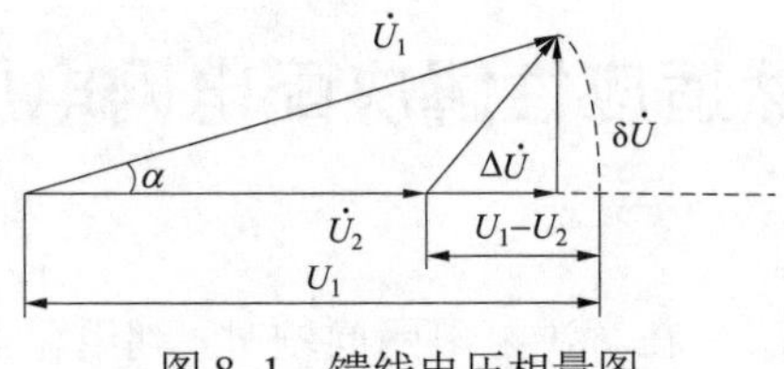

图 8–1　馈线电压相量图

因此有：

$$U_1 - U_2 \approx \Delta U \tag{8–7}$$

则电压降百分比为：

$$\Delta U\% = \frac{\sqrt{3}(r\cos\varphi + x\sin\varphi)LI}{U_\mathrm{n}} \times 100\% \tag{8–8}$$

式中：U_n为馈线的标称电压。

由式（8–8）可见，r、x 和 L 是产生电压降的根源，也是电压偏差、电压波动和电压闪变的根源，降低 r、x 和 L，可以有效解决电压质量问题。

增大架空线导线的截面积能够降低 r，但是对 x 的改变并不明显，因此增大导线截面积的措施仅针对截面积较小的导线时效果较好，当导线截面积增大到一定程度后，r/x 已经较小，馈线的阻抗主要取决于 x，再继续增大导线截面积，对电压降落的改善效果较小。

例如，当功率因数取 0.9 时，由式（8–8）可得不同线路长度下各种截面积的架空导线的每 1MVA 负荷产生的电压降百分比与导线截面积的关系曲线如图 8–2 所示，采用的导线参数如表 8–1[2]所示。

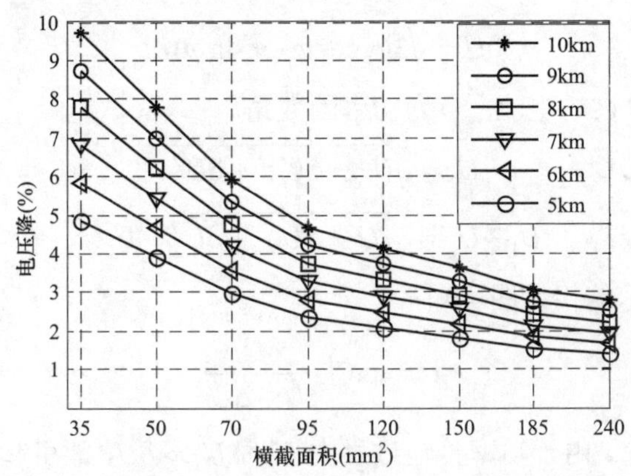

图 8–2　LGJ 架空线导线截面积与电压降百分数的关系

表 8–1　　　　**JKYJ 电缆和 LGJ 架空线的参数**

截面（mm^2） \ 型号	JKYJ		LGJ	
	电阻（Ω/km）	电抗（Ω/km）	电阻（Ω/km）	电抗（Ω/km）
35	0.622	0.113	0.89	0.39
50	0.435	0.107	0.68	0.38
70	0.310	0.101	0.48	0.37
95	0.229	0.096	0.35	0.35
120	0.181	0.095	0.29	0.35
150	0.145	0.093	0.24	0.34
185	0.118	0.090	0.18	0.33
240	0.091	0.087	0.15	0.33

由图 8–2 可以看出，随着导线截面积的增大，其对电压降的改善作用越来越弱。

缩小架空导线相间距离虽然可以减少 x，但是不适合针对已有线路，对于新建线路有一定的可行性。

U_1 和 U_2 的关系可表示为：

$$U_1 - \frac{(Pr+Qx)L}{U_n} = U_1 - \frac{(Pr-|Q|x)L}{U_n} = U_1 + \frac{(|Q|x-Pr)L}{U_n} = U_2 \qquad (8\text{–}9)$$

式中：P 和 Q 分别为馈线流过的有功功率和无功功率。

当式（8–9）中$|Q|x$ 与 Pr 的差大于零（例如：后半夜轻载 P 较小）时，馈线末端电压会高于首端，有时会引起末端电压偏高问题；反之馈线末端电压会低于首端，有时会引起末端电压偏低问题。

将架空馈线的一部分改造成三芯架空电缆，可以极大地缩小导线相间距离并有效减少 x，采用较大截面的铜导体又能有效减少 r，从而可以降低式（8–9）中$|Q|x$ 与 Pr 的差，即降低了电压降的幅度，因此既有助于解决末端电压偏高问题，也有助于解决电压偏低问题，达到治理电压偏差、电压波动和电压闪变等电压质量问题的目的。

当功率因数取 0.9 时，由式（8–8）可得出部分截面积的架空导线和三芯铜芯电缆的每 1MVA 负荷产生的电压降百分比与线路长度的关系如图 8–3 所示。

由图 8–3 可见横截面积为 95mm^2 的三芯铜芯电缆（JKYJ–95）在相同距离上的电压损耗已经小于横截面积为 240mm^2（LGJ–240）的架空线。

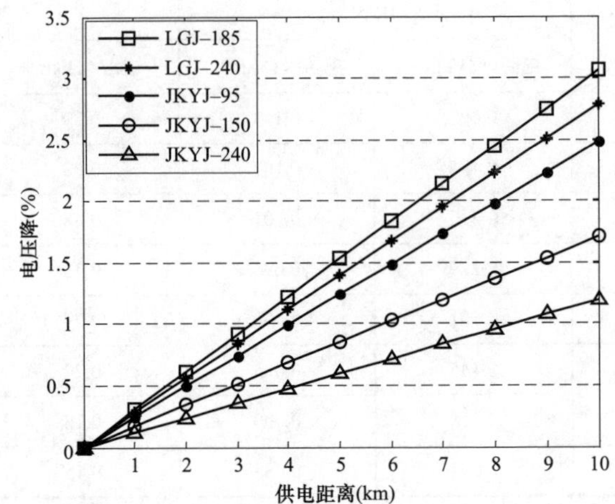

图 8–3　部分架空线和电缆电压降百分比与线路长度的关系

替换一部分架空线的三芯电缆可以在原有配电线杆上架空敷设，由于越接近母线的馈线段上流过的电流往往越大，因此一般可以选择将靠近母线的馈线段更换为三芯电缆。采用三芯电缆后还可以显著改善受树木侵害区域的可靠性，因此也可以选择将容易受到树木侵害的架空馈线段更换为三芯电缆。

8.1.2　敷设架空电缆的应力校验

敷设电缆时，如果需要专门挖沟或对原架空线杆进行更换或加强，则代价较高也非常不方便。本节通过对原架空线杆应力的校验，论证利用原有配电线杆上架空敷设架空电缆的可行性。

在配电线路中一般不需要验算断线应力，而且由于 10kV 配电线路中档距较小（城市为 40～50m，城郊及农村为 60～100m），电杆一般都能满足垂直荷载的要求[3]。故对于直线杆来说，只需要验证在最大风速时，采用架空电缆代替架空线后电杆所承受的弯矩是否超过其允许承载力弯矩。对于转角杆、耐张杆还需要验证原有拉线是否满足要求。

导线、杆塔的风荷载 W 可采用式（8–10）计算[3]：

$$W = 9.8C\Psi \times \frac{v^2}{16} \tag{8–10}$$

式中：C 为风载体型系数，环形截面钢筋混凝土杆为 0.6，矩形截面钢筋混凝土杆为 1.4，导线直径小于 17mm 为 1.2，导线直径大于等于 17mm 为 1.1，导线覆冰，不论直径大小均为 1.2；Ψ 为电杆杆身侧面的投影面积或导线直径与水平档距的乘积；v 为设计风速。

图 8–4 为电杆的受力图，电杆所承受的合成弯矩 M 可采用式（8–11）计算[4]：

$$M = W_1h_1 + W_2h_2 + W_3h_3 \quad (8\text{–}11)$$

式中：W_1 为上导线风荷载；W_2 和 W_3 为下导线风荷载；h_1 和 h_2 分别为上下导线距地面高度；h_3 为地面以上电杆的重心高度（一般可取地面以上电杆高度的一半）。

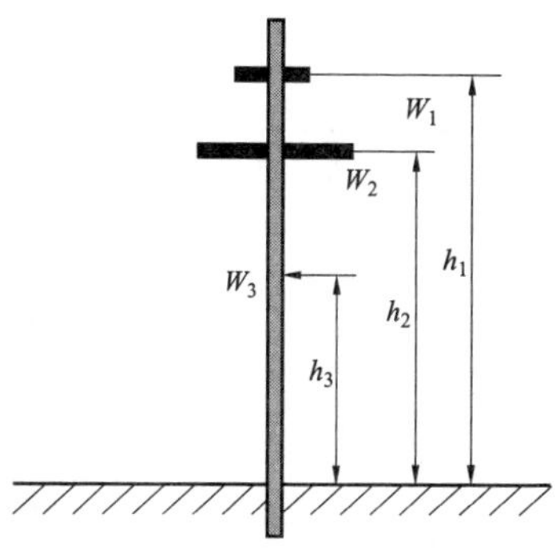

图 8–4 典型电杆的结构图

一般可以考虑将架空电缆敷设在上导线位置，则由式（8–10）和（8–11）可以计算出在最大风速（一般可取 25m/s）时，电杆所承受的合成弯矩。例如图 8–5 所示为杆长 10m、梢径 190mm 的电杆顶端敷设各种截面的架空电缆时所承受的合成弯矩与档距 l 的关系曲线。

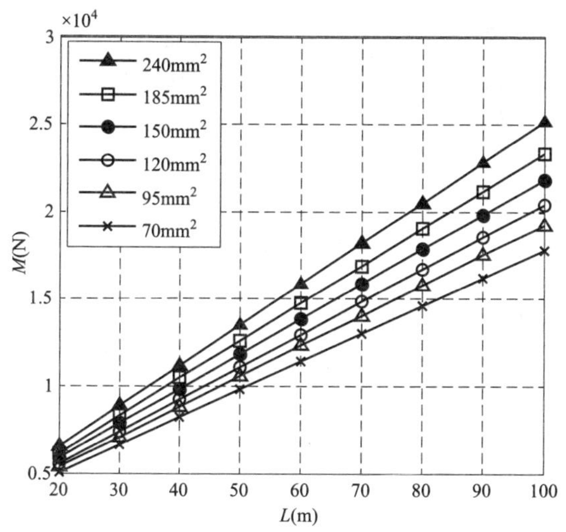

图 8–5 JKYJ 电缆档距与电杆承受弯矩关系的曲线

根据 GB/T 4623—2014《环形混凝土电杆》[5]，校验中可取承载力综合系数 β=2，即须满足：

$$M \leqslant \beta M_{\mathrm{k}} \quad (8\text{–}12)$$

电杆才能满足要求，其中 M_{k} 为 GB/T 4623—2014[5]中规定的电杆开裂检验弯矩，如表 8–2 所示，其中 G、I、J、K、L、M 是不同开裂检验代号。

表 8–2 GB/T 4623—2014 中规定的部分环形混凝土电杆开裂检验弯矩（梢径 190mm）

开裂检验代号 / 开裂检验弯矩（kN）/ 杆长（m）	G	I	J	K	L	M
9	18.13	21.75	25.38	29.00	36.25	43.50
10	20.13	24.15	28.18	32.20	40.25	48.30
11		26.55	30.98	35.40	44.25	53.10
12		29.25	34.12	39.00	48.75	58.50
13		31.65	36.93	42.20	52.75	63.30
15		36.75	42.88	49.00	61.25	73.50

由图 8–5 和表 8–2 可见，在档距为 40～100m 时，原有电杆采用杆长 10m、梢径 190mm 电杆时，线路改造后电杆所承受的合成弯矩都在电杆的承受范围之内。对其他杆长的情形的分析结果也得出同样的结论，即三芯 JKYJ 电缆可以直接在原有电杆上进行敷设。

对于带拉线的转角杆，敷设架空线时拉线所承受的拉力 F_1 为[4]：

$$F_1 = \frac{T_{h1}h_1 + T_{h2}h_2}{h_5 \sin\delta} \tag{8–13}$$

式中：δ为拉线与线杆的夹角（一般取 45°）；h_5 为拉线点到地面的距离；T_{h1} 和 T_{h2} 分别为上下导线拉力的合力，可采用式（8–14）计算[4]：

$$T_h = 2T_{al}\sin\frac{\xi}{2} \tag{8–14}$$

式中：T_{al} 为导线最大允许拉力；ξ为线路转角。

由于相同截面的三芯 JKYJ 电缆和 LGJ 架空线的最大允许拉力相差很小[6]，且在进行线路改造时只需要在上导线位置或者下导线位置挂载电缆即可，则换电缆时拉线所承受的拉力 F_2 为：

$$F_2 = \frac{T_{h1}h_1}{h_5 \sin\delta} \quad 和 \quad F_2 = \frac{T_{h2}h_2}{h_5 \sin\delta} \tag{8–15}$$

对比式（8–13）和式（8–15）可知，在导线横截面相同时，有：

$$F_2 < F_1 \tag{8–16}$$

即原有拉线都可以满足要求。

对于导线横截面积不同时，须根据计算得出的拉线所承受拉力查询手册更换合适的拉线。

对于耐张杆而言，需要考虑水平风荷载及临档导线拉力差引起的水平纵向荷载[4]。假定电杆两侧电线最大允许拉力分别为 T_1 和 T_2，且 $T_1>T_2$。则导线拉力 T_{1-2} 为：

$$T_{1-2}=T_1-T_2 \tag{8–17}$$

断线时最大拉力可采用式（8–18）计算[4]：

$$T_{max}=0.7T_1 \tag{8–18}$$

比较 T_{1-2} 和 T_{max} 的大小，可取其大者计算拉线所承受的拉力 F，其余计算同转角杆，根据计算结果选取合适拉线。在进行架空电缆替代架空线改造时，当电杆两侧线型相同时，由于相同截面积的三芯 JKYJ 电缆和 LGJ 架空线的断线拉力相差很小[6]，则不需要更换拉线。当两侧线型不同时，则在必要时需根据计算更换合适的拉线。

8.1.3 算例分析

【例 8.1】为了验证在近母线馈线段上采用架空型三芯铜芯电缆代替部分架空线可以取得较好的电压治理效果，本节采用图 8–6 所示典型的 10kV 馈线系统作为算例，其中节点 1 代表 10kV 母线，各支路的导线型号和参数见表 8–3。

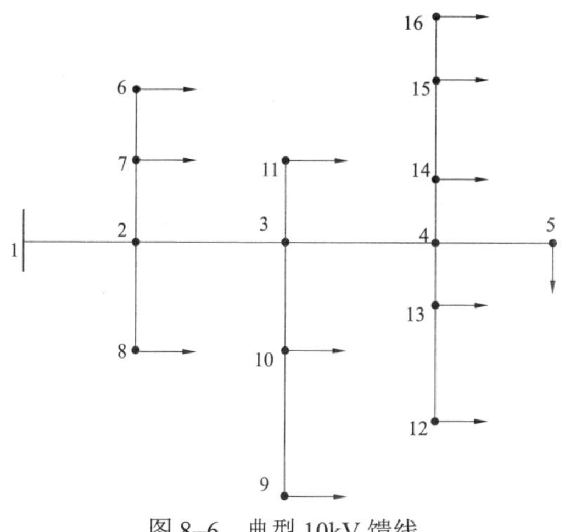

图 8–6　典型 10kV 馈线

表 8–3　　支路导线的距离和型号

支路	距离（km）	型号	支路	距离（km）	型号
1–2	3	LGJ–185	3–10	2	LGJ–50
2–3	2	LGJ–185	10–9	3	LGJ–50
3–4	1	LGJ–150	4–13	2	LGJ–50
4–5	2	LGJ–50	13–12	2	LGJ–50
2–8	2	LGJ–50	4–14	2	LGJ–50
2–7	1.5	LGJ–50	14–15	2	LGJ–50
7–6	2	LGJ–50	15–16	1	LGJ–50
3–11	1.5	LGJ–50			

各节点的负荷如表 8–4 所示，其中最大负荷反映农村配电网白天负荷高峰的情形，最小负荷反映后半夜负荷低谷期的情形，馈线上采取中压固定电容器补偿方式以提高负荷峰期的功率因数，其中 12、14、16 为补偿节点。表 8–5 和表 8–6 分别为计算得到的最大、最小负荷时各个节点的电压。

表 8–4　　各个节点的负荷

节点	最大负荷（MVA）	最小负荷（MVA）
1	0	0
2	0	0
3	0	0
4	0	0
5	0.63+j0.305	0.003 6+j0.001 74
6	0.18+j0.087	0.003 6+j0.001 74
7	0.18+j0.087	0.022 5+j0.010 9
8	0.18+j0.087	0.009+j0.004 36
9	0.72+j0.349	0.003 15+j0.001 526
10	0.27+j0.131	0.005 4+j0.002 62
11	0.18+j0.087	0.003 6+j0.001 74
12	0.36–j0.33	0.009–j1.096
13	0.45+j0.218	0.003 6+j0.001 745
14	0.45–j0.26	0.001 8–j0.899 13
15	0.63+j0.305	0.007 2+j0.003 48
16	0.72–j0.15	0.000 36–j1.099 8

表 8–5 最大负荷时的电压分布

节点	电压（p.u.）	全改 LGJ–240	1–2、2–3 改为 JKYJ–240 电缆，3–4 改为 JKYJ–185 电缆
1	1	1	1
2	0.956 83	0.963 33	0.983 01
3	0.933 38	0.943 51	0.973 214
4	0.924 19	0.937 796	0.969 055
5	0.912 25	0.933 609	0.957 688
6	0.948 64	0.960 429	0.975 046
7	0.951 92	0.961 59	0.978 235
8	0.953 57	0.962 172	0.979 837
9	0.893 45	0.929 66	0.935 053
10	0.914 34	0.936 881	0.955 017
11	0.930 87	0.942 624	0.970 812
12	0.915 96	0.938 045	0.961 227
13	0.918 61	0.936 881	0.963 74
14	0.910 79	0.935 188	0.956 332
15	0.888 66	0.929 669	0.935 322
16	0.883 76	0.929 035	0.930 665

表 8–6 最小负荷时的电压分布

节点	电压（p.u.）	全改 LGJ–240	1–2、2–3 改为 JKYJ–240 电缆，3–4 改为 JKYJ–185 电缆
1	1	1	1
2	1.028 068	1.027 766	1.007 274
3	1.046 601	1.046 596	1.012 256
4	1.056 186	1.056 076	1.014 839
5	1.056 128	1.056 055	1.014 778
6	1.027 678	1.027 626	1.006 876
7	1.027 738	1.027 648	1.006 938
8	1.027 916	1.027 712	1.007 119
9	1.046 381	1.046 517	1.012 029
10	1.046 459	1.046 545	1.012 11
11	1.046 556	1.046 58	1.012 21
12	1.067 476	1.066 19	1.026 561
13	1.059 883	1.059 438	1.018 673
14	1.063 004	1.062 219	1.021 909
15	1.070 481	1.068 937	1.029 664
16	1.074 346	1.072 32	1.033 68

从表 8–5 和表 8–6 可以看出：在改造之前，最大负荷时部分节点电压偏低，最小负荷时由于无功过剩导致部分节点电压偏高。在负荷高峰期即使全部改造成 LGJ–240 架空线，9、15、16 节点依然存在电压偏低的问题；而在负荷低谷期，全部改造成 LGJ–240 架空线对改善电压偏高的作用并不明显。当把近母线的 1–2、2–3 段馈线改造为 JKYJ–10–3×240 电缆，3–4 段馈线改造为 JKYJ–10–3×185 电缆，其他馈线不做任何改动时，既解决了电压偏低又解决了电压偏高问题。电压偏高和电压偏低本质上都是由于馈线段的电压降引起的，只是该电压降的符号不同而已，电缆替代架空线后，馈线段的 r 和 x 都显著降低，因此电压降的幅值显著降低，则无论电压偏高还是电压偏低都有助于解决。

假设原馈线采用了杆长 10m、梢径 190mm 的 G 级环形混凝土电杆，最大档距没有超过 100m。电杆承载力检验弯矩 $2M_k$ 为 40.26kN，由图 8–5 可知更换 JKYJ–10–3×240 电缆、JKYJ–10–3×185 电缆后电杆在档距为 100m 时需承受的弯矩分别为 25.17、23.32kN，小于电杆承载力检验弯矩并留有一定裕度。故可直接在原有电杆上进行敷设。

通过式（8–13）和式（8–15）验算，在 1–2、2–3 和 3–4 馈线段，原线型分别为三相 LGJ–185、LGJ–185 和 LGJ–150，其拉线所承受的拉力仍大于线型分别为 JKYJ–10–3×240 电缆、JKYJ–10–3×240 电缆和 JKYJ–10–3×185 电缆时的拉线所承受的拉力，故对于所有馈线段的转角杆、耐张杆，原有拉线均可满足要求。

上述对比分析结果验证了部分架空电缆替代架空线改造解决电压质量问题的可行性。

8.2 固定电容器与线路改造相结合解决农村配电网电压质量问题

在有的情况下，单纯采用部分电缆替代法解决电压质量问题造价较高，采用固定电容器与线路改造相结合的方式有助于降低造价，本节探讨这种解决方案。

8.2.1 基本原理

以规划期内收益最大为目标函数，考虑配电网改造后节省的损耗费用、更换导线（加粗或改用架空电缆）和加装电容器的建设费用，即：

$$\max S = S_1 - S_2 - S_3 = \Delta A_{12} \times 365bT - \sum_{i=1}^{m}(l_i k_i) - \sum_{g=1}^{n}(Q_{cg} c_{cg}) \tag{8–19}$$

$$\Delta A_{12} = \sum_{t=1}^{24} \Delta A_{1t} - \sum_{t=1}^{24} \Delta A_{2t} \tag{8-20}$$

式中：S_1、S_2、S_3 分别为节省的损耗费用、更换导线和加装电容器的建设费用；ΔA_{1t}、ΔA_{2t} 分别为改造前后典型日第 t 时段的损耗电量；ΔA_{12} 为改造后每日节省的损耗电量；b 为单位电量费用；T 为规划期年限；m 为需要更换导线的支路数；l_i 为需更换的第 i 条支路的长度；k_i 为第 i 条支路的单位长度改造费用；n 为加装电容器的位置数；Q_{cg} 为第 g 处加装的电容器的容量；c_{cg} 为电容器的单位容量费用。

在各个时间段内，都应满足下列条件约束：

$$\begin{cases} U_{\min} \leqslant U_x \leqslant U_{\max}, & x = 1,2,\cdots,h \\ Q_{c\min} \leqslant Q_{cg} \leqslant Q_{c\max}, & g = 1,2,\cdots,n \\ I_i \leqslant I_{i\max}, & i = 1,2,\cdots,m \\ n \leqslant n_{\max} \end{cases} \tag{8-21}$$

式中：h 为节点个数；U_x 为节点 x 的电压；$U_{\min}$、$U_{\max}$ 分别为允许电压上下限；$Q_{c\min}$、$Q_{c\max}$ 分别为补偿电容器容量的上下限；I_i 为第 i 条支路流过的电流；$I_{i\max}$ 为第 i 条支路的最大载流量；$n_{\max}$ 为加装电容器的最大位置数。

上述优化问题可采用随机抽样优化方法求解。

假设认为：在所有解中，按性能从好到坏进行排队，处于前 $p\%$的解都是满意解，则每随机生成一个候选解，它不是处于前 $p\%$的解的概率为（$1-p\%$），则连续随机生成 N 个候选解，它们都不是处于前 $p\%$的解的概率为（$1-p\%$）^{N}。假设连续随机生成的 N 个候选解都不是处于前 $p\%$的解的概率不大于 $q\%$，则有：

$$(1-p\%)^N \leqslant q\% \tag{8-22}$$

为达到上述目的，所需要的最少抽样数目 $N_{\min}$ 为：

$$N_{\min} = \operatorname{int}\left[\frac{\lg(q\%)}{\lg(1-p\%)} + 1\right] \tag{8-23}$$

式中 int[ ] 为对括号内取整。

即只要随机生成的候选解数目不少于 $N_{\min}$，则就有（$1-q\%$）的可能性在这 $N_{\min}$ 个候选解中，至少有一个是处于前 $p\%$的解。

8.2.2 算例分析

【例 8.2】固定电容器与线路改造相结合解决农村配电网电压质量问题。

以图 8-7 所示的 10kV 馈线系统为例，其中节点 1 为 10kV 母线。支路 1-2、

2–3、3–4 为 LGJ–150，长度分别为 1.2、1.4、0.3km；支路 4–5、5–6 为 LGJ–120，长度分别为 1.7、0.9km；支路 6–7 为 LGJ–95，长度为 0.7km；支路 7–8 为 LGJ–70，长度为 0.4km；支路 8–9、3–10、10–11、4–12、5–13、13–14、14–15、6–19、19–18、18–17、17–16、6–20、20–21、21–22、8–23、23–24、24–25、25–26 为 LGJ–50，长度分别为 0.7、0.9、2.3、2.6、1.7、0.9、0.8、1.1、0.5、1.3、1.6、1.1、1.7、1.4、0.9、0.3、0.8、0.6km；各种型号导线的参数取自文献[2]。

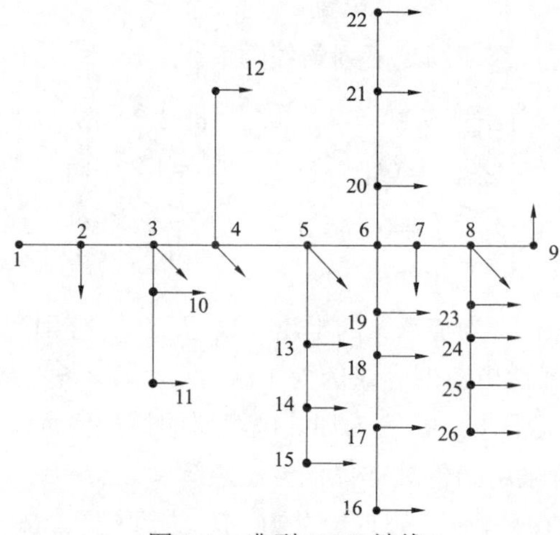

图 8–7　典型 10kV 馈线

负荷分为 3 类，其中节点 2、3、5、8、9、12、13、15、16、18、19、21、23、24、26 为居民生活负荷节点，节点 4、6、10、11、14、19 为农业负荷节点，节点 7、22、25 为商业负荷节点。其日负荷曲线（标幺值）分别如文献［7］所示。

所有节点均为候选补偿节点，设定补偿点最多为 3 个；补偿容量以 100kvar 为步长，最大补偿 1500kvar；设定最多对其中 3 个馈线段进行改造，选取单位长度电压损耗最大的 3 个馈线段作为候补改造馈线段；为输电网留出一定的电压变化范围，配电网侧的电压允许范围设定为标称电压的±5%，即 0.95～10.5kV；取电容器的投资费用为 7 万元/Mvar；综合电价取 0.06 万元/MWh；规划期为 5 年。

经过计算分析，仅采用固定补偿电容器时，无法同时满足负荷最大及负荷最小时的电压要求。因此需要采用本节建议的固定电容器与线路改造相结合的方案，采用随机抽样优化方法进行优化，得出改造 3 段、2 段和 1 段馈线段情况下得到的优化方案分别如表 8–7 所示，其效益如表 8–8 所示。

表 8–7 优化后得到的 3 个改造方案

方案	改造馈线段			补偿节点/［补偿容量/（Mvar）］		
改造 3 段	1–2 改为 JKLYJ–3×240	2–3 改为 JKLYJ–3×240	3–4 加粗为 LGJ–185	6/1.1	20/0.8	24/0.8
改造 2 段	1–2 改为 JKLYJ–3×240	1–2 加粗为 LGJ–240		6/1.4	20/0.7	23/0.8
改造 1 段	1–2 改为 JKLYJ–3×240			6/1.5	20/0.8	23/0.9

表 8–8 改 造 方 案 的 效 益

方案	有功损耗降低百分数（%）	最低电压（p.u.）	最高电压（p.u.）	收益（万元）
改造 3 段	26.2	0.950	1.034	41.814
改造 2 段	21.7	0.950	1.044	35.355
改造 1 段	2.62	0.950	1.049	–27.970

由表 8–8 可见：所得出的 3 个固定电容器与线路改造相结合的方案均可以使所有节点的电压在任何时刻都满足电压限值要求，达到治理电压的目的，并且改造 3 段方案降损效果最好、电压偏差最小、收益最大，因此将其作为最终的规划结果。

【例 8.3】线路改造法解决富含小水电配电网的电压质量问题。

以如图 8–8 所示的典型富含小水电的 10kV 馈线系统为例，其中主干线路节点 1～7 为 LGJ–120 架空线，其余为 LGJ–70 架空线；节点 8、12、19、20、24

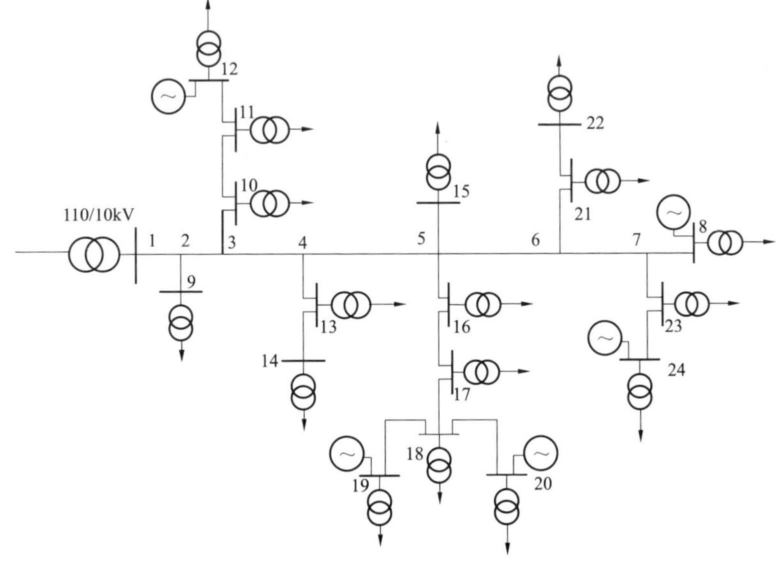

图 8–8 典型富含小水电的 10kV 馈线系统

各接有一座小水电站。各支路线路长度如表 8–9 所示，最大负荷和最小负荷如表 8–10 所示，枯水期、丰水期小水电发电量如表 8–11 所示。

表 8–9　　各支路线路长度

支路	长度（km）	支路	长度（km）	支路	长度（km）	支路	长度（km）
1–2	1.13	7–8	0.56	13–14	2.33	18–20	1.26
2–3	1.27	2–9	2.11	5–15	2.19	6–21	0.78
3–4	1.39	3–10	0.88	5–16	1.46	21–22	1.3
4–5	1.66	10–11	1.79	16–17	1.56	7–23	1.88
5–6	1.26	11–12	1.05	17–18	1.33	23–24	1.66
6–7	1.38	4–13	2.26	18–19	0.66		

表 8–10　　各节点负荷

节点号	最小负荷		最大负荷		节点号	最小负荷		最大负荷	
	P（MW）	Q（Mvar）	P（MW）	Q（Mvar）		P（MW）	Q（Mvar）	P（MW）	Q（Mvar）
8	0.008 8	0.006 6	0.136	0.102	17	0.070 4	0.052 8	0.208	0.156
9	0.041 6	0.031 2	0.208	0.156	18	0.016 8	0.012 6	0.176	0.132
10	0.052 8	0.039 6	0.128	0.096	19	0.012 8	0.009 6	0.152	0.114
11	0.038 4	0.028 8	0.192	0.144	20	0.017 6	0.013 2	0.192	0.144
12	0.012	0.009	0.168	0.126	21	0.052 8	0.039 6	0.184	0.138
13	0.051 2	0.038 4	0.144	0.108	22	0.062 4	0.046 8	0.248	0.186
14	0.057 6	0.043 2	0.216	0.162	23	0.055 2	0.041 4	0.208	0.156
15	0.026 4	0.019 8	0.264	0.198	24	0.019 2	0.014 4	0.2	0.15
16	0.060 8	0.045 6	0.168	0.126					

表 8–11　　小水电丰水期和枯水期发电量

节点号	丰水发电量		枯水发电量	
	P（MW）	Q（Mvar）	P（MW）	Q（Mvar）
8	0.63	0.305	0.08	0.06
12	0.72	0.394	0.08	0.06
19	0.54	0.262	0.16	0.12
20	0.81	0.329	0.08	0.06
24	0.54	0.262	0.24	0.18

本例中以总投资最小为目标函数，把各条支路作为候选改造支路，各节点电压限值设为标称电压的 7%，候选导线型号为横截面为 70～240mm^2 的架空线及三芯架空电缆。

为了降低改造工程量，设定最多对其中 3 条支路进行改造。采用随机抽样优化方法进行优化，得到的改造方案为：将架空支路 2–3 改造为电缆 JKLYJ–3×240，将架空支路 5–16 改造为电缆 JKLYJ–3×185，将架空支路 16–17 的导线加粗为 LGJ–185，共计费用 35.02 万元。改造前后丰小和枯大两种运行方式下各节点电压如图 8–9 所示。

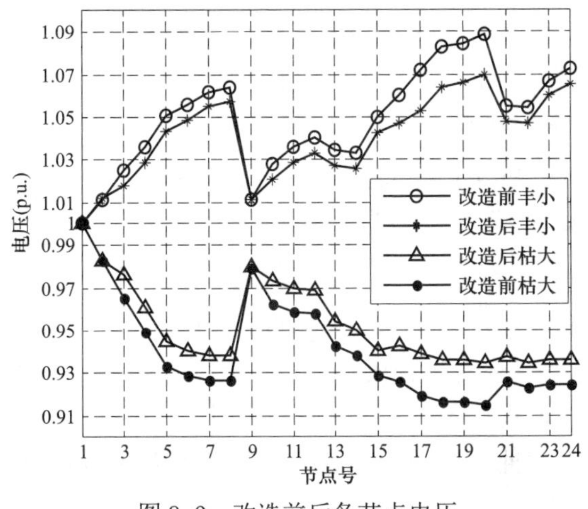

图 8–9 改造前后各节点电压

由图 8–9 可见，改造前在丰水期小负荷时部分节点电压偏高，枯水期大负荷时部分节点电压偏低，通过对支路 2–3、5–16、16–17 的改造，所有节点电压都在规定范围内。

综上所述，将固定电容器与线路改造相结合的方法可以取长补短，有效治理农村配电网电压偏差的问题，不需要建设通信网络和投切控制，具有简单可靠、坚固耐用的优点。

8.3 针对油田负荷特性的固定电容无功补偿降损技术

抽油机是油田配电网的主要负荷之一，占到油区总负荷的 80%以上，但其功率因数较低，并且油田配电网的供电半径较长，因无功流动产生的损耗比较可观，无功补偿对于降低油田配电网的损耗和保障电压质量具有重要的意义。由于抽油机的负荷周期变化，已有成果大多需要电容器频繁投切，不仅增加了建设费用，而且还加大了运行复杂度。对抽油机负荷特性深入研究表明，安装固定补偿电容器就能得到良好的补偿效果。

8.3.1 抽油机负荷特性

抽油机的上冲程在起油柱时一般需要较大的功率，而在下冲程则可自行下落，一般配有平衡块以使负荷均匀，总负载转矩 M 为油井负荷扭矩与平衡扭矩之和[8]，近似呈正弦曲线。抽油机一个周期一般在 3～7s 之间[9]。与抽油机电机的输出有功功率相比，其损耗功率较小，因此抽油机电机的输入有功功率 P 与转矩成正比，波形也接近正弦曲线。

抽油机电机的无功功率 Q_s 可表示为：

$$Q_s = 3I_1^2 X_1 + 3I_2'^2 X_2' + 3I_m^2 x_m \qquad (8\text{–}24)$$

式中：x_m 为励磁电抗；X_1、X_2'分别为定子和转子绕组的漏抗；I_1、I_2' 和 I_m 分别为定子电流、转子电流和励磁电流。

对于感应电机而言，X_1 和 X_2' 一般比 x_m 小很多，对于抽油机电机一般相差 20 倍以上，因此式（8–24）可近似为：

$$Q_s \approx 3I_m^2 x_m \qquad (8\text{–}25)$$

抽油机电机的启动转矩大，正常运行时处于“大马拉小车”状态，Q_s 受负载的影响不大，可近似认为不变化。

通过对各种抽油机负荷特性的大量测试表明，其负荷功率变化曲线很相似[10]，图 8–10 为国内某油井抽油机满抽时有功功率 P 和无功功率 Q 实时监控截图，其

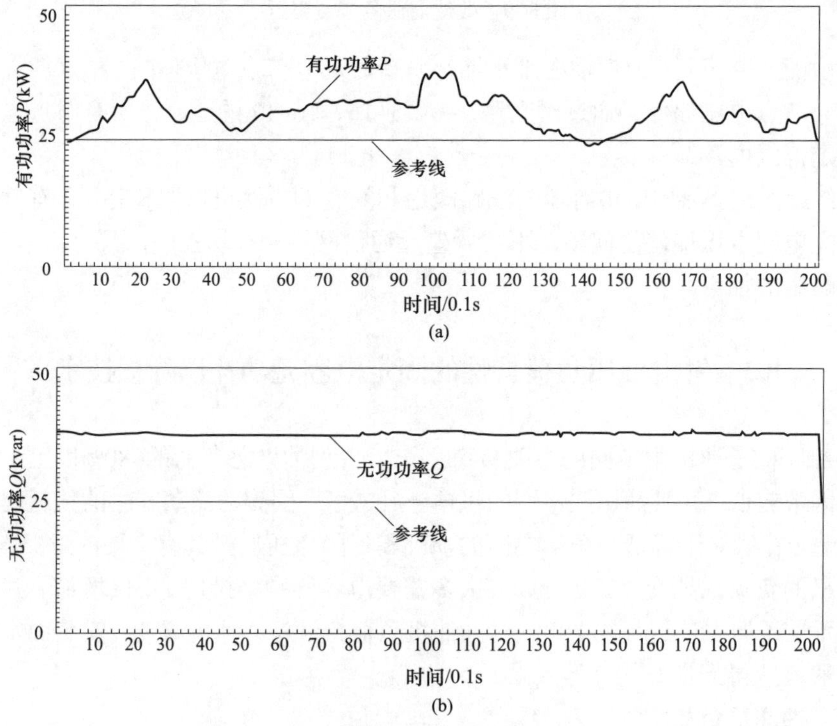

图 8–10　抽油机满抽时功率实时监控曲线
（a）有功功率 P；（b）无功功率 Q

中图 8–10（a）为有功功率 P 的实时监控截图，图 8–10（b）为无功功率 Q 的实时监控截图，横坐标均为时间，单位为 0.1s，有功功率 P 的单位为 kW，无功功率 Q 的单位为 kvar。

由于在一个冲程周期内，抽油机的有功功率变化较大，但无功功率波动很小，导致功率因数变化较大，若采用以功率因数动态投切电容器，必然造成频繁投切。但是，无功补偿旨在减少无功功率流动而并非保障高功率因数，因此利用抽油机的无功功率波动较小的特点，可以采用固定电容器的方案进行变压器低压侧无功补偿。

8.3.2 抽油机分支导线的线损

根据 8.3.1 的论述，对于一个具有 N 台抽油机的分支，流过支路导线的总有功功率和总无功功率可分别表示为：

$$p_{\Sigma}(t)=\sum_{j=1}^{N}p_j[1+\sin(\omega_j t)] \tag{8–26}$$

$$q_{\Sigma}(t)=\sum_{j=1}^{N}Q_j \tag{8–27}$$

式中：P_j、Q_j 和 ω_j 分别为第 j 个抽油机平均有功功率、平均无功功率、一个冲程的角频率。

在考察时期 τ 以内，该支路导线的理论有功线损电量 ΔA_1 为：

$$\Delta A_1=\frac{R_1}{U^2}\int_0^{\tau}\left\{\left[\sum_{j=1}^{N}P_j(q+\sin\omega_j t)\right]^2+\left(\sum_{j=1}^{N}Q_j\right)^2\right\}\mathrm{d}t \tag{8–28}$$

τ 远远长于抽油机的冲程周期，可近似认为 τ 是各台抽油机的冲程周期的公倍数，则不同的抽油机的正弦分量交叉相乘部分在 τ 内的积分为 0，因此有：

$$\Delta A_1=\frac{R_1\tau S_{\psi}^2}{U^2} \tag{8–29}$$

其中：

$$S_{\psi}=\frac{3}{2}\sum_{j=1}^{N}P_j^2+\sum_{m=1}^{N}\sum_{n=1}^{N}\delta(m,n)P_mP_n+\left(\sum_{j=1}^{N}Q_j\right)^2 \tag{8–30}$$

$$\delta(m,n)=\begin{cases}1 & (m\neq n)\\ 0 & (m=n)\end{cases} \tag{8–31}$$

令 ω=0 可得出不考虑负荷波动时的损耗电量 $S_{\psi}^2(0)$，即：

$$S_{\psi}^2(0)=\left(\sum_{j=1}^{N}P_j\right)^2+\left(\sum_{j=1}^{N}Q_j\right)^2 \tag{8–32}$$

近似认为各台抽油机的负荷相同，则有：

$$S_{\psi}^{2}(0)=N^{2}(P^{2}+Q^{2}) \tag{8-33}$$

考虑负荷波动与不考虑负荷波动时支路的可变损耗电量计算值之比γ为：

$$\gamma=\frac{S_{\psi}^{2}}{S_{\psi}^{2}(0)}=1+\frac{0.5P^{2}}{N(P^{2}+Q^{2})} \tag{8-34}$$

式中：γ可以看作在采用平均功率计算后得到的损耗电量的修正系数。

可见，若不针对抽油机负荷特性对导线线损分析进行改进，则得到的线损电量偏小，产生的固有相对分析误差为–100（1–1/γ）%。

8.3.3 为抽油机供电的变压器的损耗

为抽油机供电的变压器的固定有功损耗电量为：

$$\Delta A_{0}=\Delta P_{0}\left(\frac{U}{U_{\mathrm{N}}}\right)^{2}\tau \tag{8-35}$$

式中：ΔP_0为变压器的空载损耗。

变压器的可变有功损耗电量为：

$$\begin{aligned}\Delta A_{\mathrm{k}}&=\int_{0}^{\tau}\Delta P_{\mathrm{k}}\left[\frac{p_{\Sigma}^{2}(t)+q_{\Sigma}^{2}(t)}{S_{\mathrm{N}}^{2}}\right]\mathrm{d}t\\&=\frac{\Delta P_{\mathrm{k}}\tau S_{\psi}^{2}}{S_{\mathrm{N}}^{2}}=\frac{\Delta P_{\mathrm{k}}\tau\gamma S_{\psi}^{2}(0)}{S_{\mathrm{N}}^{2}}\end{aligned} \tag{8-36}$$

式中：ΔP_{k}为变压器的短路损耗；S_{N}为变压器的额定容量。

可见，若不针对抽油机负荷特性对变压器线损分析进行改进，得到的固定损耗不产生误差，而得出的可变线损电量偏小，可变线损的固有相对分析误差仍为–100（1–1/γ）%。

为抽油机供电的馈线总有功损耗电量为：

$$\begin{aligned}\Delta A_{\mathrm{T}}&=\Delta A_{0}+\Delta A_{\mathrm{k}}+\Delta A_{\mathrm{l}}\\&=\Delta P_{0}\left(\frac{U}{U_{\mathrm{N}}}\right)^{2}\tau+\gamma[\Delta A_{\mathrm{k}}(0)+\Delta A_{\mathrm{l}}(0)]\end{aligned} \tag{8-37}$$

式中：ΔA_{k}（0）和 ΔA_{l}（0）分别为不考虑抽油机的周期性波动，而以其平均功率计算得到的变压器可变有功损耗电量和线路有功损耗电量。

对于混合供电馈线，即一条馈线除了为抽油机供电外，还为注水泵和其他设施供电，由于注水泵的负荷可近似认为不变，为其他设施供电的负荷因同样较小可按其平均负荷考虑，因此这些负荷都不需要加以修正，而只需对存在周期性波动的抽油机负荷的部分修正即可，即：

$$\Delta A_{\mathrm{T}}=\Delta A_0+\Delta A_{\mathrm{k},1}(0)+\Delta A_{\mathrm{l},1}(0)+\gamma[\Delta A_{\mathrm{k},2}(0)+\Delta A_{\mathrm{l},2}(0)] \tag{8–38}$$

式中：$\Delta A_{\mathrm{k},1}$（0）和 $\Delta A_{\mathrm{l},1}$（0）分别为注水泵和其他负荷产生的变压器固定有功损耗电量；$\Delta A_{\mathrm{k},2}$（0）和 $\Delta A_{\mathrm{l},2}$（0）分别为不考虑抽油机的周期性波动，以其平均功率计算得到的变压器可变有功损耗电量和线路有功损耗电量。

综上所述，对油田配电网线损电量进行分析时，可先基于平均有功功率和平均无功功率进行常规潮流计算，得出各条支路变压器和导线的可变损耗电量和变压器的固定损耗电量，然后对需要修正的部分按照相应的修正系数γ进行修正即可。

若按照常规分析方法而不进行修正，则得出的损耗电量与实际相比偏小，偏小的程度与抽油机的数量和位置的分布密切相关，因此不能在按常规方法得出的总损耗电量基础上笼统地修正，而需要按照上面论述的方法逐个支路、逐个变压器分别修正才行。

8.3.4 基于固定电容器的油田无功补偿优化规划

利用抽油机的无功功率的波动较小的特点，可以采用固定电容器进行变压器低压侧无功补偿，但是如果对所有负荷节点都进行补偿，虽然降损效果好，但是投资费用大，同时运行维护量也大[11]。因此需要通过优化规划确定所需电容器的最佳数量、位置和容量。

以降损电量最大为目标函数，即：

$$\max f=\Delta A_{\mathrm{T},1}-\Delta A_{\mathrm{T},2} \tag{8–39}$$

式中：$\Delta A_{\mathrm{T},1}$和$\Delta A_{\mathrm{T},2}$分别为补偿前和补偿后的有功功率损耗电量。

约束条件包括潮流约束、电气极限约束和投资费用约束。

每台变压器的低压侧都可以作为候选的电容器安放位置，设所需固定电容器的数量为 k，则第 i 个候选解$\boldsymbol{\Psi}_i$的构成为：

$$\boldsymbol{\Psi}_i=[\psi_{i1},\psi_{i2},\cdots,\psi_{ij},\cdots,\psi_{ik}] \tag{8–40}$$

式中：ψ_{ij}表示第 i 个候选解中第 j 个补偿位置的变压器序号。

若拟在变压器低压侧配置电容器，则其容量 Q_{ij} 可取为该变压器所供的各台抽油机的总无功功率的平均值。

采用本书提出的改进方法进行油田配电网损耗分析后，可以根据式（8–39）得出该解的降损效果适配值 f_i，并检验是否符合电气极限约束条件。根据电容器的容量可以计算出所需费用 z_i。

采用一定的规则和方法（如：PSO、遗传算法、单纯形法、精英随机抽样法等）在解空间中搜索，可以得出符合约束条件且适配值最高的候选解，作为电容器数量为 k 的条件下的最佳解 $f^{(\mathrm{k})}$和费用 $z^{(\mathrm{k})}$。上述过程称为初步寻优过程。

为了确定最佳电容器数量及其对应的补偿位置和容量，需要反复调用初步寻优过程，其步骤为：

第 1 步：设置初值 $k=k_0$，步长为 Δ，$f^{(k-\Delta)}=0$。

第 2 步：执行电容器数量为 k 条件下的初步寻优过程，得出最佳解 $\boldsymbol{\Psi}^{(k)}$。

第 3 步：判断式（8–41）描述的终止条件是否满足。若不满足终止条件，则 $k=k+\Delta$，返回第 2 步；若满足终止条件，则 $k-\Delta$ 为电容器数量的最终优化规划结果，$\boldsymbol{\Psi}^{(k-\Delta)}$为最终的电容器位置优化规划结果，$f^{(k-\Delta)}$为最优规划的降损电量预期值。

终止条件：

$$\sigma^{(k)} < \varepsilon\% \quad 或 \quad z^{(k)} > Z_{max} \tag{8–41}$$

式中：Z_{max} 为允许的最大费用极限；$\sigma^{(k)}$反映增加电容器数量后对降损效果的改进率，可由式（8–42）计算；$\varepsilon\%$为一个预先设置的阈值。

$$\sigma^{(k)} = \left| \frac{f^{(k)} - f^{(k-\Delta)}}{f^{(k)}} \right| \tag{8–42}$$

8.3.5 算例分析

【**算例 8.4**】图 8–11 所示为某油田 6kV 配电网中一条具有 19 个负荷的线路图，各台变压器的型号和线路参数分别如表 8–12 和表 8–13 所示，其中，节点 14 和 24 为两台民用变压器，表 8–12 同时给出了该油田各负荷节点统计到的 1h 内的有功电量和无功电量。民用变压器所带负荷电量是在高压侧测量的，其他变压器所带负荷均为一台抽油机，其电量是在低压侧测量。

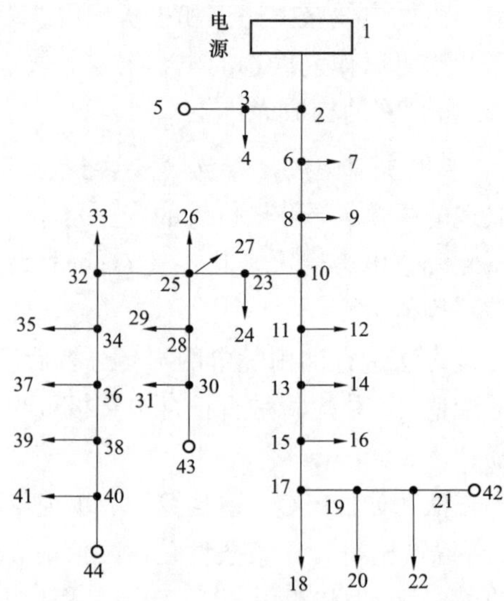

图 8–11　某油田配电网中的一条馈线

表 8–12　　各节点采用的变压器型号和负荷电量

负荷节点	变压器型号	有功电量（kWh）	无功电量（kvarh）
4	S7–80/6	8.6	10.5
7	S7–80/6	39.67	45.99
9	S7–80/6	39.67	45.99
12	S7–80/6	13.2	17.26
14	民用变	36.085	42.781
16	S7–80/6	8.6	10.05
18	S7–80/6	8.94	12.24
20	S7–80/6	8.94	12.24
22	S7–80/6	8.94	12.24
24	民用变	33.441	41.682
26	S7–80/6	8.94	12.24
27	S7–80/6	8.86	12.15
29	S7–80/6	43.72	46.67
31	S7–63/6	8.850	11.88
33	S7–80/6	33.74	44.34
35	S7–80/6	8.94	12.24
37	S7–80/6	30.55	37.86
39	S7–100/10	8.98	12.64
41	S7–100/10	41.13	46.14

表 8–13　　各支路导线的阻抗

支路	阻抗（Ω）	支路	阻抗（Ω）
1–2	0.074 4+j0.092	10–11	0.087+j0.09
2–3	0.019 5+j0.024 3	10–23	0.038+j0.04
2–6	0.074 1+j0.092	11–12	0.02+j0.025
3–4	0.01+j0.012 4	11–13	0.014 1+j0.014 6
3–5	0.036 5+j0.045 3	13–14	0.013 3+j0.017
6–7	0.015+j0.018 8	13–15	0.019 5+j0.020 3
6–8	0.020 7+j0.025 7	15–16	0.023 5+j0.029
8–9	0.016+j0.019 8	15–17	0.070 8+j0.073 3
8–10	0.048 8+j0.061	17–18	0.013 1+j0.016 3

续表

支路	阻抗（Ω）	支路	阻抗（Ω）
17–19	0.153 6+j0.159	28–30	0.049 4+j0.061 2
19–20	0.018+j0.023	30–31	0.166+j0.206 03
19–21	0.148+j0.153	32–33	0.015 2+j0.018 9
21–22	0.015 4+j0.019	32–34	0.225 2+j0.233 4
23–24	0.020 4+j0.025	34–35	0.020 4+j0.025 3
23–25	0.044 3+j0.045 9	34–36	0.161 7+j0.167 6
25–26	0.037 5+j0.046 5	36–37	0.018 6+j0.023 1
25–27	0.021 6+j0.026 7	36–38	0.264 6+j0.274 3
25–28	0.071 2+j0.088 3	38–39	0.026 8+j0.033 3
25–32	0.156 6+j0.162 3	38–40	0.060 5+j0.062 7
28–29	0.016 6+j0.020 6	40–41	0.021 7+j0.026 9

根据 8.3.2 和 8.3.3 论述的线损改进方法对线损电量进行计算。以支路 6–7 为例，根据式（8–35）和式（8–36）计算出 1h 内变压器固定有功损耗电量为 0.26kWh，可变有功损耗电量为 0.94kWh，则支路 6–7 上流过的功率为 7 节点负荷功率与变压器损耗功率之和，由潮流计算计算出 1h 内该支路的损耗电量为 0.24kWh，由式（8–34）计算出该支路损耗和变压器可变损耗修正系数均为 1.2，则 1h 内支路 6–7 和变压器的总损耗电量由式（8–38）计算为 1.7kWh。其他支路损耗电量的修正与之类似，不再赘述。

以整条馈线带有抽油机的变压器低压侧作为候选补偿节点，并按照各个节点的平均无功功率配置候选电容器容量。鉴于一条馈线投资较少，暂不考虑总投资限制；电压允许范围设定为标称电压的±7%；终止条件取降损改进率 5%，初值 k 取 1，步长取 1。

采用随机抽样优化方法，取 $p=0.05\%$，$q=0.01\%$，得到的优化结果为：在节点 7、9、29、33、37、41 这 6 个位置安装补偿电容器，总容量为 269kvar，可降低有功损耗电量 31.97%。

对于含有多条馈线，富含变压器的油田配电网系统，在投资充足的情况下，可以对馈线进行逐条优化。在投资有限的情况下，可把整个配电网中所有带抽油机的变压器节点作为候补节点进行优化，增加投资限制终止条件，达到终止条件时则优化完成。

【算例 8.5】如图 8–12 所示含有多条馈线的某油田 6kV 配电网，各馈线节点负荷电量及线路参数见文献［11］算例 1、2、4。

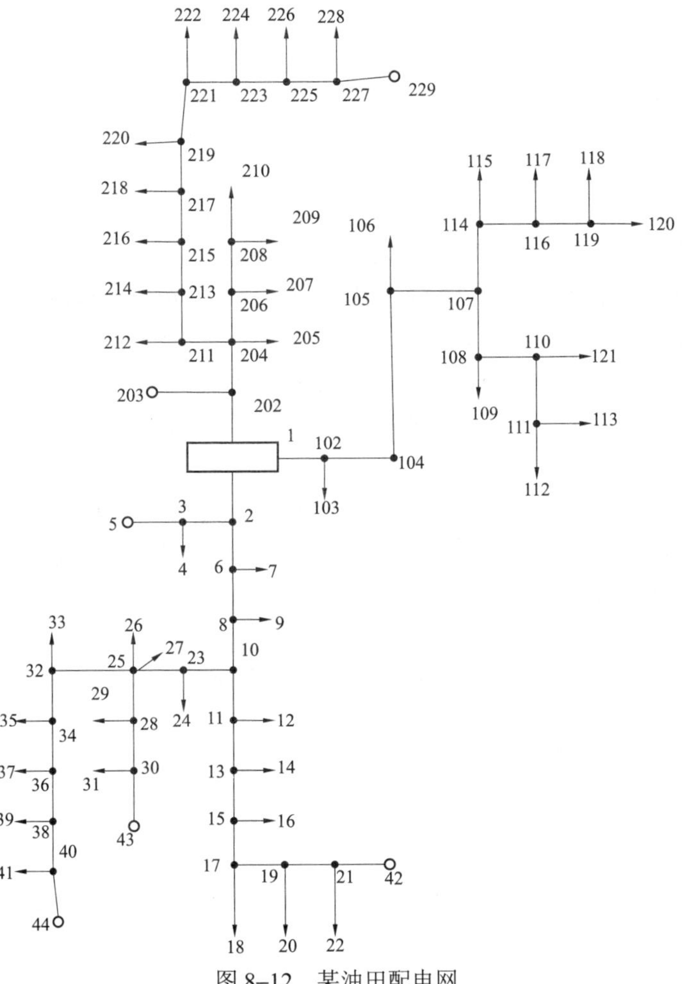

图 8–12　某油田配电网

考虑总投资限制，对所有含抽油机的变压器低压侧作为候选补偿点，并按照各个节点的平均无功功率配置候选电容器容量，安装电容器费用取 7 万元/Mvar；电压允许范围设定为标称电压的±7%；终止条件取降损改进率小于 1%，总投资限制取 2.5 万元，初值 k 取 1，步长取 1。

采用随机抽样优化方法，取 $p=0.01\%$，$q=0.01\%$，可计算出最小抽样次数为 92 009，得到的优化结果为：安装 10 台补偿电容器，如表 8–14 所示。

表 8–14　　　　　　　　**优　化　结　果**

补偿节点	有功电量降低百分数	总补偿容量（kvar）	安装费用（元）
7、9、29、33、39、41、120、210、224、228	23.8%	351	24 570

由算例 8.4 和 8.5 可以看出，在配电变压器低压侧并联固定电容器无功补偿的方法可以有效降低油田配电网的线损。

8.4 本 章 小 结

（1）将架空馈线的一部分改造成架空型三芯铜芯电缆的方案能够有效降低母线到负荷之间的阻抗，从而降低电压偏差，延长供电半径。用电缆代替架空线可以在原有线杆上敷设，无需附加控制手段，简单、经济、有效，还可以避免树木对架空线的侵害。

（2）将固定电容器与线路改造相结合的方法可以取长补短，有效治理配电网电压偏差的问题，并不需要建设通信网络和投切控制，具有简单可靠、坚固耐用的优点。

（3）抽油机的负荷特性表明其有功功率的变化较大，其曲线近似为正弦规律，无功功率变化较小，因此可以采取固定电容器补偿减小馈线上的无功流动达到降低线损的目的。

本 章 参 考 文 献

［1］ 陈衍. 电力系统稳态分析［M］. 北京：中国电力出版社，2007.

［2］ 刘介才. 工厂供电［M］. 北京：机械工业出版社，2009.

［3］ 李群. 10 千伏以上供配电工程设计与施工实用手册［M］. 北京：金版电子出版公司，2004.

［4］ 芮静康. 现代工业与民用供配电设计手册［M］. 北京：中国水利水电出版社，2004.

［5］ GB/T 4623—2014 环形混凝土电杆［S］. 北京：中国标准出版社，2014.

［6］ 中国电器工业协会. 输配电设备手册［M］. 北京：机械工业出版社，2000.

［7］ 张英慧. 基于日负荷曲线分解的负荷预测［D］. 保定：华北电力大学，2010.

［8］ 薄保中，龚新强. 抽油机电机的节能改造［J］. 节能技术，2000，18（2）：31–32.

［9］ 周新生，程汉湘，刘建，等. 抽油机的负载特性及提高功率因数措施的研究［J］. 北华大学学报（自然科学版），2003，4（6）：536–540.

［10］ 张小宁，张宝贵，陆则印，等. 油田抽油机供电系统无功补偿研究与应用［J］. 电力自动化设备，2004，24（4）：57–60.

［11］ 黄晓彤，陈文炜，林舜江，等. 低压配电网无功补偿分散配置优化方法［J］. 南方电网技术，2015，9（2）：44–49.

9 充分发挥继电保护与自动装置的作用

在第 3 章中已经指出：发挥配电网继电保护配合的作用，可以迅速可靠地切除故障，显著提高配电网供电可靠性。配置来电启动的自动重合闸控制，能够在发生瞬时性故障时快速恢复供电，进一步提高配电网供电可靠性。对于高供电可靠性要求的用户配置备自投控制，是保障所要求的供电可靠性指标得以实现的有效措施。

本章详细论述在配电网上配置继电保护与自动装置的方法。在 9.1 节中论述配电网继电保护配置模式及其选择原则，在 9.2 节中论述配电网继电保护配置规划问题，在 9.3 节中详细论述继电保护配合提高配电自动化故障处理性能的方法。

9.1 配电网继电保护配置模式及其选择原则

本节论述配电网继电保护配合的模式，比较它们的特点，并给出继电保护配合模式的选择原则。

9.1.1 配电网继电保护配合的模式

配电网继电保护配合有两种基本方式：基于时间级差的配电网继电保护配合方式和三段式过流保护配合方式，相互结合可以分为 4 种模式。

9.1.1.1 基于时间级差的配电网继电保护配合方式

（1）基本原理。

对于变电站出线开关装设延时电流速断保护的情形，可以在整条馈线上进行多级级差保护配合，称为单纯时间级差全配合模式。对于变电站出线开关装设瞬时电流速断保护的情形，可以在按两相短路校核瞬时速断保护范围之外的下游部分分支或用户开关与变电站出线开关之间进行多级级差保护配合，称为单纯时间级差部分配合模式。

变电站出线开关的过流保护动作时间一般设置为 0.5～0.7s。考虑最不利的情况，为了不影响上级保护的整定值，需要在 0.5～0.7s 内安排多级级差保护的延时配合。

对于馈线断路器使用弹簧储能操动机构的情形，其机械动作时间一般为 60～80ms，保护的固有响应时间 30ms 左右，考虑一定的时间裕度，延时时间级差ΔT可以设置为 200～250ms，从而实现两级级差保护配合。

对于馈线断路器使用永磁操动机构的情形，其分闸时间可以做到 20ms 左右。

快速保护算法可以在 10ms 左右完成故障判断，考虑一定的时间裕度，延时时间级差ΔT 可以设置为 150～200ms，从而实现三级级差保护配合。

在系统的抗短路电流承受能力较强的情况下，可以适当延长变电站出线开关的过流保护动作延时时间，以便提高多级级差配合的可靠性：比如对于采用永磁操动机构开关，时间级差可以设置为 200ms，对于采用弹簧储能操动机构开关，时间级差可以设置为 300ms。

由于要求变压器、断路器、负荷开关、隔离开关、线路以及电流互感器的热稳定校验时间一般均为 2s，因此所建议的多级级差保护配合方案并没有对这些设备的热稳定造成影响。

（2）两级级差保护的配置原则。

两级级差保护配合下，线路上开关类型组合选取及保护配置的原则为：主干馈线开关全部采用负荷开关；用户（或次分支）开关或分支开关采用断路器；变电站出线开关根据需要决定是否装设瞬时电流速断保护，其延时电流速断保护的延时时间设置为一个时间级差ΔT；用户（或次分支）断路器或分支断路器保护动作延时时间设定为 0s，电流定值按照躲开下游最大负荷以及励磁涌流设置。

采用上述两级级差保护配置后的优点在于：分支或用户（或次分支）故障后不影响主干线上其他用户供电，且整定值不受馈线运行方式影响。

（3）三级级差保护的配置原则。

采用三级级差保护的典型配置为：变电站 10kV 出线开关、具备多级级差保护配合条件区域的馈线分支开关与用户（或次分支）开关形成三级级差保护，其中用户（或次分支）开关保护动作延时时间设定为 0s，电流定值按照躲开下游最大负荷电流以及励磁涌流设置；馈线分支开关保护动作延时时间设定为ΔT，电流定值按照躲开下游最大负荷电流以及励磁涌流设置；变电站出线开关延时电流速断保护动作时间设定为 $2\Delta T$。

采用上述三级级差保护配置后的优点在于：用户（或次分支）故障后不影响分支线上其他用户供电，分支故障后不影响主干线上其他用户供电，且整定值不受馈线运行方式影响。

9.1.1.2 单纯三段式（Ⅰ、Ⅱ段）过流保护配合模式

n 级三段式过流保护的示意图如图 9–1 所示。

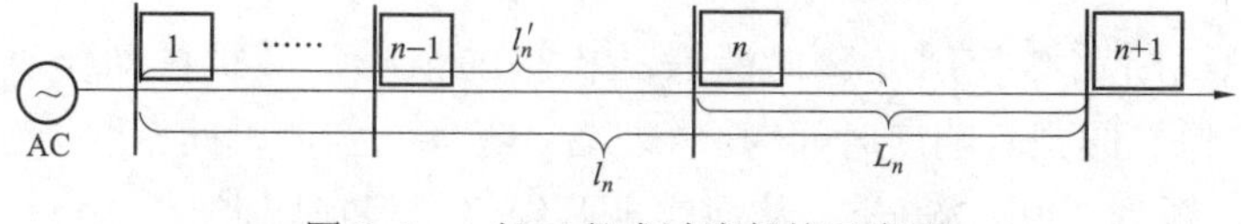

图 9–1 n 级三段式过流保护示意图

传统的三段式过流保护的瞬时电流速断保护定值是不区分短路类型的，都是按照线路末端最大三相短路的短路电流来整定，而灵敏度校验却是按照最小两相短路电流来校验。

用 l_n 表示为了实现第 n 级三段式过流保护配合所需要的最小馈线长度，且有 l_0=0，l_n 可通过求解式（9–1）获得[1]。

$$\begin{cases}\dfrac{l_n^2 r^2+(X_{\text{s.min}}+l_n x)^2}{[\beta l_n+(1-\beta)l_{n-1}]^2 r^2+\{X_{\text{s.max}}+[\beta l_n+(1-\beta)l_{n-1}]x\}^2}=\left(\dfrac{K_{\text{rel}}^{\text{I}}}{0.866}\right)^2, n\geqslant 1\\ \dfrac{l_n^2 r^2+(X_{\text{s.min}}+l_n x)^2}{l_{n-1}^2 r^2+(X_{\text{s.max}}+l_{n-1}x)^2}=\left(\dfrac{K_{\text{K}}}{0.866}\right)^2, n\geqslant 2\end{cases} \tag{9–1}$$

式中：r 和 x 分别为馈线单位长度电阻和电抗；β为各级瞬时电流速断保护至少保护该级馈线段的长度比例；$X_{\text{s.min}}$ 和 $X_{\text{s.max}}$ 分别为最大方式和最小方式下的系统阻抗；$K_{\text{K}}=K_{\text{sen}}K_{\text{rel}}^{\text{II}}K_{\text{rel}}^{\text{I}}$，其中 K_{sen} 为灵敏度系数，$K_{\text{rel}}^{\text{I}}$ 和 $K_{\text{rel}}^{\text{II}}$ 分别为Ⅰ段和Ⅱ段保护的可靠系数。

继电保护装置能够很容易区分出线路发生的是三相短路还是两相短路，如果将三相短路和两相短路分开对待，电流速断定值按照线路末端发生不同故障的最大短路电流来整定，灵敏度校验按照各自故障的最小短路电流来校验，形成两套不同的电流定值，就能显著提高三段式过流（Ⅰ、Ⅱ段）保护的配合性能。

文献［1］给出了上述改进方法下实现第 n 级三段式过流保护配合所需要的最小馈线长度：

$$\begin{cases}\dfrac{l_n^2 r^2+(X_{\text{s.min}}+l_n x)^2}{[\beta l_n+(1-\beta)l_{n-1}]^2 r^2+\{X_{\text{s.max}}+[\beta l_n+(1-\beta)l_{n-1}]x\}^2}=(K_{\text{rel}}^{\text{I}})^2, n\geqslant 1\\ \dfrac{l_n^2 r^2+(X_{\text{s.min}}+l_n x)^2}{l_{n-1}^2 r^2+(X_{\text{s.max}}+l_{n-1}x)^2}=(K_{\text{K}})^2, n\geqslant 2\end{cases} \tag{9–2}$$

传统方法和改进方法下四级三段式过流保护配合所需最小馈线段长度分别如图 9–2 和图 9–3 所示，曲面上方为可配置区域，其中 $S_{\max}$ 和 $S_{\min}$ 代表系统最大短路容量和最小短路容量，L 代表馈线长度。

比较图 9–2 和图 9–3 可以看出，在系统容量、供电半径一定时，按照短路类型分开的改进方法比按照传统方法整定时可配置保护级数更多，并且两相相间短路情况下的速断保护范围大大增加。

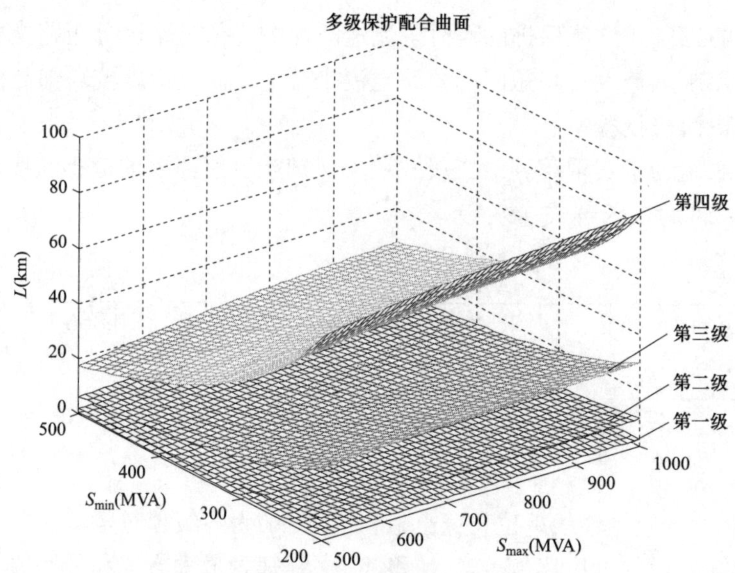

图 9–2 传统方法下四级保护配合的馈线段临界长度

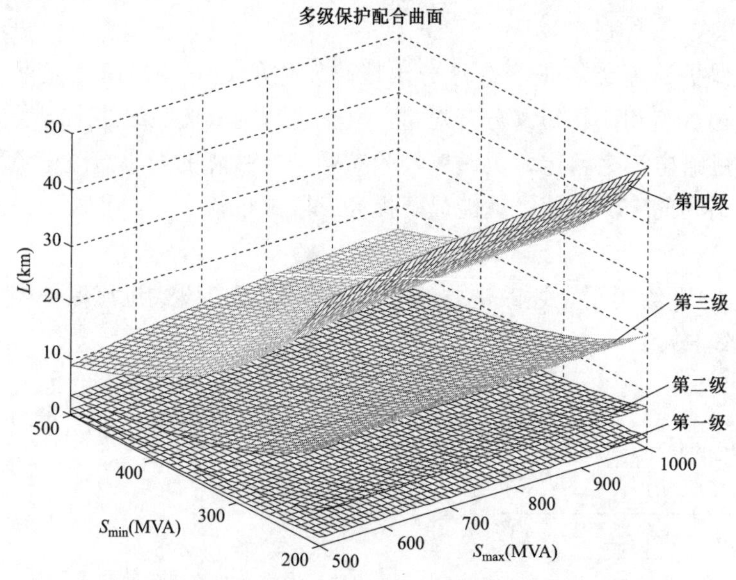

图 9–3 改进方法下四级保护配合的馈线段临界长度

9.1.1.3 三段式过流保护与时间级差混合模式

单纯三段式过流保护配合模式可实现主干线上多级保护配合，但是分支线（或次分支线）故障也会造成主干线部分停电。三段式过流保护与时间级差混合模式综合了三段式过流保护配合和时间级差保护配合的优点，其主干线采用三段式过流保护配合，分支线与主干线、次分支（或用户）与分支线间采用延时时间级差全配合模式或部分配合模式。

9.1.2 四种配电网继电保护配合模式的比较

（1）单纯时间级差全配合模式。

1）所需延时时间级差：二级配合需要 1 个延时时间级差，变电站出线断路器$\Delta t_1=\Delta T$，分支断路器$\Delta t_0=0$；三级配合需要 2 个延时时间级差，变电站出线断路器$\Delta t_2=2\Delta T$，分支断路器$\Delta t_1=\Delta T$，次分支或用户断路器$\Delta t_0=0$。

2）变电站出线断路器最短动作延时时间：ΔT（二级配合），$2\Delta T$（三级配合）。

3）优点：两相相间短路和三相相间短路时都能全面配合，分支故障不影响主干线，次分支/用户故障不影响分支（三级配合时），故障停电用户少。

4）缺点：变电站不能采用瞬时速断保护。

（2）单纯时间级差部分配合模式。

1）可配合级数：一般二级，馈线较长或导线截面较小时也可实现三级配合。

2）所需延时时间级差：变电站采用瞬时速断保护和延时速断保护，$\Delta t_{\mathrm{I}}=0$，$\Delta t_{\mathrm{II}}=\Delta T$；部分（瞬时速断保护范围之外的下游部分）分支/次分支/用户开关$\Delta t_0=0$。

3）变电站出线断路器最短动作延时时间：0s。

4）优点：变电站可采用瞬时速断保护，分支故障不影响主干线，故障停电用户少。

5）缺点：馈线较短或导线截面较大时，一般只有少部分区域两相相间短路时才能实现配合。

（3）单纯三段式过流保护配合模式。

1）可配合级数：n，可根据式（9–1）或式（9–2）计算。

2）所需延时时间级差：总共只需要一个延时时间级差，Ⅰ段$\Delta t_{\mathrm{I}}=0$，Ⅱ段$\Delta t_{\mathrm{II}}=\Delta T$。

3）变电站出线断路器最短动作延时时间：0。

4）变电站出线断路器最长动作延时时间：ΔT。

5）优点：可实现主干线上多级保护配合。

6）缺点：选择性较差，故障停电用户多。

（4）三段式过流保护与时间级差混合模式。

1）可配合级数：$n+2$（全配合方式），$n+1$（部分配合方式）。

2）所需延时时间级差：① 与二级全配合延时时间级差混合：变电站出线断路器、主干线断路器Ⅰ段$\Delta t_{Ⅰ}=\Delta T$，Ⅱ段$\Delta t_{Ⅱ}=2\Delta T$，分支/次分支/用户断路器$\Delta t_0=0$；② 与三级全配合延时时间级差混合：变电站出线断路器、主干线断路器Ⅰ段$\Delta t_{Ⅰ}=2\Delta T$，Ⅱ段$\Delta t_{Ⅱ}=3\Delta T$，分支断路器$\Delta t_1=\Delta T$，次分支/用户断路器$\Delta t_0=0$；③ 与二级部分配合延时时间级差混合：变电站出线断路器、主干线断路器Ⅰ段$\Delta t_{Ⅰ}=0$，Ⅱ段$\Delta t_{Ⅱ}=\Delta T$，部分分支/次分支/用户断路器$\Delta t_0=0$。

3）变电站出线断路器最短动作延时时间：① 与二级全配合方式混合：ΔT；② 与三级全配合方式混合：$2\Delta T$；③ 与二级部分配合方式混合：0。

4）变电站出线断路器最长动作延时时间：① 与二级全配合方式混合：$2\Delta T$；② 与三级全配合方式混合：$3\Delta T$；③ 与二级部分配合方式混合：ΔT。

5）优点：选择性增强，故障停电用户减少。

6）缺点：与全配合方式混合时降低了变电站出线开关保护动作的迅速性；与部分配合方式混合时只有一部分两相相间短路故障时可以提高选择性。

9.1.3 配电网继电保护配合模式的选择原则

在实际应用中，需要根据 9.1.2 所述 4 种配电网多级保护配合模式的特点，合理选用合适的继电保护配合模式，可采用如图 9–4 所示的流程，其主要思想为：对于供电半径短、导线截面积大的城市配电线路，由于沿线短路电流差异小，难以实现多级三段式过流保护配合，因此主要采用延时时间级差配合方式实现线路的多级保护配合；对于供电半径长、导线截面积小的农村配电线路，可以实现多级三段式过流保护配合，根据需要在可行的情况下，还可以采用三段式过流保护配合与延时时间级差配合相结合的方法进一步提高多级保护配合的性能。

对于架空配电线路和架空线长度比例较高的电缆架空混合配电线路，在符合 GB/T 14285—2006《继电保护和安全自动装置技术规程》对于仅设置延时速断保护的要求，并且短路电流水平不是很高且变压器抗短路能力较强时，变电站出线断路器可不设置瞬时速断电流保护，而设置具有一定延时的延时速断保护，其延时时间可根据变压器抗短路能力和实际需要设置。延时时间级差取决于继电保护装置的故障检测时间、保护出口的驱动时间和断路器的动作时间，可以根据 9.1.1.1 论述的时间级差来设置。

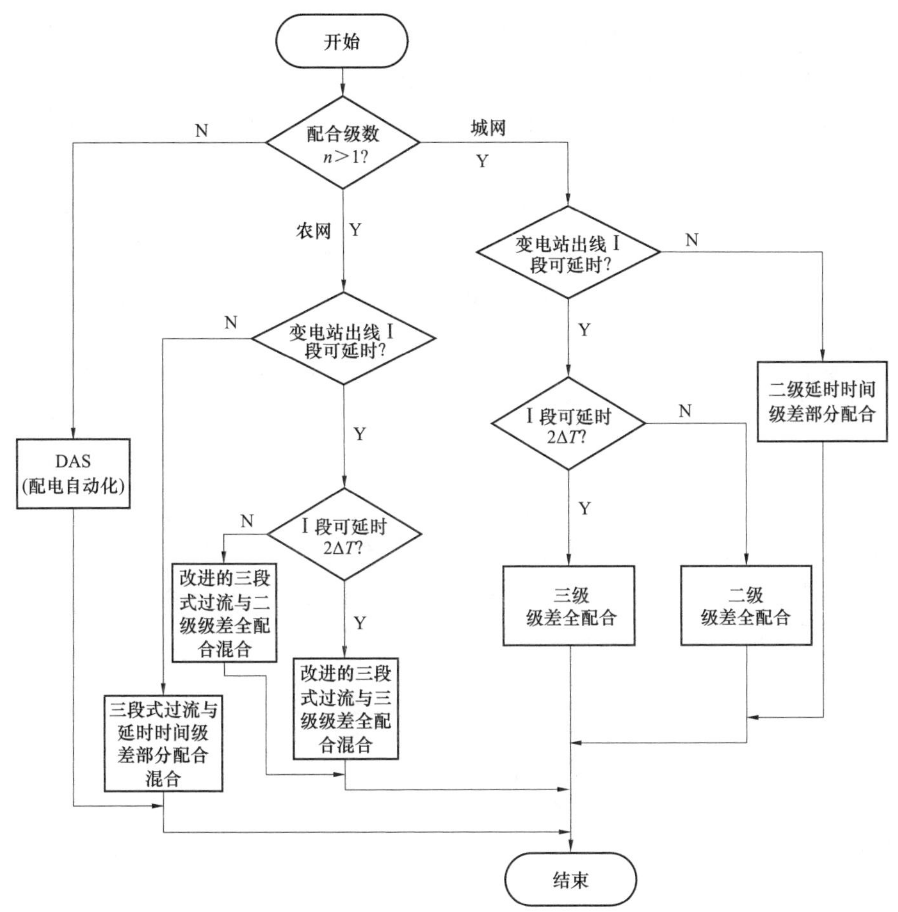

图 9–4 配电网继电保护配合模式的选择流程

当变电站出线断路器的Ⅰ段可以延时 1 个级差时，可以配置二级单纯延时时间级差全配合模式，或改进的三段式过流保护与二级延时时间级差全配合混合模式；当变电站出线断路器的Ⅰ段可以延时 2 个级差时，可以配置三级单纯延时时间级差全配合模式，或改进的三段式过流保护与三级延时时间级差全配合混合模式。当变电站出线断路器必须设置瞬时速断电流保护时，可以配置多级改进的三段式过流保护配合模式，或二级延时时间级差部分配合模式，若下游分支/用户较多时，为了提高馈线下游开关与主干线开关的可配合范围，宜采取传统的三段式过流保护与二级延时时间级差部分配合混合模式，但是会减慢主干线上瞬时速断保护范围之外的馈线段故障切除时间。

对于电缆配电线路，由于即使在电缆上发生两相相间短路，也会引发三相相间短路，因此无法实现时间级差部分配合方式，即不能选用单纯时间级差部分配合模式和三段式过流保护与时间级差部分配合混合模式。

配电网继电保护装置可以配置通信手段（如 GPRS、光纤等）并与配电自动化系统主站进行数据交互，以便调度员及时掌握配电网运行情况，并在保护动作不正确时进行修正性故障定位和故障处理。

对于采用继电保护配合后仍不能满足供电可靠性要求的情形，可建设适当数量的“三遥”或“二遥”配电终端、通信网络和配电自动化主站，构成配电自动化系统与继电保护协调配合进行故障处理，实现更加精细的故障定位、隔离和健全区域恢复供电。

9.1.4 实例分析

图 9–5 为某 35kV 变电站一条 10kV 农网配电线路的辐射状供电接线图，导线型号为 LGJ–150，馈线单位长度阻抗为 0.21+j0.372Ω。图中，X 变至 Y 中心为主干线，长度为 16km，其余馈线段均为分支线路，所有分支线路总长为 13km。A～D 为主干线分段断路器，A_i～E_i 为分支/用户断路器。假设系统最大运行方式和最小运行方式下的短路容量分别为 260MVA 和 150MVA，可靠系数分别取 K_{rel}^{I} =1.3，K_{rel}^{II}=1.1，灵敏度系数取 K_{sen}=1.5，β取 20%。

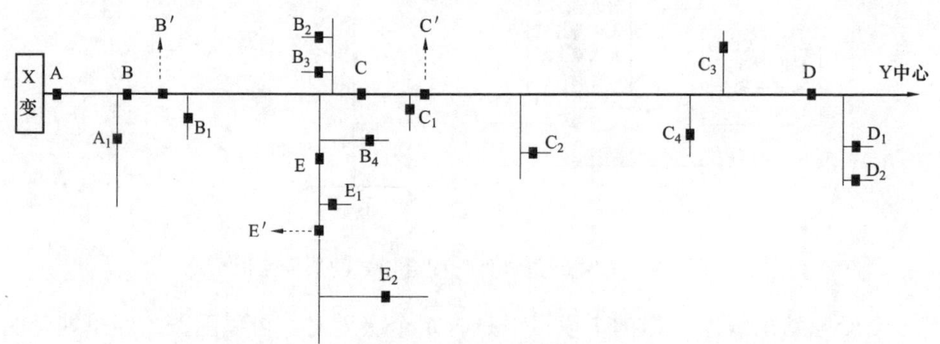

图 9–5　实例中的 10kV 馈线接线图

根据继电保护的相关规程[2–4]，对于在线路短路不会造成母线电压低于额定电压的 60%、线路导线截面积较大允许带时限切除短路、并且过电流保护的时限不大于 0.5～0.7s 的情况下，可以不装设瞬时电流速断保护，而采用延时电流速断保护或过电流保护，相反，则必须装设瞬时电流速断保护。为了充分说明配电继电保护的配合方法，本节分两种情况进行继电保护的配置：

【情况 1】 变电站出线断路器配置延时速断保护。

根据 9.1.3 选择原则可知，宜采用三段式过流保护与时间级差全配合混合模式。

采用 9.1.1 所述的方法计算可以确定：主干线可以配置改进方法下的四级

三段式过流保护，分别配置在 A、B、（C、E）、D，各级保护装置距离母线的馈线长度分别为 0、1.57、5.69、14.42km，其中，C 和 E 均为第三级，D 为附加级[1]，其电流定值如表 9–1 中情况 1 所示，第一套定值按照三相短路电流整定，第二套定值按照两相短路电流整定。

【情况 2】变电站出线断路器配置瞬时速断保护。

根据 9.1.3 选择原则可知，宜采用三段式过流保护与时间级差部分配合混合模式，并且为了提高下游分支断路器的可配合范围，主干线上三段式过流保护采取传统的整定方法。

采用 9.1.1 所述的方法计算可以确定：主干线可配置传统方法下的三级三段式过流保护，分别配置在 A、B′、（C′、E′），各级保护装置距离母线的馈线长度分别为 0、2.09、7.96km，其中，C′和 E′均为附加级[1]，其电流定值如表 9–1 中情况 2 所示。

对该配电网进行短路电流分析可知：各分支处的最小三相短路电流为 450A，最小两相短路电流为 390A。因此：

对于情况 1，可将所有分支断路器（不包括 E）的电流定值均设置为 300A（三相相间短路）和 260A（两相相间短路），延时时间 0s。

对于情况 2，将部分分支断路器（A_1、B_2、B_3、B_4、C_1、E_1）的电流定值均设置为 260A，延时时间 0s，当然也可根据短路电流的不同差异化设置各个分支断路器的定值。

表 9–1　　两种情况下主干线上各级保护的电流定值

保护名称	情况 1		情况 2	
	Ⅰ段定值（kA）	Ⅱ段定值（kA）	Ⅰ段定值（kA）	Ⅱ段定值（kA）
第一级	7.34/6.35	2.98/2.57	6.04	2.21
第二级	2.71/2.34	1.28/1.10	2.01	0.84
第三级	1.16/1.00	0.57/0.49	0.45	—
第四级	0.52/0.45	—	—	—

注　表中“a/b”表示第一套定值和第二套定值，即“第一套定值/第二套定值”。

9.2　配电网继电保护配置规划

本节论述配电网继电保护的配置原则和关键技术，定量分析继电保护对于提高配电网供电可靠性的效果，并给出若干配电网继电保护的规划实例。

9.2.1 配电网继电保护配置原则

（1）对于供电半径较长、沿线短路电流差异明显、具备三段式过流保护配合条件的馈线，可在适当位置配置若干级三段式过流保护，并与变电站出线断路器的三段式过流保护配合。

因为三段式过流保护性能优越，应作为首选，而供电半径较长、沿线短路电流差异较明显的馈线往往能够满足多级三段式过流保护配合的条件。

（2）对于馈线末端短路电流低于馈线首端负荷电流的情形，可将该馈线分段并在合适的位置配置多级三段式过流保护。

在这种情况下，沿线短路电流差别显著，具备多级三段式过流保护配合的条件，并且必须分段配置多级三段式过流保护，否则末端发生相间短路故障时可能会失去保护而不能切除故障。

（3）对于供电半径短、沿线短路电流差异不大的馈线，仍可实现多级保护配合：

1）在符合 DL/T 584—2007《3kV～110kV 电网继电保护装置运行整定规程》、GB/T 14285—2006《继电保护和安全自动装置技术规程》、GB/T 50062—2008《电力装置的继电保护和自动装置设计规范》的条件下，变电站出线断路器可不设置瞬时速断保护，而配置延时速断保护，通过延时时间级差的恰当配置与全馈线上其他电流保护实现 2～3 级电流保护配合。

馈线开关操动机构技术取得了长足的进步，开关动作时间大为缩短，保护装置的延时时间级差也可大为减少，因此在不对上级保护配合产生影响的前提下，仍具备多级级差配合的条件。

2）对于变电站出线断路器必须设置瞬时速断保护的情形，馈线上变电站出线断路器瞬时速断保护范围之外的部分仍可配置电流保护，通过延时时间级差的恰当配置实现 2～3 级过电流保护配合。

瞬时速断保护的电流定值由于一般按大方式下三相短路躲开下一段线路出口整定且须躲开馈线上配电变压器引起的合闸励磁涌流，因此一般并不能保护馈线全长，若在其保护范围下游的馈线段发生故障，尤其是两相相间故障，则仅启动延时速断保护，因此如 1）类似可以实现多级级差配合。

3）对于采用弹簧储能机构的断路器，延时时间级差ΔT可设置为 0.25～0.3s，对于采用永磁操动机构的断路器，延时时间级差ΔT 可设置为 0.15～0.2s。

4）对于两级级差配合电流保护配合，变电站出线断路器延时速断保护的延时时间可设置为ΔT；在具备配合条件且故障率高、故障修复时间长的分支线可配置断路器和电流保护，延时时间设定为 0s，电流定值按躲开其下游最大负荷以及励磁涌流设置，实现分支故障后不影响主干线上其他用户供电，且整定值不受馈线运行方式影响。

因配电网主干线的绝缘化率较高，故障大都发生在分支线和用户线路，在分支线断路器配置电流保护，有助于解决大部分故障的选择性切除问题。

5）对于三级级差配合电流保护配合，变电站出线断路器延时速断保护的延时时间可设置为 $2\Delta T$；在具备配合条件且故障率高、故障修复时间长的分支线、次分支线（或用户线路）可配置断路器和电流保护，延时时间分别设定为 ΔT 和 0s，电流定值按躲开其下游最大负荷以及励磁涌流设置，实现次分支线（或用户线路）故障后不影响分支其他用户供电，分支故障后不影响主干线上其他用户供电，且整定值不受馈线运行方式影响。

（4）对于在主干线上配置了多级三段式过流保护配合的配电线路，当短路电流水平较低且变压器抗短路能力较强时，可将其Ⅰ段和Ⅱ段的延时时间均增加ΔT，并在具备配合条件且故障率高、故障修复时间长的分支线、次分支线（或用户线路）配置断路器和延时时间级差配合电流保护。

若主干线保护的Ⅰ段不增加ΔT，则在其保护范围内的分支线故障时，会引起主干线断路器跳闸甚至越级跳闸问题，因此在短路电流水平较低且变压器抗短路能力较强的前提下，增加ΔT 是为了提高保护的选择性。

（5）对于架空线路或架空–电缆混合线路，可配置带电后自动重合闸功能，对于分布式电源接入容量较低馈线的重合闸延时时间可设置为 0.5s，对于分布式电源接入容量较高馈线的重合闸延时时间可设置为 2.5～3s，目的在于确保在重合闸之前，馈线上的所有分布式电源能够可靠脱网。

（6）馈线上配置继电保护的开关应采用断路器，其余馈线开关均可采用负荷开关。

（7）关于继电保护配置位置的规划，可参照 9.2.2 的公式在对配置继电保护的效果进行定量评估的基础上，选择效果明显的位置配置。

9.2.2 继电保护对提高供电可靠性的效果评估

（1）馈线分段开关配置单个继电保护的情形。

对于一条馈线，除了在变电站出线断路器处配备继电保护装置以外，假设在 W 处配置断路器和继电保护装置，并且该继电保护装置能够与该馈线的变电站出线断路器实现部分配合，配合率为$\gamma\%$，即在 W 下游发生的故障中，有$\gamma\%$的情形可以做到 W 处的继电保护装置动作驱动断路器 W 跳闸，而该馈线的变电站出线断路器配置的继电保护装置不动作，则 W 处配置断路器和继电保护装置的作用是当 W 下游故障时有$\gamma\%$的情形能够避免 W 上游的用户停电，其每年可以减少的停电户次数$\Delta\xi$为：

$$\Delta\xi = \gamma\% F_{W-} N_{W+} = \gamma\% l_{W-} f N_{W+} \tag{9-3}$$

式中：F_{W-}为 W 下游的年故障率；N_{W+}为 W 上游的用户数；f为单位长度故障率；l_{W-}为 W 下游馈线长度。

假设每次故障修复时间为 T，则其每年可以减少的停电时户数$\Delta\delta$为：

$$\Delta\delta = \Delta\xi T = \gamma\% F_{W-} N_{W+} T = \gamma\% l_{W-} f N_{W+} T \tag{9-4}$$

不在 W 处配置断路器和继电保护装置时，该馈线的供电可用率 $ASAI$ 为：

$$ASAI = 1 - \frac{FNT}{8\,760N} = 1 - \frac{lfT}{8\,760} \tag{9-5}$$

式中：F 为整条馈线的年故障率；N 为整条馈线的用户数；l 为整条馈线的长度。

在 W 处配置断路器和继电保护装置后该馈线的供电可用率 $ASAI'$为：

$$ASAI' = 1 - \frac{FNT - \Delta\delta}{8\,760N} = ASAI + \frac{\Delta\delta}{8\,760N} \tag{9-6}$$

在 W 处配置断路器和继电保护装置后对该馈线的供电可用率的提升$\Delta ASAI'$为：

$$\Delta ASAI' = ASAI' - ASAI = \frac{\Delta\delta}{8\,760N} \tag{9-7}$$

对于架空线而言，假设永久性故障所占的比例为$\eta\%$，在上述配置的基础上，再在 W 处配置自动重合闸控制，其作用是当其下游发生瞬时性故障时能够迅速重合，避免该区域用户停电，则每年可以减少的停电户次数$\Delta\xi'$为：

$$\Delta\xi' = (1-\eta\%)\gamma\% F_{W-} N_{W-} \tag{9-8}$$

式中：N_{W-}为 W 下游的用户数。

每年可以减少的停电时户数$\Delta\delta'$为：

$$\Delta\delta' = \Delta\xi' T = (1-\eta\%)\gamma\% F_{W-} N_{W-} T \tag{9-9}$$

馈线的供电可用率 $ASAI''$为：

$$ASAI'' = 1 - \frac{FNT - \Delta\delta - \Delta\delta'}{8\,760N} \tag{9-10}$$

在 W 处配置自动重合闸控制后对该馈线的供电可用率的提升$\Delta ASAI''$为：

$$\Delta ASAI'' = ASAI'' - ASAI' = \frac{\Delta\delta'}{8\,760N} \tag{9-11}$$

同时在该馈线的变电站出线断路器也配置自动重合闸控制后，其作用是当变电站出线断路器与 W 之间发生瞬时性故障时能够迅速重合，避免整条馈线用户停电，则每年可以减少的停电户次数$\Delta\xi''$为：

$$\Delta\xi'' = (1-\eta\%) F_{W+} N \tag{9-12}$$

每年可以减少的停电时户数$\Delta\delta''$为：

$$\Delta\delta'' = \Delta\xi''T = (1-\eta\%)F_{W+}NT \quad (9\text{–}13)$$

式中：F_{W+}为 W 上游的年故障率；l_{W+}为 W 上游馈线长度。

馈线的供电可用率 $ASAI'''$为：

$$ASAI''' = 1 - \frac{FNT - \Delta\delta - \Delta\delta' - \Delta\delta''}{8\,760N} \quad (9\text{–}14)$$

同时在该馈线的变电站出线断路器配置自动重合闸控制后，对该馈线的供电可用率的提升$\Delta ASAI'''$为：

$$\Delta ASAI''' = ASAI''' - ASAI'' = \frac{\Delta\delta''}{8\,760N} \quad (9\text{–}15)$$

类似地，还可以分析出各种配置条件下，对系统平均停电频率（SAIFI）和系统平均停电持续时间（SAIDI）的影响，不再赘述。

（2）馈线分段开关配置多个继电保护的情形。

1） 馈线分段开关配置的多个继电保护之间不构成级联关系的情形。

除了在变电站出线断路器处配备继电保护装置以外，还在 W_1、W_2、……等 K 处配置断路器和继电保护装置，若这些继电保护装置不构成级联关系，则它们的作用相当于每处位置发挥的作用的叠加，即：

$$\Delta\xi_\Sigma = \sum_{i=1}^{K}\Delta\xi_i = \sum_{i=1}^{K}\gamma_i\%F_{W_i-}N_{W_i+} \quad (9\text{–}16)$$

式中：W_i表示第 i 个配置继电保护的分段开关；$\gamma_i\%$ 表示第 i 个保护与上级保护的配合率。

$$\Delta\delta_\Sigma = \sum_{i=1}^{K}\Delta\delta_i = \Delta\xi_\Sigma T = \sum_{i=1}^{K}\gamma_i\%F_{W_i-}N_{W_i+}T \quad (9\text{–}17)$$

$$\Delta\xi'_\Sigma = \sum_{i=1}^{K}\Delta\xi'_i = \sum_{i=1}^{K}(1-\eta_i\%)\gamma_i\%F_{W_i-}N_{W_i--} \quad (9\text{–}18)$$

$$\Delta\delta'_\Sigma = \sum_{i=1}^{K}\Delta\delta'_i = \Delta\xi'_\Sigma T \quad (9\text{–}19)$$

$$\Delta\xi''_\Sigma = \sum_{i=1}^{K}\Delta\xi''_i = \sum_{i=1}^{K}(1-\eta_S\%)F_{S--}N_{S-} \quad (9\text{–}20)$$

式中：F_{S--} 表示变电站出线断路器与 W_1、W_2、……之间的区域的年故障率。

$$\Delta\delta''_\Sigma = \sum_{i=1}^{K}\Delta\delta''_i = \Delta\xi''_\Sigma T \quad (9\text{–}21)$$

$ASAI'$、$\Delta ASAI'$、$ASAI''$、$\Delta ASAI''$、$ASAI'''$和$\Delta ASAI'''$分别可以根据式（9–6）、式（9–7）、式（9–10）、式（9–11）、式（9–14）和式（9–15）求得，不再赘述。

2）馈线分段开关配置的多个继电保护之间有些存在级联关系的情形。

除了在变电站出线断路器处配备继电保护装置以外，还在W_1、W_2、……等处配置断路器和继电保护装置，并且有些继电保护装置构成级联关系的情形，需要注意区分各个继电保护装置对提升供电可靠性的作用范围，避免重复计入。

例如，对于如图9–6所示的情形，在变电站出线断路器S和分段开关W_1、W_2、……等处配置断路器和继电保护装置，W_1与W_2、W_3、W_4构成级联关系，B和D为负荷开关，不配置继电保护装置。假设配合率为γ%，则W_2、W_3和W_4的作用分别是当其下游故障时有γ%的情形能够避免其上游由W_1与W_2、W_3、W_4围成的区域（W_1，W_2，W_3，W_4）的用户停电，其每年可以减少的停电户次数$\Delta\xi_i$（i=2，3，4）为：

$$\Delta\xi_i = \gamma_i\%F_{\mathrm{W}i-}N_{(\mathrm{W}_1,\,\mathrm{W}_2,\,\mathrm{W}_3,\,\mathrm{W}_4)} \quad (i = 2, 3, 4) \tag{9–22}$$

其每年可以减少的停电时户数$\Delta\delta_i$（i=2，3，4）为：

$$\Delta\delta_i = \gamma_i\%F_{\mathrm{W}i-}N_{(\mathrm{W}_1,\,\mathrm{W}_2,\,\mathrm{W}_3,\,\mathrm{W}_4)}T \quad (i = 2, 3, 4) \tag{9–23}$$

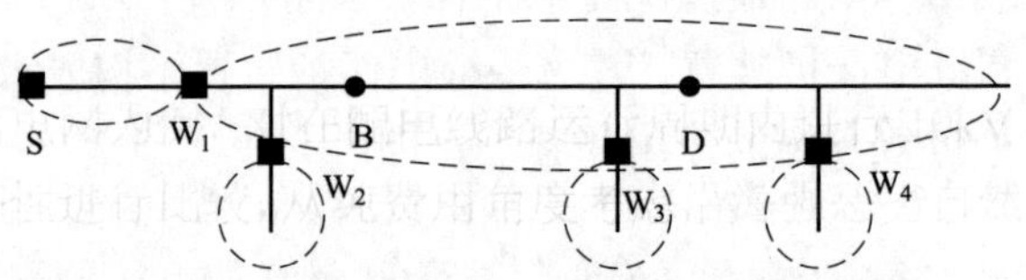

图9–6　S和W_1～W_4均配置继电保护的情形

■代表断路器并配置继电保护装置；●代表负荷开关未配置继电保护装置；○代表区域。

W_1的作用分别是当其下游由W_1与W_2、W_3、W_4围成的区域（W_1，W_2，W_3，W_4）故障时有γ%的情形能够避免其上游到S之间的区域的用户停电，其每年可以减少的停电户次数$\Delta\xi_1$为：

$$\Delta\xi_1 = \gamma_1\%F_{(\mathrm{W}_1,\,\mathrm{W}_2,\,\mathrm{W}_3,\,\mathrm{W}_4)}N_{\mathrm{W}_1+} \tag{9–24}$$

其每年可以减少的停电时户数$\Delta\delta_1$为：

$$\Delta\delta_1 = \Delta\xi_1 T = \gamma_1\%F_{(\mathrm{W}_1,\,\mathrm{W}_2,\,\mathrm{W}_3,\,\mathrm{W}_4)}N_{\mathrm{W}_1+}T \tag{9–25}$$

上述配置下每年可以减少的总停电户次数$\Delta\xi_\Sigma$为：

$$\Delta\xi_\Sigma = \sum_{i=1}^{4}\Delta\xi_i \tag{9–26}$$

上述配置下每年可以减少的总停电时户数$\Delta\delta_\Sigma$为：

$$\Delta\delta_\Sigma = \sum_{i=1}^{4}\Delta\delta_i = \Delta\xi_\Sigma T = \sum_{i=1}^{4}\Delta\xi_i T \tag{9–27}$$

在上述配置基础上，对W_2、W_3或W_4配置重合器的作用分别是当其下游发生瞬时性故障时能够迅速重合，避免其下游用户停电，即其所能减少的停电户次数$\Delta\xi_i'$（i=2，3，4）为：

$$\Delta\xi_i' = (1-\eta_i\%)\gamma_i\%F_{W_i-}N_{W_i-} \quad (i=2,3,4) \tag{9–28}$$

其所能减少的停电时户数$\Delta\sigma_i'$（i=2，3，4）为：

$$\Delta\delta_i' = (1-\eta_i\%)\gamma_i\%F_{W_i-}N_{W_i-}T \quad (i=2,3,4) \tag{9–29}$$

式中：N_{W_i-}表示W_i下游用户数。

对W_1配置重合器的作用是当其下游由W_1与W_2、W_3、W_4围成的区域（W_1，W_2，W_3，W_4）发生瞬时性故障时能够迅速重合，避免W_1下游所有区域用户停电，即其所能减少的停电户次数$\Delta\xi_1'$为：

$$\Delta\xi_1' = (1-\eta_1\%)\gamma_1\%F_{W_1-}\left(N_{(W_1,W_2,W_3,W_4)} + \sum_{i=2}^{4}N_{W_i-}\right) \tag{9–30}$$

即：

$$\Delta\xi_1' = (1-\eta_1\%)\gamma_1\%F_{W_1-}N_{W_1-} \tag{9–31}$$

其所能减少的停电时户数$\Delta\delta_1'$为：

$$\Delta\delta_1' = (1-\eta_1\%)\gamma_1\%F_{W_1-}N_{W_1-}T \tag{9–32}$$

在上述配置基础上，再对S配置重合器的作用是当其下游和W_1之间的区域发生瞬时性故障时能够迅速重合，避免整条馈线用户停电，即其所能减少的停电户次数$\Delta\xi_S''$为：

$$\Delta\xi_S'' = (1-\eta_S\%)F_{(S,W_1)}N_{S-} \tag{9–33}$$

其所能减少的停电时户数$\Delta\delta_S''$为：

$$\Delta\delta_S'' = \Delta\xi_S''T = (1-\eta_S\%)F_{(S,W_1)}N_{S-}T \tag{9–34}$$

$ASAI'$、$\Delta ASAI'$、$ASAI''$、$\Delta ASAI''$、$ASAI'''$和$\Delta ASAI'''$分别可以根据式（9–6）、式（9–7）、式（9–10）、式（9–11）、式（9–14）和式（9–15）求得，不再赘述。

9.2.3 实例分析

【实例 1】对于图 9–7 所示的辐射状农村配电网，其 10kV 系统侧等效阻抗为$X_{s.min}$=0.5Ω（大方式），$X_{s.max}$=1Ω（小方式），主干线长度为 10km，导线型号为 LGJ–150，S 为变电站出线断路器。假设通过第 2.1 节的计算得出，可在主干线上再配置两个继电保护装置（分别配置在W_1、W_2）形成三级三段式过流保护配合，并且经分析，该农网短路电流水平较低且变压器抗短路能力较强，可将其Ⅰ段和Ⅱ段的延时时间均增加ΔT，在其分支线V_1、V_2、V_3处配置断路器，动作时间设置为 0s，与主干线断路器W_1、W_2通过一个延时时间级差实现保护配合。

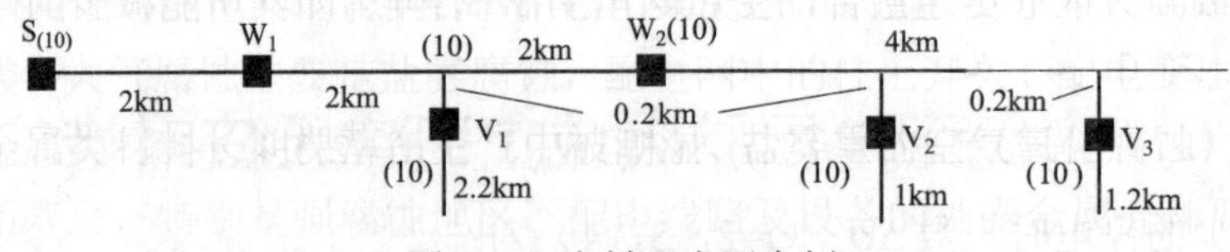

图 9–7　农村配电网实例

根据 9.2.2 论述的方法对该保护配置方案和传统保护配置方案（即只在变电站出线处装设继电保护装置）进行效果评估，其结果如表 9–2 所示。其中，故障率 f=0.15 次/km 年，故障修复时间 T=6h/次，η=20%，并且假设整条馈线的用户呈均匀分布，总用户数为 60 户，图中（数字）代表本级保护装置与下一级保护装置之间区域或本级保护装置下游的用户数，即 S 与 W_1 之间，W_1、W_2 和 V_1 之间，V_1 下游等的用户数。

表 9–2　　实例 1 规划评估效果

变量	传统保护配置方案	本节保护配置原则	变量	传统保护配置方案	本节保护配置原则
ASAI	99.846%	99.846%	*ASAI″*	99.846%	99.921%
ASAI′	99.846%	99.868%	*ASAI‴*	99.846%	99.937%

由表 9–2 可以看出，在主干线上再配置两个继电保护装置，与变电站出线断路器形成三级保护配合后，较未在主干线上配置继电保护的方案，其供电可用率明显提高。

【实例 2】对于图 9–8 所示的城市配电网，其 10kV 系统侧等效阻抗为 $X_{s.min}$=0.2Ω（大方式），$X_{s.max}$=0.3Ω（小方式），主干线长度为 2km，导线型号为 LGJ–240，其余为分支线，且下游用户居多，S 为变电站出线断路器，必须装设瞬时电流速断保护。那么由 9.2.1 的配置原则可知，可在具备配合条件的分支线路和次分支线路配置继电保护装置实现三级级差保护配合。假设保护装置配置位置有两种方案，即方案 1（S、W_1、V_1、V_2）和方案 2（S、W_1'、V_1、V_2），并且方案 1 分支线断路器 W_1 与 S 的配合率为 60%，方案 2 分支线断路器 W_1' 与 S 的配合率为 100%。根据 9.2.2 的方法对这两种方案进行效果评估，其结果如表 9–3 所示。其中，故障率 f=0.1 次/km 年，故障修复时间 T=4h/次，η =20%，总用户数为 90 户。

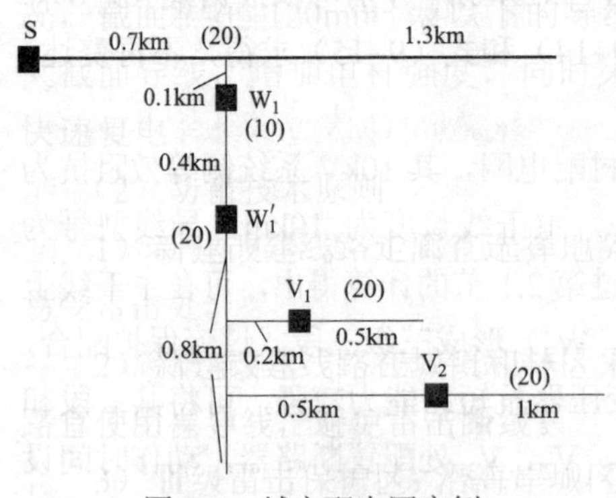

图 9–8　城市配电网实例

表 9–3　　实例 2 规划评估效果

变量	方案 1	方案 2	变量	方案 1	方案 2
$ASAI$	99.975%	99.975%	$ASAI''$	99.982%	99.984%
$ASAI'$	99.977%	99.979%	$ASAI'''$	99.990%	99.993%

由表 9–3 可以看出，采用方案 2 较方案 1 保护配置位置规划效果更好。

9.3　继电保护配合提高配电自动化故障处理性能

继电保护和自动装置具有故障隔离速度快、瞬时性故障自动恢复供电、故障处理可靠性高的优点，但是配合级数较少，且在有的部分配合困难，如：级差全配合模式下的主干线、级差部分配合模式下的上游区域等。

集中智能配电自动化系统具有可实现有一定容错和自适应能力的比较精细的故障定位、能够生成比较细致的故障隔离策略和优化的健全区域供电恢复策略、可以实现返回正常运行方式的恢复控制等优点，但是故障定位和隔离速度较慢、故障处理过程依赖可靠的通信网。

配电网继电保护装置可以配置通信手段构成“动作型终端”，与配电自动化系统主站进行数据交互，对于采用继电保护配合后仍不能满足供电可靠性要求的情形，可以穿插规划一些“三遥”型智能配电终端，继电保护与集中智能配电自动化协调配合，相互取长补短，提高配电网的故障处理性能。

当故障发生后首先发挥继电保护和自动装置具备的故障处理速度快且可靠性高的优点，不需要主站参与迅速进行紧急控制切除故障，若是瞬时性故障则自动恢复到正常运行方式，若是永久性故障则自动将故障粗略隔离在一定范围。

当配电自动化系统主站将全部故障相关信息收集完成后，再发挥集中智能处理精细优化、容错性和自适应性强的优点，进行故障精细定位并生成优化处理策略，若有必要则对继电保护和自动装置的故障处理结果进行修正性控制，将故障进一步隔离在更小范围，恢复更多负荷供电，从而达到更好的故障处理结果。

继电保护与配电自动化协调配合还能相互补救，当一种方式失效或部分失效时，另一种方式发挥作用获得基本的故障处理结果，从而提高配电网故障处理过程的鲁棒性。即使由于继电保护配合不合适、装置故障、开关拒动等原因严重影响了其故障处理的结果，通过配电自动化的修正控制仍然可以得到良好的故障处理结果。即使由于一定范围的通信障碍导致配电自动化故障处理无法获得必要的故障信息而无法进行，通过继电保护和自动装置的快速控制仍然可以得到一定的故障处理结果。

例如，图 9–9（a）所示的典型架空配电网，矩形框代表变电站出线开关，方块代表断路器，圆圈代表负荷开关。空心代表分闸，实心代表合闸，虚线框内为具备多级级差保护配合条件的区域。

变电站出线断路器 S_1 和具备多级级差保护配合条件的区域（按两相短路条件下不引起变电站出线断路器瞬时电流速断保护动作确定）的分支断路器和用户断路器之间实现了三级级差保护配合，其中变电站出线断路器配置瞬时电流速断保护、过流保护以及自动重合闸功能，过流保护延时时间为 $2\Delta t_{jc}$；大方块代表的断路器配置过流保护，延时时间为Δt_{jc}；小方块代表的断路器配置过流保护，延时时间为0s。

（1）不发生越级跳闸时的故障处理过程。

如图9–9（b）所示，当用户开关J下游发生两相相间短路时（永久性故障），变电站出线开关 S_1 瞬时电流速断保护不会启动，只有 S_1、I、J过流保护启动，由于 S_1、I、J过流保护之间存在延时时间级差配合，J断路器过流保护动作跳闸切除故障就完成了故障处理。

如图9–9（c）所示，当分支开关G下游发生两相相间短路时（永久性故障），变电站出线开关 S_1 瞬时电流速断保护不会启动，只有 S_1、G过流保护启动，由于 S_1、G过流保护之间存在延时时间级差配合，G断路器过流保护动作跳闸切除故障就完成了故障处理。

如图9–9（d）所示，当主干线上开关C和D之间区域发生两相或三相相间短路时（永久性故障），由于主干线上没有进行多级级差保护配合，需由变电站出线开关 S_1 跳闸切除故障，故障没有被隔离在最小范围之内。之后变电站出线断路器 S_1 重合失败，配电自动化系统根据故障信息上报情况和网络拓扑，可以精确地判断出故障就发生在C和D间，则进行修正控制：遥控负荷开关C、D分闸、遥控变电站出线断路器 S_1 合闸、遥控联络开关K合闸，从而将故障隔离在最小范围，如图9–9（e）所示。

由以上故障处理过程可以看出，采用继电保护与配电自动化配合，当在具备多级级差保护配合条件的区域内发生两相相间短路时，则可以将分支和用户故障限制在就地，不影响上一级，仅仅是在主干线故障时才会造成全线短暂停电，需要由配电自动化系统根据收集到的故障信息进行修正控制。

（2）发生越级跳闸时的故障处理过程。

如图9–9（f）所示，当用户断路器J下游发生三相相间短路时（永久性故障），则有可能会导致变电站出线断路器 S_1 的瞬时电流速断保护和用户断路器J的过流保护均动作跳闸，故障虽然切除，但是没有将故障隔离在最小范围。之后变电站出线断路器 S_1 自动重合闸动作，由于故障已经被用户断路器J隔离，重合成功，恢复对健全区域供电，将故障隔离在最小范围内，如图9–9（g）所示。

如图 9–9（h）所示，当分支开关 E 下游发生三相相间短路故障时（永久性故障），则有可能变电站出线断路器 S_1 瞬时电流速断保护越级跳闸切除故障，而 E 断路器不会分闸。之后变电站出线开关 S_1 自动重合闸动作，由于故障未被分支开关 E 隔离，重合失败。此时，配电自动化系统根据故障信息上报情况，可以精确地判断出故障就发生在分支开关 E 下游，则进行修正控制：遥控分支开关 E 分闸、遥控变电站出线开关 S_1 合闸，从而将故障隔离在最小范围，如图 9–9（i）所示。

由以上故障处理过程可见，虽然故障时继电保护有可能越级跳闸，但是通过配电自动化的修正控制仍可以得到正确的故障处理结果。

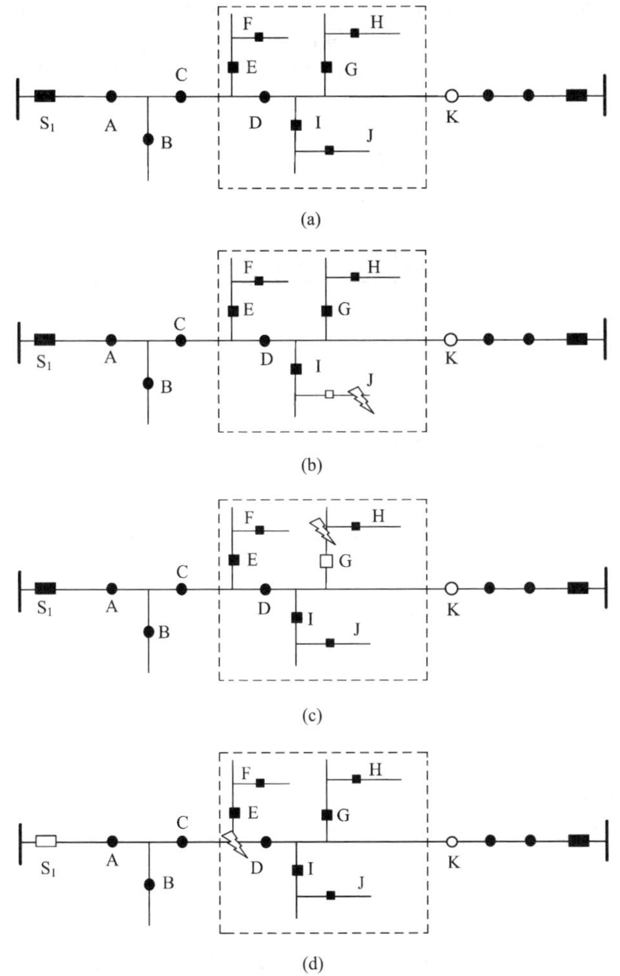

图 9–9 继电保护和配电自动化协调配合的故障处理案例（一）

（a）一个典型架空配电网正常运行方式；（b）J 下游发生永久性两相相间短路时的处理结果；（c）G 下游发生永久性两相相间短路时的处理结果；（d）C 和 D 之间区域发生永久性相间短路时，S_1 跳闸且重合失败

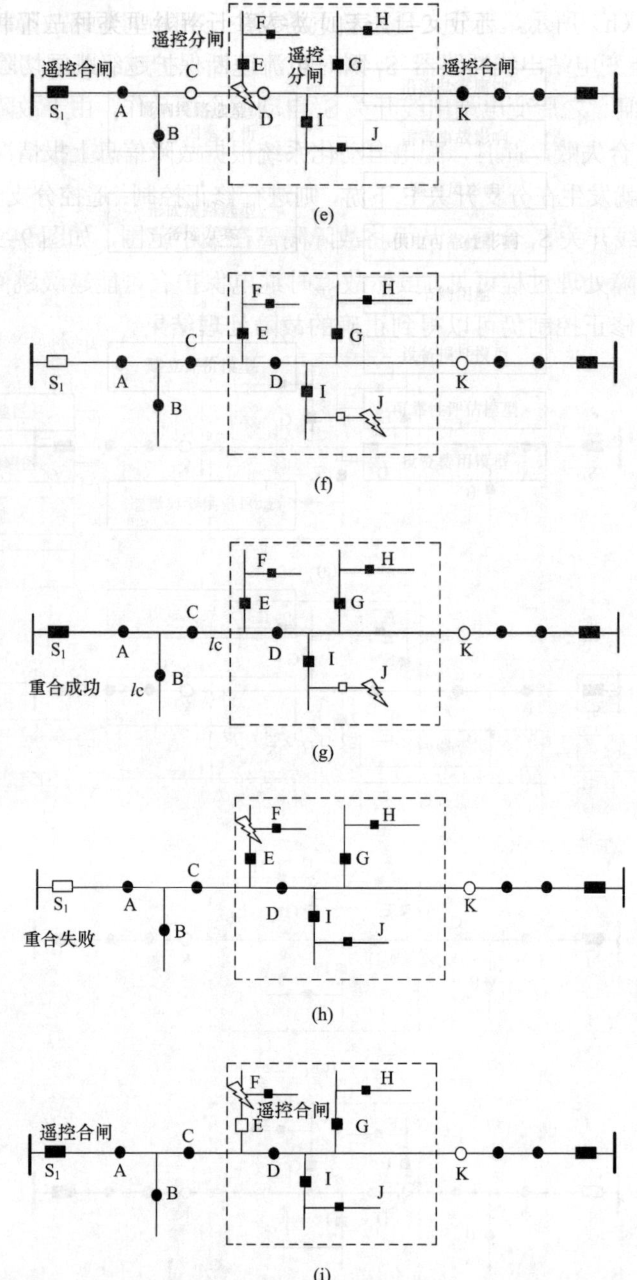

图 9–9 继电保护和配电自动化协调配合的故障处理案例（二）

（e）C 和 D 之间区域发生永久性相间短路，S_1 重合失败后，配电自动化遥控完成故障处理；（f）J 下游发生永久性三相相间短路时，S_1 和 J 均跳闸；（g）J 下游发生永久性三相相间短路，S_1 和 J 均跳闸后，S_1 重合成功；（h）E 下游发生永久性三相相间短路时，S_1 越级跳闸且重合失败；（i）E 下游发生永久性三相相间短路，S_1 重合失败后，配电自动化遥控完成故障处理

9.4 本 章 小 结

（1）配电网继电保护配合模式可分为4种，应用中需根据它们的特点，选用合适的模式。单纯时间级差全配合模式的优点是分支故障不影响主干线，次分支/用户故障不影响分支。但是变电站须采用延时速断保护。单纯时间级差部分配合模式的优点是变电站可采用瞬时速断保护，且分支故障不影响主干线，但是只有部分馈线范围能够实现保护配合。单纯三段式过流保护配合模式的优点是变电站可采用瞬时速断保护且可实现主干线上多级保护配合，但是一般只有在馈线供电半径较长的农网中才能实现保护配合。三段式过流保护与时间级差混合模式较单纯三段式电流保护配合模式的选择性更强。

（2）为了更好地进行配电网继电保护规划，给出了配电网继电保护的配置原则，分别对多个继电保护之间存在级联关系和不存在级联关系的情形下，继电保护配合和自动重合闸控制对停电户次数和供电可用率的改进效果进行了定量分析，分别给出了农村配电网和城市配电网的继电保护配合典型规划实例，表明所建议的配置原则是可行的，基于所推导的继电保护对供电可靠性影响的公式，有助于更加科学地开展规划并能够定量评估规划的效果是否满意。

（3）配电网继电保护与集中智能配电自动化协调配合，可以取长补短并相互补救，较好地提高配电网的故障处理性能。

本 章 参 考 文 献

［1］刘健，同向前，张小庆，等. 配电网继电保护与故障处理［M］. 北京：中国电力出版社，2014.

［2］DL/T 584—2007　3kV～110kV电网继电保护装置运行整定规程［S］. 2007.

［3］GB/T 14285—2006　继电保护和安全自动装置技术规程［S］. 2006.

［4］GB/T 50062—2008　电力装置的继电保护和自动装置设计规范［S］. 2008.

10　分布式电源应对技术

对于提高配电网对分布式电源（DG）的消纳能力的研究，大都围绕借助通信网络的协调控制方式，本章研究不依赖通信手段的消纳方式。在 10.1 节中分析了分布式电源接入对配电网的影响，并提出了分布式电源的三种消纳方式，在 10.2 节中论述分布式电源的自由消纳方式，在 10.3 节中论述分布式电源的本地控制消纳方式，由于协调控制消纳方式已有大量文献报道，本章不再赘述。

10.1　分布式电源接入对配电网的影响和消纳方式

10.1.1　分布式电源接入对配电网的影响

一般认为分布式电源接入配电网后，会对继电保护、配电自动化故障处理和电压质量等方面产生影响。

（1）对继电保护的影响。

分布式电源可以分为电机并网型和逆变器并网型两类，电机并网型分布式电源所能提供的短路电流一般不超过其额定容量的 10 倍，逆变器并网型分布式电源所能提供的短路电流一般不超过其额定容量的 1.5 倍。

馈线发生相间短路故障时，来自主网的短路电流、同母线其他馈线上分布式电源提供的短路电流以及故障所在馈线上分布式电源提供的短路电流都将流向故障点。为了维持 10kV 母线电压稳定，配电网的系统短路容量一般都远远大于馈线上分布式电源的容量，因此来自主网的短路电流一般远远大于分布式电源提供的短路电流，容易实现主网侧继电保护配合，但有时需要适当修改整定值，而分布式电源侧则需要通过反孤岛措施（比如：低电压脱网）与故障区域解除联系。

（2）对配电自动化故障处理的影响。

馈线发生相间短路故障时，来自主网的短路电流、同母线其他馈线上分布式电源提供的短路电流以及故障所在馈线上故障区域上游分布式电源提供的短路电流都将流向故障区域的上游入点，而故障区域的下游出点也会流过下游分布式电源提供的短路电流。一般认为若流过故障区域的下游出点的短路电流接近流过故障区域的上游入点的短路电流，则会破坏配电自动化故障定位策略。但是，正如前文所述，来自主网的短路电流一般远远大于分布式电源提供的短路电流，而且同母线其他馈线上分布式电源提供的短路电流还会助增流过故障区域的上游入点的短路电流，即流过故障区域的上游入点的短路电流会远远大于流过故障区域的下游出点的短路电流，很容易设置一个定值将它们区分开来，因此一般不会对传统配电自动化系统的故障定位产生影响，换句话说：已经建成的配电自动化系统并不需要因分布式电源大规模接入而推倒重来。

（3）对电压质量的影响。

分布式电源的接入对馈线的电压具有抬升作用，而且对于出力受自然因素影响的分布式电源（如光伏、风电等），由于其波动性还会产生电压波动，并且对其接入点的电压抬升作用和电压波动作用最大。

考虑如图 10–1（a）所示的配电网，图中，0、1、2、…、i、j、k、…n 为节点序号，节点 0 代表母线，设于 j 点接入 DG，i 和 k 分别为其上游和下游相邻的无 DG 接入的节点，沿线电压幅值分布如图 10–1（b）所示。

设母线电压为额定电压 U_N，ΔU_y 代表综合考虑 DG 和负荷时节点较母线的电压变化幅值，ΔU_{yz}^{L} 代表负荷在节点 y 和 z 之间造成的电压降落幅值，ΔU_{yz}^{V} 代表 DG 在节点 y 和 z 之间造成的电压升高幅值。由于实际当中负荷的功率因数较高，因此总是引起电压幅值降落，即可以认为有 $\Delta U_{yz}^{L}>0$；由于 DG 引起的电压幅值升高是限制其接入容量的瓶颈，因此分析中仅考察其引起电压幅值升高的情形，即$\Delta U_y>0$，$\Delta U_{yz}^{V}>0$。

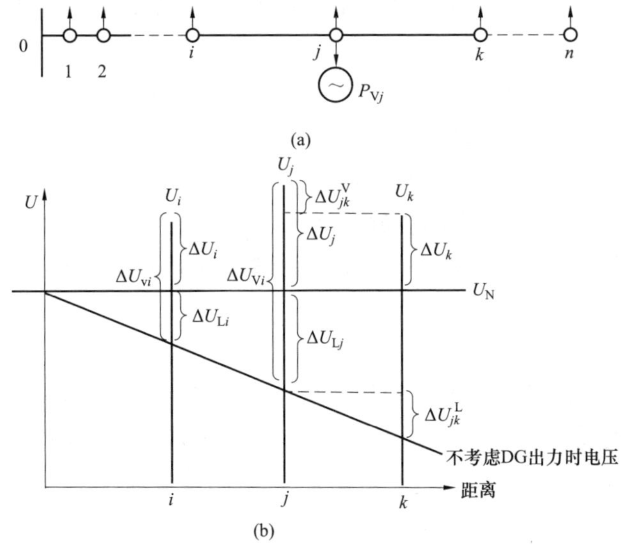

图 10–1　DG 接入位置及电压偏差示意图

（a）DG 接入位置；（b）电压偏差

因此，节点 k 的电压偏差可表示为：

$$\Delta U_k = \Delta U_j - \Delta U_{jk}^{\mathrm{L}} < \Delta U_j \tag{10–1}$$

节点 j 的电压偏差可表示为：

$$\Delta U_j = \Delta U_{0j}^{\mathrm{V}} - \Delta U_{0j}^{\mathrm{L}} < \Delta U_{0j}^{\mathrm{V}} - \Delta U_{0j}^{\mathrm{L}(j,\mathrm{n})} \tag{10–2}$$

式中：$\Delta U_{0j}^{\mathrm{L}(j,\mathrm{n})}$ 为节点 j 下游的负荷在母线和节点 j 之间造成的电压降落幅值。

由于$\Delta U_{\mathrm{j}}>0$，因此有：

$$\Delta U_{\mathrm{V},0j} - \Delta U_{0j}^{\mathrm{L}(j,\mathrm{n})} = L_{0j}\Delta u_{(j,\mathrm{n})} > \Delta U_j > 0 \tag{10–3}$$

式中：L_{0j} 为母线到节点 j 的距离；$\Delta u_{(j,\ \mathrm{n})}$ 为 DG 与节点 j 下游的负荷在母线和节点 j 之间造成的单位长度电压降落幅值。

即：

$$\Delta u_{(j,\mathrm{n})} > 0 \tag{10–4}$$

节点 i 的电压偏差有：

$$\Delta U_i = \Delta U_j - L_{ij}\Delta u_{(j,\mathrm{n})} < \Delta U_j \tag{10–5}$$

式中：L_{ij} 为节点 i 和节点 j 之间的距离。

综上所述，当配电网中存在电压越上限风险时，DG 接入点的电压最高。

将配电网中负荷看作定功率节点，则配电网为线性系统。对于馈线上接入多个 DG 的情形，根据叠加定理，各个 DG 接入点的电压抬升作用最大，沿线在各个 DG 的接入点形成一个个电压极大值点，只需要消除 DG 接入点处电压偏差越上限的状况，即可消除整个配电网电压偏差越上限的状况，这为本地电压控制的可行性提供了理论基础。

考虑到馈线的单位长度阻抗较大，因此分布式电源的接入对电压偏差和电压波动的影响比较明显，是制约配电网对分布式电源消纳能力的关键因素。

10.1.2　配电网对分布式电源的消纳方式

如 10.1.1 所述，制约配电网对分布式电源消纳能力的关键是分布式电源接入后产生的电压偏差和电压波动，而并非其对继电保护、配电自动化故障处理等的影响。

在分布式电源接入容量不是很大的情况下，即使不对其采取任何控制措施，配电网也有比较强的消纳能力，这种消纳方式，称为自由消纳方式。

在分布式电源接入容量的超出自由消纳能力的情况下，首先可以考虑在较大容量的分布式电源中驻入本地控制策略，而不必借助通信网络和协调控制，而仅仅根据分布式电源本地采集到的接入点实时电压信息，对其输出的无功功率或有功功率进行本地调节，以满足轻载或重载条件下的电压偏差不致越限的要求，这种消纳方式，称为本地控制消纳方式。

在分布式电源接入容量的超出本地控制消纳能力的情况下，不得已而必须考虑借助通信网络，对若干大容量分布式电源甚至可控负荷进行协调控制，以满足电压约束条件，这种消纳方式，称为协调控制消纳方式。

在实际应用中，应优先采用自由消纳方式，在其不能全面满足要求时宜采用本地控制消纳方式，自由消纳方式和本地控制消纳方式的消纳能力很强，应该可以解决绝大多数问题，实在不得已再采用协调控制消纳方式，因为协调控制消纳方式依赖通信通道，使配电网变得比较脆弱。

10.2 分布式电源的自由消纳方式

研究分析表明，在分布式电源接入容量不是很大的情况下，做好分布式电源接入规划，尽量做到“大马拉小车”，则即使不对分布式电源采取任何控制措施，配电网也有比较强的消纳能力。

本节以分布式光伏接入配电网为例，说明自由消纳方式的消纳能力。

10.2.1 含分布式光伏馈线建模

对于处于正常运行方式的馈线，均可以等效为一个单电源辐射状接线。由于配电网中馈线长度较短、电压等级较低，分析中可以略去馈线间的互感和对地分布电容，而只计及馈线自阻抗。负荷采用恒功率静态模型并假设三相负荷平衡。配电母线以上系统等效为无限大功率系统。配电网电压近似为额定电压 U_N。

在上述近似条件下，含分布式光伏电源的配电网模型如图 10–2 所示。为了不失一般性共设有 n 个节点，每个节点均接有负荷和光伏电源，若某节点不存在负荷或光伏电源时，将相应功率设为零即可。图中，0 号节点代表配电母线，R_0+jX_0 代表主电源侧系统阻抗，R_k+jX_k 代表第 k 段馈线的等值阻抗，$P_{L.k}$+j$Q_{L.k}$ 代表第 k 个节点的负荷功率，$P_{PV.k}$+j$Q_{PV.k}$ 代表第 k 个节点上的光伏功率。设第 k 个节点配电变压器的额定容量为 $S_{NT.k}$，其无功损耗幅值占 $S_{NT.k}$ 的比率为α_k，负荷有功功率占 $S_{NT.k}$ 的比率为β_k，负荷功率因数为 φ_1，分布式光伏电源的功率因数为 φ_2。

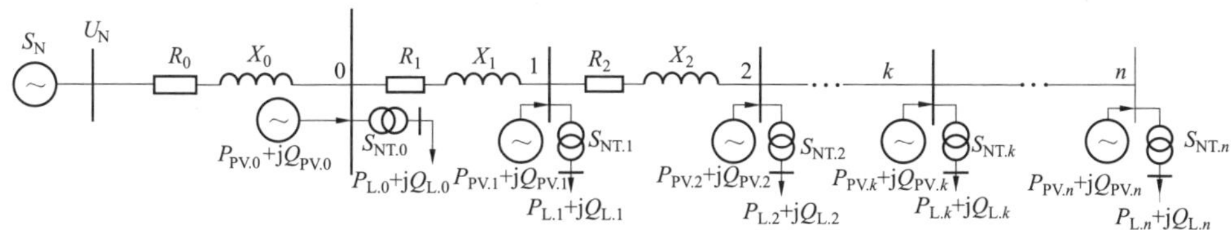

图 10–2 含分布式光伏的馈线模型

根据上述符号定义，有：

$$P_{L.k} = \beta_k S_{NT.k} \tag{10–6}$$

$$Q_{L.k}=\alpha_k S_{NT.k}+\tan(\arccos\varphi)P_{L.k}$$
$$=[\alpha_k+\tan(\arccos\varphi_1)\beta_k]S_{NT.k} \tag{10–7}$$

$$Q_{PV.k}=\tan(\arccos\varphi_2)P_{PV.k} \tag{10–8}$$

总负荷功率为：

$$P_L=\sum_{k=0}^{n}P_{L.k}=\beta S_{NT} \tag{10–9}$$

$$Q_L=\sum_{k=0}^{n}Q_{L.k}=[\alpha+\tan(\arccos\varphi_1)\beta]S_{NT} \tag{10–10}$$

$$Q_{PV}=\sum_{k=0}^{n}Q_{PV.k}=\tan(\arccos\varphi_2)P_{PV} \tag{10–11}$$

由式（10–9）和式（10–10）有：

$$Q_L=\left[\frac{\alpha}{\beta}+\tan(\arccos\varphi_2)\right]P_L \tag{10–12}$$

10.2.2 含分布式光伏馈线电压偏差和电压波动分析

根据 10.2.1 所建立模型可知，分布式电源未接入时，节点 k 的电压偏差可表示为：

$$\Delta U_k\%=-\frac{\sum_{i=0}^{k}\left[R_i\sum_{k=i}^{n}P_{L.k}+X_i\sum_{k=i}^{n}Q_{L.k}\right]}{U_N^2}\times 100\% \tag{10–13}$$

然而分布式光伏电源接入电网后，对馈线上电压具有一定的抬升作用，因此可以得到 k 节点的电压偏差 $\Delta U_k\%$为：

$$\Delta U_k\%=-\left[\frac{\sum_{i=0}^{k}\left(R_i\sum_{k=i}^{n}P_{L.k}+X_i\sum_{k=i}^{n}Q_{L.k}\right)}{U_N^2}-\frac{\sum_{i=0}^{k}\left(R_i\sum_{k=i}^{n}P_{PV.k}+X_i\sum_{k=i}^{n}Q_{PV.k}\right)}{U_N^2}\right]\times 100\% \tag{10–14}$$

将式（10–11）和式（10–12）代入式（10–14）中整理后可得：

$$\Delta U_k\%=-\left\{\frac{\sum_{i=0}^{k}\left\{R_i\sum_{k=i}^{n}P_{L.k}+X_i\sum_{k=i}^{n}\left[\frac{\alpha_k}{\beta_k}+\tan(\arccos\varphi_1)\right]P_{L.k}\right\}}{U_N^2}-\frac{\sum_{i=0}^{k}\left[R_i\sum_{k=i}^{n}P_{PV.k}+X_i\sum_{k=i}^{n}\tan(\arccos\varphi_2)P_{PV.k}\right]}{U_N^2}\right\}\times 100\% \tag{10–15}$$

即：

$$\Delta U_k\% = -\left\{\frac{\sum_{i=0}^{k}\left[R_i + X_i\left(\frac{\alpha_k}{\beta_k} + \tan(\arccos\varphi_1)\right)\right]\sum_{k=i}^{n}P_{\mathrm{L}.k}}{U_{\mathrm{N}}^2} - \frac{\sum_{i=0}^{k}[R_i + X_i\tan(\arccos\varphi_2)]\sum_{k=i}^{n}P_{\mathrm{PV}.k}}{U_{\mathrm{N}}^2}\right\}\times 100\% \tag{10-16}$$

近似认为馈线的导线类型始终一致，r_0+jx_0为馈线单位距离的等值阻抗，则馈线的抗阻比 K_z 为：

$$K_z = \frac{X_k}{R_k} \approx \frac{l_k x_0}{l_k r_0} = \frac{x_0}{r_0} \tag{10-17}$$

若忽略母线以上电源侧的系统阻抗，则距离母线 l_k 处第 k 个节点的短路容量 S_{l_k} 近似为：

$$S_{l_k} \approx \frac{U_{\mathrm{N}}^2}{\sqrt{l_k^2 r_0^2 + l_k^2 x_0^2}} = \frac{U_{\mathrm{N}}^2 / r}{l_k\sqrt{1 + x_0^2 / r_0^2}} \tag{10-18}$$

分布式光伏电源通常最大输出功率受到外界光照日周期变化、云层变化、阴影效应等的影响，在产生电压偏差的同时，还会产生明显的电压波动。设分布式光伏电源波动功率占其额定输出功率的比例为 λ，并假定同一馈线上的分布式光伏的功率同时波动，则距母线距离为 l_k 处，单纯由分布式光伏电源引起第 k 个节点的电压波动 $d_{\mathrm{PV}.k}\%$为：

$$d_{\mathrm{PV}.k}\% = \frac{\sum_{i=0}^{k}\left[R_i\sum_{i=k}^{n}P_{\mathrm{PV}.k} + X_i\sum_{i=k}^{n}Q_{\mathrm{PV}.k}\right]}{\lambda U_{\mathrm{N}}^2}\times 100\% \tag{10-19}$$

将式（10–11）代入式（10–19）中可得：

$$d_{\mathrm{PV}.k}\% = \frac{\sum_{i=0}^{k}\left[[R_i + X_i\tan(\arccos\varphi_2)]\sum_{i=k}^{n}Q_{\mathrm{PV}.k}\right]}{\lambda U_{\mathrm{N}}^2}\times 100\% \tag{10-20}$$

为了便于分析负荷和分布式光伏在各种分布情况下的电压偏差和电压波动，设馈线上负荷有功功率沿馈线长度 x 的分布函数为 $p_{\mathrm{L}}(x)$，分布式光伏有功功率沿馈线长度 x 的分布函数为 $p_{\mathrm{PV}}(x)$，馈线总长度为 L。

由式（10–16）可知，负荷和分布式光伏电源任意分布条件下，馈线上距母

线距离为 l_k 处的电压偏差为：

$$\Delta U_{(l_k)}\%=\left\{\frac{\int_0^{l_k}\left\{\left[r+x\left(\frac{\alpha}{\beta}+\tan(\arccos\varphi_1)\right)\right]\int_y^L p_{\mathrm{L}}(x)\mathrm{d}x\right\}\mathrm{d}y}{U_{\mathrm{N}}^2}-\frac{\int_0^{l_k}\left\{\left\{r+x[\tan(\arccos\varphi_2)]\right\}\int_y^L p_{\mathrm{PV}}(x)\mathrm{d}x\right\}\mathrm{d}y}{U_{\mathrm{N}}^2}\right\}\times 100\% \tag{10-21}$$

将式（10–17）和式（10–18）代入式（10–21）有：

$$\Delta U_{(l_k)}\%=\left\{\frac{\int_0^{l_k}\left\{\left[1+K_z\left(\frac{\alpha}{\beta}+\tan(\arccos\varphi_1)\right)\right]\int_y^L p_{\mathrm{L}}(x)\mathrm{d}x\right\}\mathrm{d}y}{l_k S_{l_k}\sqrt{1+K_z^2}}-\frac{\int_0^{l_k}\left\{1+K_z\left[\tan(\arccos\varphi_2)\right]\int_y^L p_{\mathrm{PV}}(x)\mathrm{d}x\right\}\mathrm{d}y}{l_k S_{l_k}\sqrt{1+K_z^2}}\right\}\times 100\% \tag{10-22}$$

又由式（10–20）可知，负荷和分布式光伏电源各种分布条件下，馈线上距母线距离为 l_k 处的电压波动为：

$$d_{\mathrm{PV}.l_k}\%=\frac{\int_0^{l_k}\left\{\left[r+x\tan(\arccos\varphi_2)\right]\int_y^L p_{\mathrm{PV}}(x)\mathrm{d}x\right\}\mathrm{d}y}{\lambda U_{\mathrm{N}}^2}\times 100\% \tag{10-23}$$

将式（10–17）和式（10–18）代入式（10–23）有：

$$d_{\mathrm{PV}.l_k}\%=\frac{\int_0^{l_k}\left\{\left[1+K_z\tan(\arccos\varphi_2)\right]\int_y^L p_{\mathrm{PV}}(x)\mathrm{d}x\right\}\mathrm{d}y}{l_k\lambda S_{l_k}\sqrt{1+K_z^2}}\times 100\% \tag{10-24}$$

10.2.3 分布式光伏电源接入容量的约束

为了保证用户电压质量在合格范围内，分布式光伏电源接入配电网应同时满足以下三个条件：

（1）分布式光伏电源接入后馈线上任何位置处的电压偏差不超越额定电压的上限；

（2）分布式光伏电源退出运行后馈线上任何位置处的电压偏差不跌落到额定电压的下限；

（3）馈线上任何位置处的由分布式光伏电源引起的电压波动不超过允许限值。

本节就上述条件决定的允许接入的分布式光伏电源的容量区域范围进行分析，其中 $\Delta U_{\mathrm{PV.S}}\%$表示电压偏差国家标准值，$\Delta d_{\mathrm{PV}.S}\%$表示电压波动国家标准值。

在分析过程中对于分布式光伏电源接入或者退出电网，都应计算出电压偏差和电压波动最严重的位置与母线的距离，只要在该位置满足电压偏差和电压波动不越限，则能保证馈线上任何位置处的电压偏差和电压波动都不会越限。

为了便于得到分布式光伏电源接入后，电压偏差的最严重的位置，对式（10–22）在 $0<l_k<L$ 上进行不等式处理。其中令：$A=1+K_z\left[\dfrac{\alpha}{\beta}+\tan(\arccos\varphi_1)\right]$，$B=1+K_z[\tan(\arccos\varphi_2)]$。

由式（10–18）可以看出第 k 个节点的短路容量 S_{l_k} 与距母线的距离 l_k 成反比，则有 $S_L\leqslant S_{l_k}$，可以得到式（10–25）描述的不等式关系：

$$\frac{B\int_0^{l_k}\left[\int_y^L p_{PV}(x)dx\right]dy-A\int_0^{l_k}\left[\int_y^L p_L(x)dx\right]dy}{l_kS_{l_k}\sqrt{1+K_z^2}}<\frac{B\int_0^{l_k}\left[\int_y^L p_{PV}(x)dx\right]dy-A\int_0^{l_k}\left[\int_y^L p_L(x)dx\right]dy}{l_kS_L\sqrt{1+K_z^2}} \tag{10–25}$$

设分布式光伏电源接入产生的电压上偏差在距离母线 $l_{k\max1}$ 处最大，则电压偏差上限必须满足：

$$\frac{B\int_0^{l_{k\max1}}\left[\int_y^L p_{PV}(x)dx\right]dy-A\int_0^{l_{k\max1}}\left[\int_y^L p_{PV}(x)dx\right]dy}{l_{k\max1}S_L\sqrt{1+K_z^2}}<\left|\Delta U_{PV.S}\right| \tag{10–26}$$

对式（10–26）整理后可得分布式光伏电源接入后电压偏差不越上限，即满足条件（1）的约束条件：

$$\int_0^{l_{k\max1}}\left[\int_y^L p_{PV}(x)dx\right]dy<\frac{\left|\Delta U_{PV.S}\right|l_{k\max1}S_L\sqrt{1+K_z^2}+A\int_0^{l_{k\max1}}\left[\int_y^L p_L(x)dx\right]dy}{B} \tag{10–27}$$

当分布式电源退出运行后，馈线上距离母线 l_k 处的电压偏差为：

$$\Delta U_{(l_k)}\%=\frac{A\int_0^{l_k}\left[\int_y^L p_L(x)dx\right]dy}{l_kS_{l_k}\sqrt{1+K_z^2}}\times100\% \tag{10–28}$$

设分布式光伏退出后因自身负荷产生的电压下偏差在距离母线 $l_{k\max2}$ 处最大，则为满足条件（2）必须有：

$$A\int_0^{l_{k\max2}}\left[\int_y^L p_L(x)dx\right]dy<\left|\Delta U_{PV.S}\right|l_{k\max2}S_{l_{k\max2}}\sqrt{1+K_z^2} \tag{10–29}$$

设因分布式光伏电源接入产生的电压波动在距离母线 $l_{k\max3}$ 处最大，则为满足条件（3）必须有：

$$\int_0^{l_{k\max3}}\left[\int_y^L p_{PV}(x)dx\right]dy<\frac{\left|\Delta d_{PV.S}\right|l_{k\max3}\lambda S_{l_{k\max3}}\sqrt{1+K_z^2}}{B} \tag{10–30}$$

综上可知，对于负荷和分布式光伏电源任意分布的情况，分布式光伏可接入容量必须同时满足如下 3 个约束条件：① 分布式光伏电源接入配电网引起的最大电压上偏差值不越限；② 最大电压波动值不越限；③ 单纯由负载引起的最大电压下偏差值不越限。于是得到式（10–27）、式（10–29）和式（10–30）共同围成的图 10–3 中的阴影部分区域。

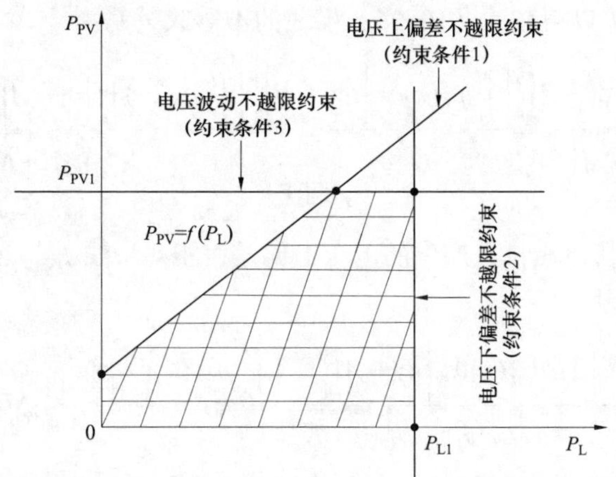

图 10–3　分布式光伏电源允许接入的容量范围如阴影所示

10.2.4　典型场景分析

（1）典型分布函数。

由于负荷和分布式光伏的分布情况存在多样性，为了便于分析并不失一般性，设置了 6 种典型分布规律进行分析，包括：末端集中分布、递增分布、均匀分布、递减分布、中间大两头小分布、中间小两头大分布，其分布函数如表 10–1 所示。

表 10–1　典型分布规律的分布函数

分布规律	分布函数
末端集中分布	$p(x)=P\bullet\delta(L-x)$
递增分布	$p(x)=2P\bullet x/L^2$
均匀分布	$p(x)=P/L$
递减分布	$p(x)=2P\bullet(L-x)/L^2$
中间大两头小分布	$p(x)=\begin{cases}4P\bullet x/L^2, 0<x<L/2\\4P\bullet(L-x)/L^2, L/2<x<L\end{cases}$
中间小两头大分布	$p(x)=\begin{cases}2P\bullet(L-2x)/L^2, 0<x<L/2\\2P\bullet(2x-L)/L^2, L/2<x<L\end{cases}$

注　δ为冲激函数。

（2）典型分布下满足电压偏差要求的约束条件分析。

分别将表 10–1 中的 6 种典型分布函数代入到式（10–27）、式（10–29）和（10–30）中去可以得到不同分布情况下的不同组合所对应的分布式光伏电源所能接入的容量区域范围。只要保证馈线上距离母线最大的电压偏差和电压波动不越限，则可保证馈线上任何位置处不越限，故在分析过程中应找出对电压偏差或电压波动影响最严重的位置与母线的距离。限于篇幅本小节只取负荷功率沿馈线递增分布、分布式光伏容量沿馈线均匀分布这种典型组合给出具体分析方法，其他组合与此分析方法类似。

则得到该组合下距离母线 l_k 处的电压偏差为：

$$\Delta U_{l_k}\% = -\left[\frac{ArP_{\mathrm{L}}\left(1-\dfrac{l_k^2}{3L^2}\right)}{U_{\mathrm{N}}^2}-\frac{BrP_{\mathrm{PV}}\left(1-\dfrac{l_k}{2L}\right)}{U_{\mathrm{N}}^2}\right]\times l_k \times 100\%,\ (0 < l_k < L) \tag{10–31}$$

即：

$$\left|\Delta U_{l_k}\right| < \left[\frac{BP_{\mathrm{PV}}\left(1-\dfrac{l_k}{2L}\right)-AP_{\mathrm{L}}\left(1-\dfrac{l_k^2}{3L^2}\right)}{S_{\mathrm{L}}\sqrt{1+K_{\mathrm{z}}^2}}\right] \tag{10–32}$$

对式（10–32）进行最值分析，当 $P_{\mathrm{PV}} < \dfrac{4A}{3B}P_{\mathrm{L}}$ 时，则式（10–32）在 $l_k=L$ 处取到最大，即只要保证馈线末端的电压偏差值满足电压上偏差要求，则馈线上距离母线任意位置的电压偏差都能满足要求，得到 $l_k=L$ 处电压变化的约束：

$$\left|\Delta U_{l_k}\right| < \left[\frac{BP_{\mathrm{PV}}\left(1-\dfrac{l_k}{2L}\right)-AP_{\mathrm{L}}\left(1-\dfrac{l_k^2}{3L^2}\right)}{S_{\mathrm{L}}\sqrt{1+K_{\mathrm{z}}^2}}\right] = \frac{\dfrac{B}{2}P_{\mathrm{PV}}-\dfrac{2A}{3}P_{\mathrm{L}}}{S_{\mathrm{L}}\sqrt{1+K_{\mathrm{z}}^2}} < \left|\Delta U_{\mathrm{PV.S}}\right| \tag{10–33}$$

可得式（10–33）成立的条件：

$$P_{\mathrm{PV}} < \frac{2}{B}\left|\Delta U_{\mathrm{PV.S}}\right| S_{\mathrm{L}}\sqrt{1+K_{\mathrm{z}}^2}+\frac{4A}{3B}P_{\mathrm{L}} \tag{10–34}$$

综上，分析该组合下距离母线任意位置处满足电压偏差值不越上限（即满足条件①）的约束条件：

$$P_{\mathrm{PV}} < \frac{4A}{3B}P_{\mathrm{L}} \tag{10–35}$$

当分布式光伏电源退出电网运行后由式（10–28）知该组合下距离母线 l_k 处

的电压偏差为：

$$\Delta U_{l_k}\% = -\left\{\frac{AP_{\mathrm{L}}\left(1-\frac{l_k^2}{3L^2}\right)}{U_{\mathrm{N}}^2}\right\}\times l_k\times 100\%, (0 < l_k < L) \quad (10\text{–}36)$$

同理对式（10–36）进行最值分析，可知在 l_k=L 处取到最大值，则由式（10–29）可得到该组合下的不越电压下限（即满足条件②）的约束条件为：

$$P_{\mathrm{L}} < \frac{3r}{2A}\left|\Delta U_{\mathrm{PV.S}}\right| S_{\mathrm{L}}\sqrt{1+K_{\mathrm{z}}^2} \quad (10\text{–}37)$$

（3）典型分布下满足电压波动要求的约束条件分析。

将表 10–1 中所对应的典型分布函数分别代入式（2–20）中得到对应分布情况下距离母线 l_k 处的电压波动，如表 10–2 所示。

表 10–2　　6 种典型分布下单纯由分布式光伏引起的电压波动

分布式光伏分布情况	单纯由分布式光伏电源引起的电压波动
集中末端分布	$d_{\mathrm{PV}(l_k)}\% = \frac{P_{\mathrm{PV}}r}{\lambda U_{\mathrm{N}}^2} l_k \times 100\%, (0 < l_k < L)$
递增分布	$d_{\mathrm{PV}(l_k)}\% = \frac{P_{\mathrm{PV}}r\left(1-\frac{l_k^2}{3L^2}\right)}{\lambda U_{\mathrm{N}}^2} l_k \times 100\%, (0 < l_k < L)$
均匀分布	$d_{\mathrm{PV}(l_k)}\% = \frac{P_{\mathrm{PV}}r\left(1-\frac{l_k}{3L}\right)}{\lambda U_{\mathrm{N}}^2} l_k \times 100\%, (0 < l_k < L)$
递减分布	$d_{\mathrm{PV}(l_k)}\% = \frac{P_{\mathrm{PV}}r\left(1-\frac{l_k}{L}+\frac{l_k^2}{3L^2}\right)}{\lambda U_{\mathrm{N}}^2} l_k \times 100\%, (0 < l_k < L)$
中间大两头小分布	$d_{\mathrm{PV}(l_k)}\% = \begin{cases} \frac{P_{\mathrm{PV}}r\left(1-\frac{2l_k^2}{3L^2}\right)}{\lambda U_{\mathrm{N}}^2} l_k \times 100\%, & (0 < l_k < L/2) \\ \frac{P_{\mathrm{PV}}r\left(2-\frac{2l_k}{L}+\frac{2l_k^2}{3L^2}-\frac{L}{6l_k}\right)}{\lambda U_{\mathrm{N}}^2} l_k \times 100\%, & (L/2 < l_k < L) \end{cases}$
中间小两头大分布	$d_{\mathrm{PV}(l_k)}\% = \begin{cases} \frac{P_{\mathrm{PV}}r\left(1-\frac{l_k}{L}+\frac{2l_k^2}{3L^2}\right)}{\lambda U_{\mathrm{N}}^2} l_k \times 100\%, & (0 < l_k < L/2) \\ \frac{P_{\mathrm{PV}}r\left(\frac{L}{6l_k}+\frac{l_k}{L}-\frac{2l_k^2}{3L^2}\right)}{\lambda U_{\mathrm{N}}^2} l_k \times 100\%, & (L/2 < l_k < L) \end{cases}$

对表 10–2 中的表达式进行最值分析可知表中表达式均在对应区间上末端 $l_k=L$ 取到最大值，即表明单纯由分布式光伏电源引起的电压波动总是在馈线末端为最大。则得到分布式光伏电源不越电压波动限值的约束条件，如表 10–3 所示。

表 10–3　　电压波动下的约束条件

分布式光伏分布情况	电压波动下分布式电源接入容量的约束
集中末端分布	$P_{PV} < \|\Delta d_{PV.S}\|\lambda S_L\sqrt{1+K_z^2}$
递增分布	$P_{PV} < \frac{3}{2}\|\Delta d_{PV.S}\|\lambda S_L\sqrt{1+K_z^2}$
均匀分布	$P_{PV} < 2\|\Delta d_{PV.S}\|\lambda S_L\sqrt{1+K_z^2}$
递减分布	$P_{PV} < 3\|\Delta d_{PV.S}\|\lambda S_L\sqrt{1+K_z^2}$
中间大两头小分布	$P_{PV} < 2\|\Delta d_{PV.S}\|\lambda S_L\sqrt{1+K_z^2}$
中间小两头大分布	$P_{PV} < 2\|\Delta d_{PV.S}\|\lambda S_L\sqrt{1+K_z^2}$

10.2.5　实例分析

通过 10.2.4 的分析可以得到负荷功率沿馈线递增分布、光伏容量沿馈线均匀分布情况下的可接入容量区域如图 10–4 所示。

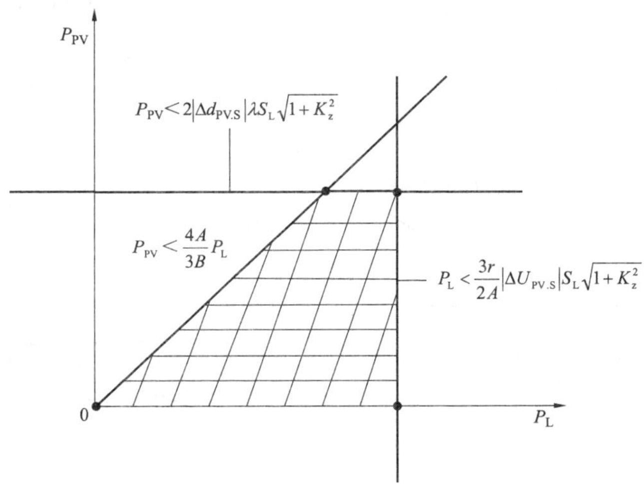

图 10–4　负荷功率沿馈线递增分布、光伏容量沿馈线均匀分布情况下分布式光伏可接入容量区域

下面给出具体参数下负荷功率沿馈线递增分布、光伏容量沿馈线均匀分布情况下分布式光伏可接入容量范围。负荷的功率因数都可以按 0.95 考虑，变压器

无功损耗的幅值占变压器额定容量的比率按 2.5%考虑，分布式光伏电源的并网功率因数按−0.95～0.95之间考虑，并近似忽略无功功率对配电网的影响。由相关实际观测数据可知，分布式光伏电源输出功率的变化幅度一般不会超过其输出最大功率的一半[1]，即 $\lambda=2$。电压偏差值和电压波动值分别取国家电能质量标准限值，即 $\Delta U_{PV.S}$ 取下偏差−0.07 和上偏差+0.07，$\Delta d_{PV.S}$ 取 0.03[2−3]。分析中城市配电网的供电半径按 L=5km 考虑，农村配电网的供电半径按 L=15km 考虑。

基于上述数据，分别得到：① YJV−120（r=0.1530Ω/km，x=0.08Ω/km）在容载比β=75%时；② LJG−120（r=0.1962Ω/km，x=0.35Ω/km）在容载比β=75%时；③ YJLV−120（r=0.2530Ω/km，x=0.08Ω/km）在容载比β=75%时城市配电网和农村配电网的分布式光伏可接入容量区域，如图 10−5（a）～（d）所示。

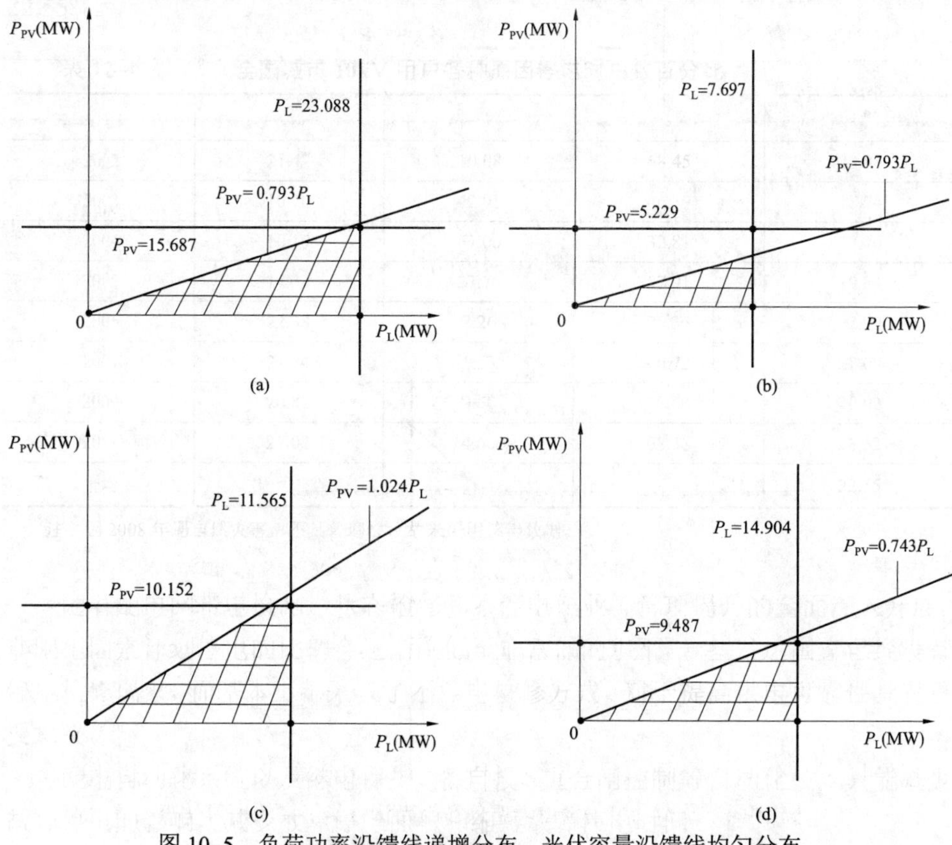

图 10−5 负荷功率沿馈线递增分布、光伏容量沿馈线均匀分布情况下分布式光伏可接入容量范围

（a）YJV−120，城市配电网；（b）YJV−120，农村配电网；（c）LGJ−120，城市配电网；（d）YJLV−120，城市配电网

由图 10–5（a）～（d）可见，即使不对分布式电源进行控制，馈线对其的消纳能力也很大，并且架空馈线比电缆馈线允许接入的分布式光伏容量范围大，在其他条件相同情况下导线截面积越大，允许接入的分布式光伏容量范围也越大。

10.3 分布式电源的本地控制消纳方式

本地控制技术是根据接入点的电气量对配电网中的可控元件进行就地控制的技术，因不进行多个对象的协调控制而不依赖通信手段（甚至可以不建设通信通道），仅在控制点加装本地控制组件即可。

10.3.1 基本原理

本地控制策略只需针对较大容量的分布式电源即可，它不必借助通信网络和协调控制，而仅仅根据分布式电源本地采集到的接入点实时电压信息，对其输出的无功功率或有功功率进行本地调节，以满足轻载或重载条件下的电压偏差不致越限的要求。

由于调节无功功率对电压幅值的调节效果比较明显，而且为了充分利用自然资源提供有功功率和保护分布式电源业主的利益，本地控制宜在保证有功功率的前提下、在剩余容量允许的范围内优先调节分布式电源的无功功率，在无功功率调节到剩余容量极限还不能解决电压偏差问题的情况下（或该分布式电源只能提供有功功率），再对分布式电源的有功功率进行调节。为了避免各个分布式电源之间出现无功振荡现象，并且考虑到影响分布式电源消纳能力的主要矛盾是接入点电压越上限问题，因此本地控制中只考虑令各个分布式电源根据需要适当提供容性无功功率支撑，即 $Q_{\mathrm{DG}}<0$。

本节论述的控制策略是按固定时间间隔对分布式电源的出力进行调整。当接入点电压越上限时进行无功功率调节并在有必要时配合有功功率调节以消除电压越限；当接入点不出现电压越上限时，计算该点实时可继续接纳的分布式电源的有功功率，并释放相应的受限上网出力以实现最大化接纳分布式电源，另外在电压不越限的条件下调节并网的无功功率，以减小分布式电源无功功率带来的损耗并释放无功功率所占用的并网逆变器容量。

10.3.2 本地无功功率调节

（1）电压越限时的本地无功功率调节。

设 m 节点处分布式电源当前的无功功率输出为 $Q_{\mathrm{DG},m}$，该处观测到的电压偏差为 $\Delta U_m\%$（$\Delta U_m\%=\dfrac{U_m-U_{\mathrm{N}}}{U_{\mathrm{N}}}\times100\%$，$U_m$ 为 m 点处测量电压），则当 $\Delta U_m\%$ 越上限 $\Delta U_{\mathrm{s}}^{+}\%$ 和越下限 $\Delta U_{\mathrm{s}}^{-}\%$ 时，可对该分布式电源的无功功率进行调节。

以 U_m 越上限的情形为例进行分析，由叠加定理可知，调整后的电压偏差 $\Delta U_m^{\sim}\%$ 为：

$$\Delta U_m^{\sim}\% = \Delta U_m\% + \left[\frac{\Delta Q_{\mathrm{DG}.m}\sum_{i=0}^{m} X_i}{U_{\mathrm{N}}^2}\right] \tag{10-38}$$

式中：$\Delta Q_{\mathrm{DG},m}$ 表示节点 m 处分布式电源的无功调节量；X_i 为第 i 段线路的电抗值；$\sum_{i=0}^{m} X_i$ 为节点 m 到上级母线之间路径上的所有馈线段电抗值之和。

期望 $\Delta U_m^{\sim}\% < \Delta U_{\mathrm{s}}^{+}\%$，则最小无功调节量为

$$\begin{aligned}\Delta Q_{\mathrm{DG}.m} &= -\left[\frac{U_{\mathrm{N}}^2}{\sum_{i=0}^{m} X_i}\right] U_m + (\Delta U_{\mathrm{s}}^{+} + 1)\frac{U_{\mathrm{N}}^2}{\sum_{i=0}^{m} X_i} \\ &= -a(U_m - c)\end{aligned} \tag{10-39}$$

式中：$a = U_{\mathrm{N}}^2 / \sum_{i=0}^{m} X_i$，$c = (\Delta U_{\mathrm{s}}^{+} + 1)$，对于给定的配电网，$a$ 和 c 都是常量，U_m 可直接测量得到。

本轮调节后，该分布式电源的无功功率出力为：

$$Q_{\mathrm{DG},m}^{<k+1>} = Q_{\mathrm{DG},m}^{<k>} + \alpha \Delta Q_{\mathrm{DG},m} \tag{10-40}$$

在本文中，上标 $^{<k>}$ 和 $^{<k+1>}$ 分别表示第 k 和第 k+1 轮调节；α为范围为 0～1 的参数，用来防止过于剧烈的调整。

若 $Q_{\mathrm{DG},m}$ 超过了分布式电源的能力，即：

$$\left|Q_{\mathrm{DG},m}\right| > Q_{m,\max} = \sqrt{S_m^2 - P_{m,\max}^2} \tag{10-41}$$

式中：$Q_{m,\max}$ 为当前 m 节点 DG 所能提供的最大无功功率；S_m 为该分布式电源的容量；$P_{m,\max}$ 为最大功率跟踪方式下该分布式电源的有功出力，则令：

$$\left|Q_{\mathrm{DG},m}\right| = Q_{m,\max} \tag{10-42}$$

为了避免分布式电源间无功振荡，可采取避免分布式电源发出容性无功功率的措施，即：

$$\text{若 } Q_{\mathrm{DG},m} > 0\text{，则令 } Q_{\mathrm{DG},m} = 0 \tag{10-43}$$

分布式电源的无功功率对于减少电压偏差的作用可以根据式（10–38）计算得出，

但尚未调整到位，剩余部分电压偏差需要调节有功功率来配合完成。

（2）电压处于正常范围时的本地无功功率调节。

若$\left|Q_{\mathrm{DG},m}\right|<\varepsilon$（$\varepsilon$为给定一极小值），则不进行无功功率调节。否则，根据当前量测数据与当前电压与电压上限的差，计算出$\Delta\left|Q_{\mathrm{DG},m}\right|$，按照式(10–43)～式（10–40）调节分布式电源的无功功率输出。

10.3.3 本地有功功率调节

（1）电压偏差越限时的本地有功功率调节。

设m节点处分布式电源当前的有功功率输出为$P_{\mathrm{DG},m}$，该处观测到的电压偏差为$\Delta U_m\%$，与无功控制的推导过程类似，可得最小有功调节量为：

$$\Delta P_{\mathrm{DG},m}=-b(U_m-c) \tag{10–44}$$

式中：$b=U_{\mathrm{N}}^2/\sum_{i=0}^{m}R_i$，$R_i$为第$i$段线路的电阻值，$\sum_{i=0}^{m}R_i$为节点$m$到上级母线之间路径上的所有馈线段电阻值之和；$c$同式（10–39），$b$和$c$都是常量；$U_m$可直接测量得到。

本轮调节后，该分布式电源的有功功率出力为：

$$P_{\mathrm{DG},m}^{<k+1>}=P_{\mathrm{DG},m}^{<k>}+\beta\Delta P_{\mathrm{DG},m} \tag{10–45}$$

式中：β为范围为0～1的参数，作用如式（10–40）中的α。

该分布式电源的有功功率出力能力范围为：

$$0\leqslant P_{\mathrm{DG},m}\leqslant P_{m,\max} \tag{10–46}$$

若$P_{\mathrm{DG},m}$超过了分布式电源的最大或最小有功出力能力，则令$P_{\mathrm{DG},m}=P_{m,\max}$或$P_{\mathrm{DG},m}=0$。

（2）电压处于正常范围时的本地有功功率调节。

为了充分利用清洁能源，当电压处于正常范围时，若还有继续增大分布式电源的有功功率输出的潜力，则应调节分布式电源接入电网的有功功率，尽量将该潜力发挥出来。

为了保证调节后的电压仍满足要求，增大的有功功率不应该超过根据实时观测信息由式（10–44）所得的$\Delta P_{\mathrm{DG},m}$，由此可得该分布式电源的有功功率出力为：

$$P_{\mathrm{DG},m}^{<k+1>}=P_{\mathrm{DG},m}^{<k>}+\beta\min\left\{\Delta P_{\mathrm{DG},m},\Delta P_{\mathrm{p}}\right\} \tag{10–47}$$

式中：ΔP_{p}为该分布式电源可增大的有功功率；此处β与式（10–45）中相同，亦可根据实际情况选取不同的值。

10.3.4 本地电压控制的实现

配电网中若在多处分布式电源并网点处安装本地电压控制装置，各处本地控

制装置各自以固定的时间间隔自动执行，各本地控制装置之间无需同步。本地电压控制装置的单轮控制流程如图 10–6 所示。在一轮本地控制启动后，若监测到电压越上限，则优先执行该轮电压偏差越限时的本地无功功率控制，若仍存在越限，则执行该轮电压偏差越限时的本地有功功率控制；若监测到电压越下限，则优先执行该轮电压偏差越限时的本地有功功率控制，若仍存在越限，则执行该轮电压偏差越限时的本地无功功率控制；若监测到电压在正常范围，则优先执行该轮电压处于正常范围时的本地有功功率控制，若$\left|Q_{\mathrm{DG}}\right|>\varepsilon$，则执行该轮本地无功功率控制。如此反复进行，不断跟踪分布式电源处理变化和负荷变化，进行电压调节。

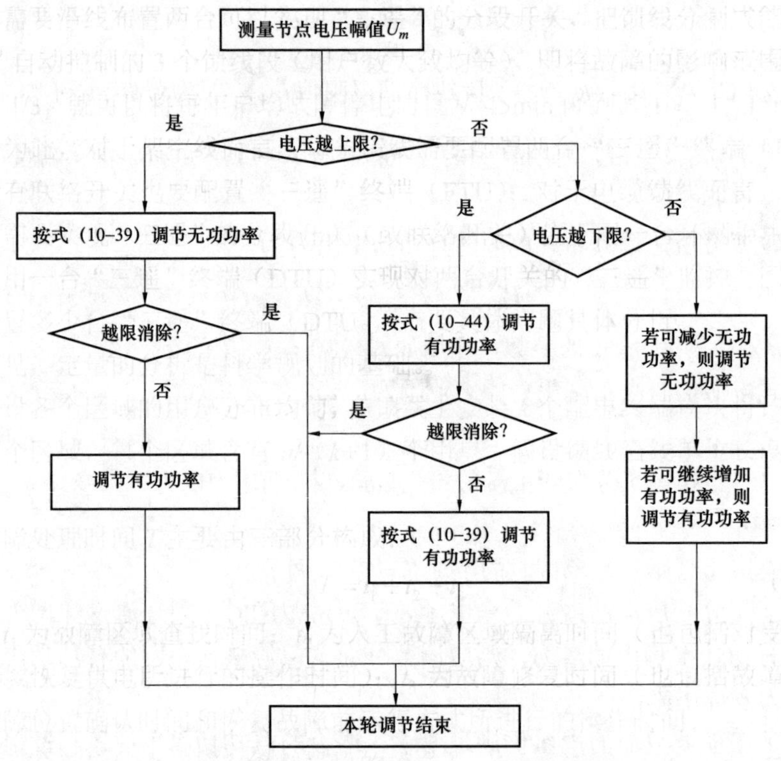

图 10–6　本地电压单轮控制流程图

注意，在消除电压越上限时，由式（10–39）所求得的是实现控制目标的最小调节量，在实际应用中为了保证控制的稳定性和鲁棒性，控制目标应略低于配电网运行要求的电压上限值。另外，实际应用中可同时加入积分环节以增加控制系统的稳定性。

10.3.5　算例分析

采用 IEEE33 节点配电网为算例，验证所提出本地控制策略的有效性。

IEEE33 节点配电网的拓扑结构如图 10–7 所示，有 32 条支路，网络首端电压 12.66kV，总负荷为（3.715+j2.300）MVA，负荷大致均匀分布于各负荷节点，详细参数见文献［4］。主馈线和分支馈线上接入的各分布式光伏（DPV）额定容量分别为 0.75MW 和 0.6MW。在计算中采用标幺制，基准容量为 1MVA，基准电压为 12.66kV。电压偏差上限标准要求为±7%[5]，参数α和β取值为 0.8，ε 取值为 1×10^{-4}，考虑到调节的裕度，$\Delta U_s^+\%$ 取 6.5%，$\Delta U_s^-\%$ 取–6.5%，本地控制时间间隔取为 5s。

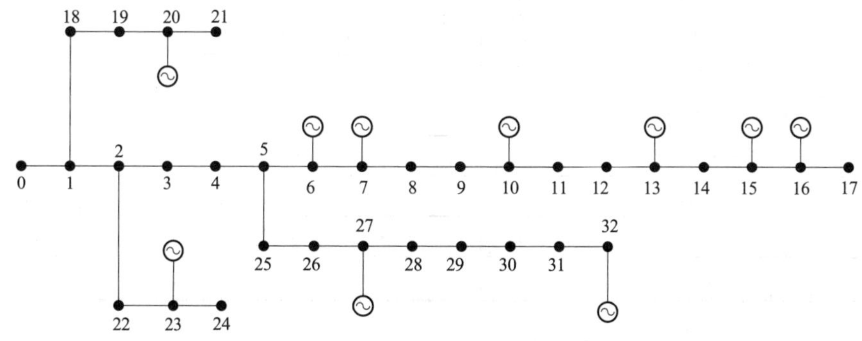

图 10–7 IEEE33 节点配电网拓扑图

计算式（10–39）和式（10–44）中的参数得到各分布式光伏的控制参量如表 10–4 所示。

表 10–4 控 制 参 量

光伏接入点	*a*	*b*	光伏接入点	*a*	*b*
6	79.96	68.54	16	18.71	15.51
7	71.57	52.55	20	78.67	73.86
10	42.35	30.12	23	121.8	82.86
13	27.75	20.8	27	62.43	43.35
15	23.41	17.73	32	29.78	24.16

为了更好地验证所提的控制策略，选取电网运行中四种典型的配电网状态变化情景如表 10–5 所示。系统初始状态中，各节点的负荷为 IEEE33 节点配电网原始数据，各处 DPV 出力均为 0.55MW，此时无电压越限，系统中电压最高处电压为 1.06。情景 1 与初始状态相比，负荷不变，但因云移动露出太阳，光照迅速增强，主馈线各 DPV 最大可用有功出力为 0.725MW，分支馈线各 DPV 最大有功出力为 0.6MW；情景 2 反映云移动再次遮住太阳，即在情景 1 的基础上恢复到系统初始状态；情景 3 与初始状态相比，仅负荷等比例减小，各节点负荷变

为原来的 0.7 倍；情景 4 在情景 3 的基础上恢复为系统初始状态。

表 10–5　　四种典型情景的参数

情　景	可用 DPV 出力（p.u.）		各负荷（p.u.）	
	前一状态	当前状态	前一状态	当前状态
1. DPV 出力增加	5.500	6.750	3.715	3.715
2. DPV 出力减小	6.750	5.500	3.715	3.715
3. 负荷减小	5.500	5.500	3.715	2.601
4. 负荷增加	5.500	5.500	2.601	3.715

（1）情景 1——DPV 出力增加。

此情景下各处 DPV 出力较大并且负荷较轻，配电网中各节点电压将处于较高的水平，本地控制器将调节光伏并网逆变器的出力以消除过大的电压偏差。仿真显示主要是 DPV–13（节点 13 处分布式光伏发电及并网装置，下同）、DPV–15 和 DPV–16 处触发本地调节，经过 15 轮调节后系统基本趋于稳定，第 22 轮后系统稳定，调节过程如图 10–8 所示。

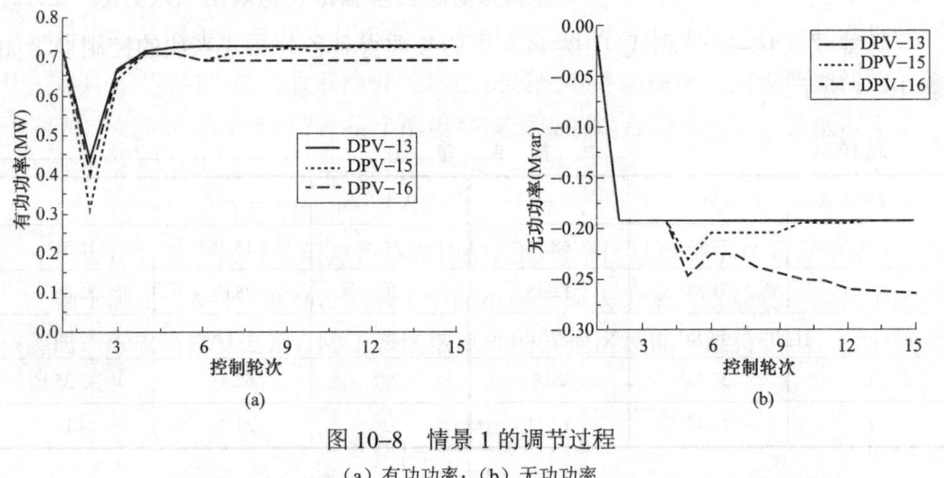

图 10–8　情景 1 的调节过程

（a）有功功率；（b）无功功率

控制稳定后，出力为 DPV–13、DPV–15、DPV–16 处有功出力分别为 0.725、0.725、0.691 5MW，无功出力分别为–0.192、–0.192、–0.265 17Mvar。在调整过程中，电压的变化曲线如图 10–9 所示。

为了研究参数α和β对控制系统性能的影响，分别对不同α和β在同时取 1.0、0.9、0.7 和 0.6 的情况下进行仿真。在α和β取值为 1.0 时，系统不能趋于稳定，其他取值的电压变化情况如图 10–10 所示。由图 10–10 中曲线可看出，当α和β

取值较小时，系统电压振荡的幅值较小且能更快趋于稳定，所以α和β的取值不宜过大。

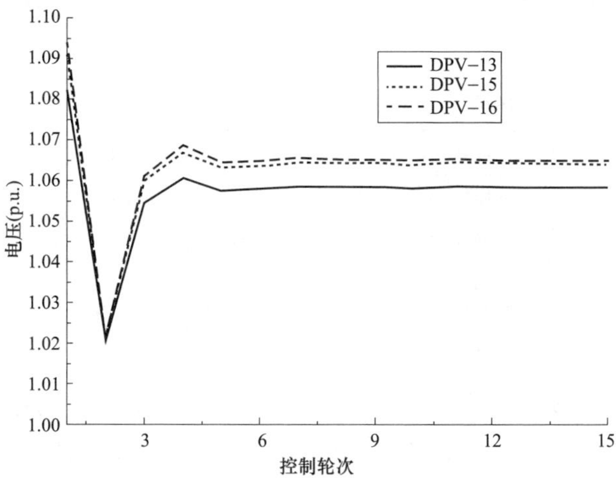

图 10–9 情景 1 的电压调整曲线

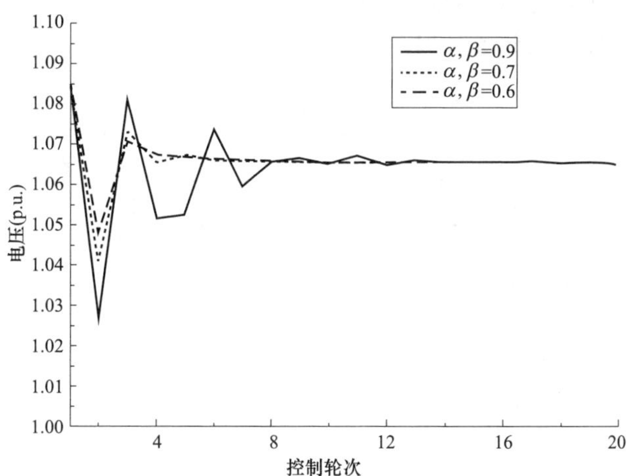

图 10–10 不同α和β取值时 DPV–15 的电压调整曲线

由以上结果可知，① 仅部分 DPV 启动并进行了本地控制；② 在本地控制的调节过程中，DPV 出力和电压存在起伏，最终趋于平稳；③ 稳定后，PV–15 和 PV–16 的有功出力受限。

（2）情景 2——DPV 出力减小。

通过情景 1 的调节后，DPV–13 的有功出力受限，一段时间后，由于光照条件的限制，各 DPV 最大可用出力降低为 0.55MW，各 DPV 的有功出力被动减少，从而配电网中节点电压会有所降低，此时，触发 DPV–13、DPV–15 和 DPV–16

的本地控制，7 轮调节后稳定，调节过程如表 10–6 所示。稳定后系统状态恢复到初始状态，各处 DPV 并网装置不再向配电网提供无功功率，电压也在允许范围内。可见，所提出的算法可以在电压越限状况缓解时有效地释放 DPV 的无功出力。

表 10–6　　　　情景 2 下相关 DPV 的无功出力（p.u.）

轮次	PV–13	PV–15	PV–16	轮次	PV–13	PV–15	PV–16
1	–0.192	–0.192	–0.265 17	5	–0.000 3	–0.000 3	–0.000 7
2	–0.038 4	–0.038 4	–0.091 2	6	～0	～0	–0.000 1
3	–0.007 7	–0.007 7	–0.018 2	7	～0	～0	～0
4	–0.001 5	–0.001 5	–0.003 6				

为了研究参数α对控制系统性能的影响，分别对不同α下系统的稳定需要的调节轮次进行统计，结果如表 10–7 所示，可见，随着α取值的减小，所需要的调节轮次数目增长较大，所以在实际应用中α取值也不宜过小。综合场景 1 中的分析可知，α和β的取值既不宜过大，也不宜过小，对于本书所研究的系统，取值在 0.6～0.8 时控制系统性能较好。

表 10–7　　　　情景 2 下系统稳定所需要的轮次

α取值	1	0.8	0.6	0.4	0.2
所需要的轮次	3	7	10	17	37

（3）情景 3 和情景 4——负荷变化。

当负荷减小后，配电网电压将会升高，从而使得节点 15 和节点 16 出现电压越上限的情况，触发相应的本地控制，经 10 轮调节后系统电压稳定，调节过程如图 10–11（a）所示。系统稳定后，DPV–15、DPV–16 的无功出力分别为–0.004 3、–0.050 0Mvar。

通过情景 3 的调节后，DPV–16 处需要吸收配电网中的部分无功功率才能保持电压不越限。当负荷增大时，配电网中节点电压会有所降低，这将触发 DPV–16 处的本地控制，使 DPV–16 无功出力降为 0，系统恢复到初始状态，6 轮调节后稳定，调节过程如图 10–11（b）所示。可见，系统负荷增大和 DPV 有功受限一样，都可以使系统电压降低，缓解配电网电压越上限的压力，释放 DPV 的无功出力。

可见，在负荷发生变化时所提出的本地控制策略也能有效地消除配电网中电压越上限的问题。

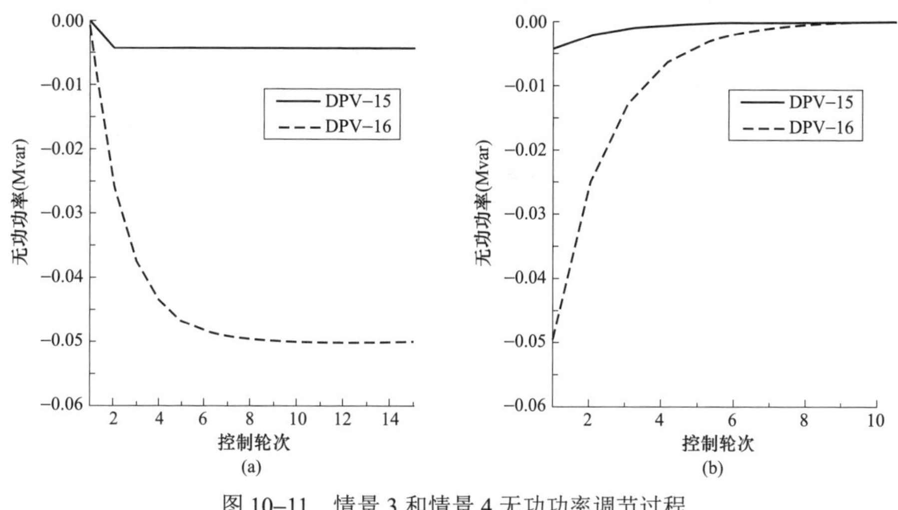

图 10–11 情景 3 和情景 4 无功功率调节过程

（a）情景 3；（b）情景 4

10.4 本 章 小 结

（1）分析了分布式电源接入对配电网的影响，给出了分布式电源的三种消纳方式，即：自由消纳方式、本地控制消纳方式和协调控制消纳方式。

（2）以分布式光伏电源为例，对分布式电源的自由消纳能力进行了分析。建立了含负荷和分布式光伏电源的配电网分析模型。并对负荷功率和分布式光伏电源容量沿馈线各 6 种典型分布、共计 36 种组合下的电压偏差和电压波动进行了分析，运用不等式关系对分析过程进行了简化，得到了各种组合下分布式光伏电源允许接入的容量约束条件，给出了 10kV 城市配电网和农村配电网的典型参数实例的分析结果。

（3）对分布式电源的本地控制消纳能力进行了分析，说明了分布式电源接入点为电压极大值点，仅需在接入点加装本地电压控制装置，即可消除配电网中的电压越上限问题。论述了一种基于无功调节和有功调节的本地电压控制策略，推导出本地无功控制和本地有功控制的调节量表达式，得到了调节量为节点电压测量值的线性函数，并给出了本地电压控制策略的实现方法。

本 章 参 考 文 献

［1］ 马胜红，陆虎俞. 太阳能光伏发电技术［J］. 大众用电，2006，（4）：40–43.

［2］ GB/T 12325—2008 电能质量供电电压偏差［S］. 2008.

［3］ GB/T 12326—2008 电能质量电压波动与闪变［S］. 2008.

［4］ M. Baran, F. Wu. Network reconfiguration in distribution systems for loss reduction and load balancing, IEEE Transactions on Power Delivery，1989，4（2）：1401–1407.

［5］ GB/T 12325—2008 电能质量 供电电压偏差［S］. 2008.

11 海岛配电网防灾减灾研究及应对措施

本章主要介绍海岛配电网提高综合防灾保障能力的电网规划设计和建设改造原则、配电网设备设施的合理选型以及灾后快速恢复供电的减灾措施等工程实践。海岛配电网相对于内陆电网所遭受的自然灾害更为突出、更为严重，海岛配电网防灾减灾应从规划源头着手，以全寿命周期成本最优的原则提高配电网的建设标准，因为这样做相比在运行过程中修修补补的做法更加简单，虽然初期投资有所提高，但可以大大节省后期停电损失费、电能损耗费、运营维护费和运营维护工作量。由于在极端天气（如强台风）时倒杆率很高，采取“弃线保杆”的措施，尽管增加断线数量，但是大大降低了倒杆率，极端天气后线路修复时间减少了，简单的运维措施，可以加快极端天气后的恢复供电时间。保底电网的建设使得在发生重大自然灾害时，能够保障重要用户负荷持续供电，能够维持重要负荷、电源持续稳定运行，提高社会应对突发事件的应急能力，有效防止次生灾害发生，维护社会公共安全。

11.1 海岛自然灾害对配电网的影响

海岛配电网的主要自然灾害有台风、雷击、内涝、腐蚀和污闪等。

（1）台风对配电网的影响：由于台风风速过大，可能直接造成线路、电杆损坏；由于台风灾害期间，受台风影响树枝挂接配电线路上可能造成线路相间短路，树木倾倒压断电线可能造成线路损坏；广告牌坠落可能压断线路，施工的铁皮等杂物被大风刮到电杆及导线上可能导致电杆被压断；电杆倾倒可能导致“电杆串倒”，造成中压电网停电。

（2）雷击对配电网的影响：雷击 10kV 架空线路可能造成绝缘导线断线、裸导线断股、线路绝缘子击穿或爆裂、开关击穿、配电变压器烧毁等；雷击线路周边树木可能由于树枝搭挂线路造成短路，树倾倒压断线路可能引起大范围停电。

（3）内涝对配电网的影响：暴雨引起内涝，部分中压线路及配电设备对地高度低于洪水水位，被水淹泡，可能造成线路、设备跳闸；部分配电室建设在地下最底层可能由于内涝倒灌配电室造成故障停电；内涝水泡电杆造成地基松软，可能导致电杆倾倒。

（4）腐蚀对配电网的影响：海岛配电网遭受的腐蚀主要分为大气腐蚀和土壤腐蚀两类。大气腐蚀主要是盐雾腐蚀，配电网中的柱上开关、配电变压器、线路金具等金属类材料长期裸落在空气中被潮湿、盐雾重的空气氧化腐蚀，大大缩短设备使用寿命，特别是强腐蚀地区，配电线路及设备的外露金属壳体腐蚀严重，使用寿命不到设计寿命的1/10；土壤腐蚀使得以角铁和圆钢为主的接地装置两三年就被腐蚀到原尺寸的1/3。

（5）污闪对配电网的影响：除对金属的腐蚀外，海岛的盐雾在中压配电网造成的污闪主要发生在线路的绝缘子，可能造成线路跳闸，引起大范围停电。

11.2 海岛配电网防灾减灾技术原则

针对灾害对海岛不同区域的影响程度、线路在系统中的不同地位和作用、停电的影响程度及地形地貌等因素，可以采取差异化防灾规划建设原则：

（1）防风技术原则。

1）沿海岸区域的新建改建的城区和重要用户供电线路宜电缆化，保障城区和重要用户的供电可靠性。

2）装设防风拉线。在一般情况下，优先采用加装防风拉线进行加固，或在综合加固实施前，加装拉线作为临时性防风措施。

3）加固电杆基础。不具备拉线条件的，更换电杆并配置基础；对其他没有加固的直线电杆，其埋深不满足要求时，应加固基础；电杆基础加固处理应根据电杆所处的位置，因地制宜，选择适当的基础加固方式。

4）缩短耐张段长度。应整条线路统筹考虑，增设耐张杆塔，缩短耐张段长度，将各个耐张段长度控制在适当范围以内。

5）采用“弃线保杆”技术，保障极端天气后快速复电——针对线路承载情况，截面积在 $120mm^2$ 及以下的导线断线张力小于普通电杆抗裂弯矩，针对大截面导线，增加电杆强度，同时采用“弃线保杆”技术，保障极端天气后快速复电。

（2）防雷技术原则。

1）新建改建线路走廊宜选择地势平坦地区，避免线路走廊建设在地势较高易受雷击处。

2）新建改建线路在城镇和林区采用绝缘架空导线，农村及空旷平原地区线路宜使用裸导线，避免雷击断线。

3）Ⅲ级雷击保护区：沿海岸城区高负荷密度区、旅游区尽快提高电缆化率；空旷并有雷击断线记录地区架空线路加装避雷器；结合防风策略中增加的耐张杆

（塔），增设线路避雷器；降低接地电阻，改善接地极；农村空旷地区使用架空裸导线，避免雷击断线；给重要用户供电的10kV线路，至少一回线路采用电缆形式，提高重要用户的防灾抗灾能力，保障重要用户可靠供电。

4）Ⅱ级雷击保护区：降低接地电阻，改善接地极；雷击密度高地区架空绝缘线路装设防雷绝缘子；农村空旷地区使用架空裸导线，避免雷击断线。

5）Ⅰ级雷击保护区：降低接地电阻，改善接地极；农村空旷地区使用架空裸导线，避免雷击断线。

（3）防内涝技术原则。

1）新建改建线路宜选择地势高、平的地方，避免在低洼处建设新的线路走廊。

2）新建改建线路宜选择地质良好地区，避免在地质松软水泡后处选择线路走廊。

3）新建开闭站、环网室、配电室不建在建筑物最底层。

4）对曾被水淹的配电室进行防涝建设，对曾被水淹的地势低洼地区 10kV 配电网线路或设备逐步进行迁移建设。

（4）防腐蚀技术原则。

1）盐害地区配电线路应尽量选定有树木、建筑物等有遮蔽的路径，避免选择直接遭受含盐分的海风吹扫的区域、直接遭受到海水飞沫的区域和含盐海风聚集的区域。

2）盐害地区的高压导线可采用铜导线，不宜使用钢芯铝绞线。

3）原则上重盐害地区不使用绝缘导线，若使用绝缘导线必须将导线、各引接点、终端或跳线完全密封（防水护盖或防水胶带），确保水（雾）气及盐分无法浸入，并应定期巡视检查各检测点有无松脱情形。

4）绝缘导线终端装置、跳线连接处等需要剥除导线绝缘层时，尽量缩短剥除长度。

5）高压绝缘导线引下处、相互接续处（连接处）、与柱上开关连接处及导线末端处（使用绝缘罩）等均需做密封处理，并使用自粘防水胶带严密包扎。

6）低压线采用 PVC 线，其接头采用 C 型压接套管压接并需以绝缘塑料带严密包扎。

（5）防污闪技术原则。

1）对于盐雾污秽严重区域的高压柱式绝缘子，应视盐、尘害情形定期清洗盐尘附着物或更换。

2）增加悬垂绝缘子个数，以增长爬电距离，并应定期巡视清洗盐尘附着物。

3）为防止绝缘子污损，在安装杆线及绝缘子时，应考虑海风及季节风吹袭方向，以背对风向为原则，以减少盐尘附着量。

4）高压线路可考虑采用瓷横担，三相线路全部采用横担梢（不使用顶梢）。

（6）防灾修复技术原则。

1）线路受灾故障后，避免原址原样修复，应按照防灾原则进行修复。

2）台风灾害过后，分析电网正常运行时存在的问题和不足，修复同时完成线路正常改造和消缺工作。

3）配合配电网自动化，对配电网进行实时监控，及时发现并消除隐患和故障。

4）建立救灾物资库，物资储备可以加快灾后复建工作进程，缩短灾后复电时间。

11.3　提高配电线路建设标准的经济性分析

本节以海南电网为例，对在配电线路运行周期内进行 10kV 架空线路与地下电缆线路的经济性进行比较，从纯费用角度考虑沿海强恶劣自然条件下的总费用支出情况。

（1）10kV 线路建设典型方案选取。

10kV 线路建设典型方案分为架空和电缆两类，共计三种方案，如表 11–1 所示。

表 11–1　　10kV 线路典型方案

编号	类型	布置型式	缆沟/排管规模	导线规格
A	沟道电缆	地下	16 线（行人）	3×300mm^2
B–1	绝缘架空	架空	架空绝缘导线（水泥杆）	1×240mm^2
B–2	裸导架空	架空	架空裸导线（水泥杆）	1×240mm^2

（2）边界条件。

1）假定建设同样单位规模线路，不同建设型式其供电能力基本一致；

2）假定建设同样单位规模线路，不同建设型式其供电户数相同；

3）假定建设同样单位规模线路，不同建设型式其接线方式相同；

4）不考虑社会和环境影响。

（3）评价方法及投资费用估算模型。

从项目长期经济效益出发，全面考虑规划、设计、制造、购置、安装、运行维护、损耗、扩建更新直至报废寿命终止的全过程，在满足既定技术经济指标约束下，评价项目的全寿命周期费用。

全寿命周期费用 C_{Total} 可表示为：

$$C_{\mathrm{Total}} = C_{\mathrm{Init}} + C_{\mathrm{O\&M}} + C_{\mathrm{Loss}} + C_{\mathrm{Outage}} \tag{11-1}$$

式中：C_{Init} 为初期静态投资费用，包括规划设计、设备材料、建设安装费用，属于工程投入运行前发生，一次性投入；$C_{\mathrm{O\&M}}$ 为运行维护费用，C_{Loss} 为电能损耗费用，C_{Outage} 为停电损失费用，它们属于持续性费用，一般是对年度运维费用和电能损耗进行估算，然后对设备运行全寿命内的历年费用折为现值；停电损失费用是在设备的整个寿命周期内由于故障导致的总停电损失费用之和。

年运行维护费用按照固定资产值乘以某一固定的运维系数α来决定；然后逐年折现，如果进行了系统扩建，固定资产值也要相应的增加。系统 n 年的总运行维护费用现值为：

$$C_{\mathrm{O\&M}} = \sum_{i=1}^{n} (C_{\mathrm{Initi}} + C_{\mathrm{Sris}}) \alpha \gamma^{i-1} \tag{11-2}$$

式中：γ为折现率。

年电能损耗更新费用可以按照该年度最大负荷下的功率损耗 ΔP、年损耗小时数 T 及电价 f 的乘积来确定；然后逐年折现，系统 n 年的总电能损耗费用为：

$$C_{\mathrm{Loss}} = \sum_{i=1}^{n} \Delta P_i T_i f_i \gamma^{i-1} \tag{11-3}$$

年停电损失费用可以由该年度最大负荷 P、最大负荷利用小时数 $T_{\max}$、供电可靠率 RS 及单位电量产值 V_{out} 来确定，系统 n 年的总停电损失费用为：

$$C_{\mathrm{Outage}} = \sum_{i=1}^{n} P_i T_{\max i} (1 - RS) V_{\mathrm{out}} \gamma^{i-1} \tag{11-4}$$

（4）评价流程。

10kV 线路建设型式选择经济技术论证的基本流程如图 11–1 所示。

（5）典设条件下不同线路选型的经济性比较。

运营期以 20 年为准，折现率按 2.5%，线路最大利用小时数取 4000h，损耗小时数取 2200h，线路负荷取 3MW，计算电量损耗时取平均供电价 0.460 元/kWh，计算停电损失时取供售电价差 0.249 元/kWh。V_{out}=10 元/kWh。

站址条件为：按一次征地、一次建设考虑；设计风速 30m/s，海拔高度 1000m 以下，国标Ⅲ级污秽区；平均年雷暴日数超过 15 但不超过 40。

典设条件下三种类型线路计算参数如表 11–2 所示。

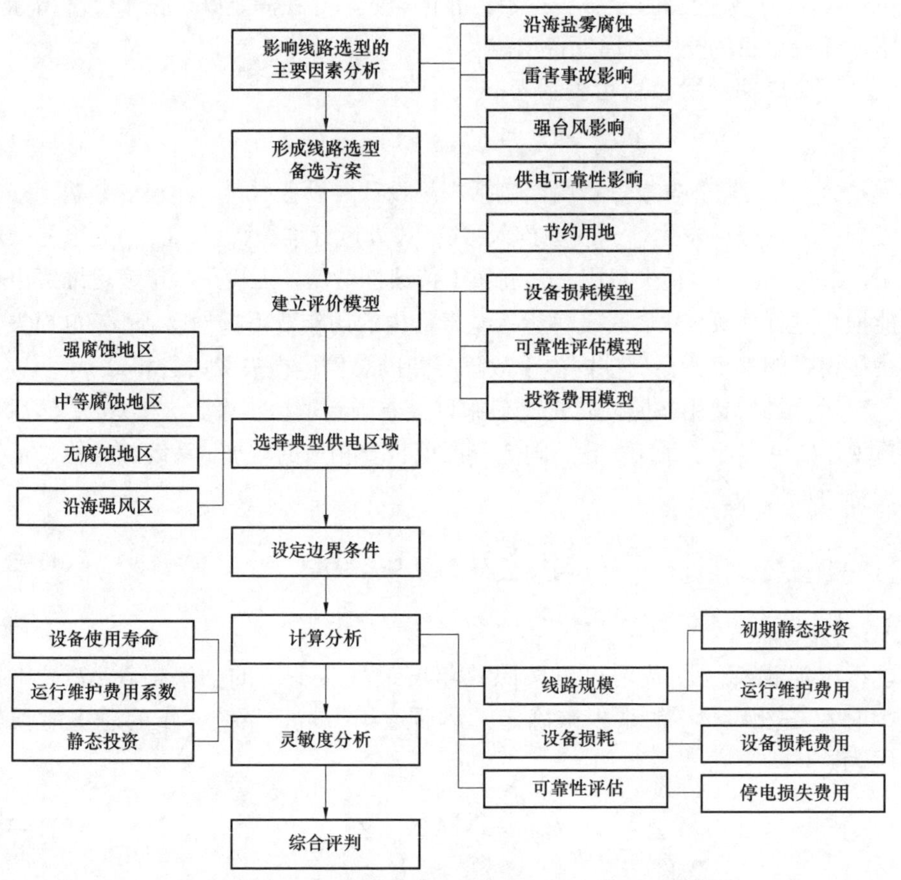

图 11–1　10kV 线路建设型式选择经济技术论证流程图

表 11–2　　　　典设条件下三种类型线路计算参数表

导线型号（A，B–1，B–2）	YJV22–3×240	JKLYJ–240	LGJ–240
安全电流（A）	480	497	494
电阻（Ω/km）	0.075 4	0.125	0.118 1
电抗（Ω/km）	0.05	0.34	0.38
负载率 50%线路负荷（MW）	4.02	4.16	4.13

按照上述典设条件，调研海南省及南网内同等条件 10kV 线路，综合后得出各类型线路的年平均电能总损耗费用、年平均运行维护费用及年综合停电时间，如表 11–3 所示。

表 11–3　　典设条件下三种类型线路计算参数表

编　　号	A	B–1	B–2
静态投资（万元/km）	105	53	43
年运行维护费（万元/km）	0.356 9	0.770 5	0.851 6
年电能总损耗费（万元/km）	1.814 3	2.186 1	2.134 4
年停电损失费（万元/km）	0.115 4	0.735 8	1.103 8
年综合平均停电时间（h）	0.246 0	1.568 3	2.352 4
运行维护系数（%）	0.34	1.45	1.98
年电能损耗系数（%）	1.728	4.125	4.964
年停电损失系数（%）	0.110	1.388	2.567
供电可靠率（%）	99.997	99.982	99.973

按典设参数分析得出三种线路建设方案的全寿命周期费用 C_{total} 如表 11–4 所示。

表 11–4　　典设条件下三种线路建设方案的全寿命周期费用

（单位：万元/km）

线路建设类型	A	B–1	B–2
初期静态投资	105	53	43
年运行维护总费用现值	2.4	2.6	2.8
年电能损耗补充费用现值	59.2	69.1	67.7
年停电损失费用现值	2.9	18.8	28.2
合计	169.6	143.5	141.7

典设参数下三种线路建设方案在总运营期内历年的费用变化如图 11–2 所示。

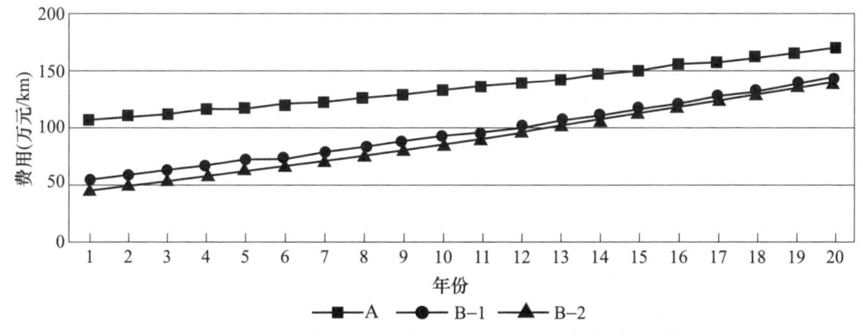

图 11–2　三种线路选型在总运营期内历年的费用变化

由以上分析可得到以下结果：

1）在典设条件下运营期末全寿命周期费用现值由大到小的顺序为 A、B–1、B–2；

2）架空线路虽然初期投资较小，但后期运营维护费、停电损失费、电能损耗费偏大，整体呈现架空总体费用有向电缆总体费用接近的趋势，20 年运营期期末，电缆线路总体费用是静态投资的 1.577 倍，绝缘架空线路总体费用是静态投资的 2.538 倍，裸导线线路总体费用是静态投资的 3.023 倍，电缆与架空的差额为 27.924 万元/km。

11.4 灵敏度分析

11.3 节是对参数或影响因素在某一取值下得到的结果，为了分析不同参数或影响因素对估算结果的影响，还要进行灵敏度分析。

（1）运行维护费用系数对总费用的影响。

不同的温度、湿度、氯化物、风向、风速等环境下设备的使用寿命差异很大。

例如：在海南文昌、琼海线路主设备的平均使用寿命要缩短 3～5 年，外露金属附件平均使用寿命只有 2～5 年。但在中部地区设备的使用寿命趋于设计寿命。

在中度腐蚀及以上地区，设备的维护费用会有很大不同。在海南东部沿海地区，户外金具防腐周期一般为 1～2 年一次；而在中部的白沙和西部的儋州东部地区，户外金具防腐周期一般为 5 年一次。设备维护周期的不同，会使投入的人力、物力有很大的差别，会直接影响总费用的构成。

（2）停电损失费用系数对经济性的影响。

10kV 线路在不同风区，不同建设形式下，在台风季节的事故率和受损率会有很大不同。设备停电频率和受损程度的不同，会使投入的人力、物力有很大的区别，会直接影响总费用的构成。

（3）两种情况同时波动对经济性的影响。

运维系数、停电损失费用系数均增大 20%时，运营期末全寿命周期费用现值的分析结果如表 11–5 所示。

表 11–5　考虑运维系数、停电损失费用系数的波动时，全寿命周期费用现值的分析结果　（万元/km）

系数波动范围	A	B–1	B–2
+20%	170.7	147.8	147.9
0	169.6	143.5	141.7

（4）政府电缆沟投资与否对经济性的影响。

若政府不承担电缆沟投资，而由电网公司投资，则在上述分析中仅需考虑增加静态投资和运行维护投资的费用变化。考虑这个因素分析后得出：增加电缆投资后，电缆静态投资增长，电缆运行维护费用稍有增加，到运营末期，如果由电网公司投资，电缆经济效益更显不足，电缆与架空线路总体费用差距拉大。

（5）区域差异性分析。

1）强腐蚀地区。

强腐蚀地区架空线路设备使用寿命要比设计寿命缩短 40%左右，运行维护周期相比规定维护周期缩短 2 倍以上。考虑这个因素分析后得出：电缆线路在整个运营期内费用增长是平缓的，而架空线路后期费用增加很快，绝缘线路为初期投资的 2.580 倍，裸导线线路为初期投资的 3.075 倍，在运营期末电缆线路与架空线路总费用差额为 27.59 万元/km。

2）中度腐蚀地区。

中度腐蚀地区架空线路设备综合使用寿命要比设计寿命缩短 20%左右，运行维护周期相比规定维护周期缩短 1 倍以上。考虑这个因素分析后得出：电缆线路在整个运营期内费用增长是平缓的，而架空线路后期费用增加很快，绝缘线路为初期投资的 2.547 倍，裸导线线路为初期投资的 3.034 倍，在运营期末架空线路总费用接近电缆线路，总费用相差 26.043 万元/km。

3）低腐蚀地区。

低腐蚀地区各线路受影响度与典型方案设计要求的典型环境相似，不需再做分析。

4）沿海强台风地区。

强台风地区对运行维护系数与停电损失系数的影响较明显。例如：强台风给海南东部南部沿海地区 10kV 配电网带来巨大损失，综合近 10 年台风造成的损失情况，经平滑处理，对维护系数和停电损失系数的修正如表 11–6 所示。

表 11–6　　强台风环境下，影响系数和总体费用表

不同区域	影响因素	A	B–1	B–2
东部南部沿海地区	运行维护费系数波动	0.09%	0.43%	0.56%
	停电损失系数波动	0.110%	1.666%	3.850%
	总体费用（万元/km）	169.6	150.5	159.1

考虑强台风影响后，三种线路选型在总运营期内历年的费用变化如图 11–3 所示。

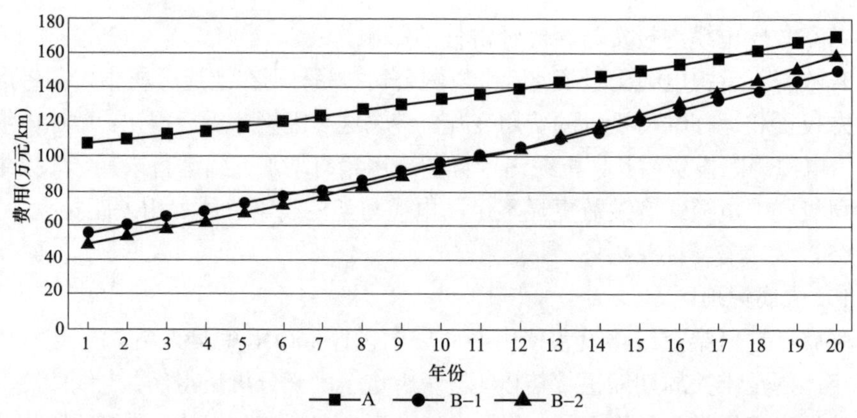

图 11–3　考虑强台风影响后，三种线路选型在总运营期内历年的费用变化

由图 11–3 可以看出：电缆线路在台风期间受影响较小，而架空线路后期费用增加很快，架空线路总费用在运营期末与电缆线路较为接近，三种不同线路运营期末总投资费现值由大到小的顺序为（A）＞（B–2）＞（B–1）。

（6）典型方案的综合评判。

对于具有强腐蚀、强台风、雷电活动频繁等特点的地区，如：海南沿海地区，可取灵敏度分析波动高值（+20%）。按该波动值计算投资总费用，在不考虑电缆沟成本的前提下，规划末期架空线路运行总费用与电缆费用较为接近，可适当考虑电缆线路。增加电缆沟成本后，架空线路运行总费用与电缆费用差距拉大，单从经济上考虑，不宜建电缆线路，结合社会效益，根据实际情况适当采用电缆线路。

对于腐蚀性较低，环境对电网设备寿命影响不大，同时其也不在强风区内的区域，如：海南中部地区，可取灵敏度分析波动值（–5%）。按该波动值计算投资总费用，可以看出建设架空线路费用低于电缆总费用，从费用角度宜采用架空线路。

此外，建设方案选取还应综合考虑环境保护效益、节约电力走廊效益以及可持续发展性所带来的效益。其中环境保护是指电力设施与环境的协调、对环境的影响以及减少煤的燃烧和粉尘的排放等；可持续发展性是指能否满足未来饱和负荷密度的发展需求。以上几方面是很难用精确的数字来衡量的，但综合评价方法可以根据人们的愿望，以及人们由物质条件决定的生活质量的要求程度，确定一个满意的值，作为选择方案的依据。

11.5　海南配电网防灾减灾应对措施

11.5.1　防台风差异化设计和建设

在海南东部沿海（包括文昌、琼海和万宁）登陆的热带气旋最多，其中又以文昌最多；其次是南部沿海（包括陵水、三亚和乐东），西部沿海则没有热带气旋登陆。海南东部沿海风速大，中部山区风速小；环岛风速西北侧小，东南侧大，风速由东南向西北递减。根据上述规律，可以指定防台风差异化设计和建设方案。

（1）配电线路差异化规划设计防风措施。

1）濒临海边及空旷地区迎风面的架空线，应根据情况入地，若为变电站出口线路及负荷密度较高的地区，应优先规划为电缆线路。

2）对易崩塌山区道路，立杆的位置尤其应慎重选择，对易崩塌路段应考虑采用大跨越。

3）沿海地区土质松软处建杆时，地势低洼、容易积水处可考虑加装水泥桩木（并杆）。

4）对穿越林区或树障密集区的 10kV 配电线路可根据风压情况采用类似 35kV 等级的瓷横担，导线选用不带钢芯的绝缘线或铝绞线，减少杆塔被线拉倒的概率。

5）海口、三亚、儋洲洋浦保税区等省会和主要城市中压线路建议尽快电缆化。

6）东部沿海及空旷地区迎风面的架空线，应根据情况入地，若为变电站出口线路及负荷密度较高的地区，应优先规划为电缆线路，架空线路要增加加强杆塔的密度。

7）对于农村地区的配电线路在适当档数增加拉力线，尽量减轻电杆荷重。在城市架空线路增加加强杆塔的数量，缩短耐张段距离。

8）城区中无法加拉线的地方，宜使用铁塔。

（2）配电线路差异化建设改造防风措施。

1）加强中压网架建设提高抗灾能力。海南省 10kV 线路转供电能力不足和自动化覆盖率低，造成在灾害情况发生时，故障线路不能有效通过转供方式恢复供电，10kV 配电网防灾抗灾能力不足，在配电网建设中应加强 10kV 配电网建设，提高线路互倒互供能力。

2）城市电网（重要供电线路）架空入地保障城区可靠供电。海口、三亚、儋洲洋浦保税区等主要城市中压线路建议尽快电缆化；东部沿海及空旷地区迎风面的架空线，应根据情况入地，若为变电站出口线路及负荷密度较高的地区，可规划为电缆线路，架空线路要增加加强杆塔的密度。

3）拉线和基础加固能简单快捷提高线路防风能力。从以往几次台风受损的经验来看，增加配电网线路杆塔的防风拉线是最经济有效的防止倒杆的措施，因此应优先予以推广。

4）针对恢复供电难易情况，采用“弃线保杆”技术，加强建设设计标准。加强电杆设计施工标准以及电杆强度：台风期间，中低压电网线路倒杆、断杆严重，极大影响电网快速恢复供电，分析其成因，主要原因为风速过大，直接原因有规划设计风速偏低、拉线缺失、电杆档距大、12/15m 电杆连接处锈蚀断裂、电杆埋深不足等，导致线路串倒、部分电杆断裂。针对倒杆、断杆现象，加强电杆采用统一化、系列化和标准化，增加耐张杆塔和高强度杆塔以及拉线和基础加固的数量，增加电杆强度；加强施工过程跟踪，严格规范施工工艺。

采用“弃线保杆”技术，保障极端天气后快速复电——针对线路承载情况，截面积在 120mm^2 及以下的导线断线张力小于普通电杆抗裂弯矩，针对大截面导线，增加电杆强度，同时采用新的“弃线保杆”技术，保障极端天气后快速复电。

5）重要用户供电满足供电要求，合理配置供电电源和应急电源，针对重要用户停/供电严重影响情况，增加设防标准。依据负荷重要程度，以及在电网中的地位和作用，其防风改造的优先级别也应有所不同，重要负荷供电线路应优先考虑防风加固。

11.5.2 防雷电差异化设计和建设

整个海南岛都属于强雷区，从雷电密度判断澄迈、屯昌、临高、白沙、海口、定安、琼海儋州等市（县）属雷害严重地区，从电网雷击概率判断澄迈、屯昌、临高、文昌、五指山、白沙、海口、儋州等市（县）属电网雷害严重地区。

综合以上因素，雷电强度、密度和保护级别如图 11–4 所示。

防雷是一项系统工程，应全盘考虑产生雷击的各个方面因素才有可能将雷击故障概率降低。由于线路的数量大，多分布在旷野、山区，极易受雷击，因此线路的防雷工作成为电力系统防雷工作的重中之重，同时还要考虑到该项工作的投入产出比。因此，在设计上要综合考虑以下几个因素：

（1）充分做好线路路径选择的前期工作，避开雷电易击区，给防雷工作提供有力保障。从雷电产生的机理和统计来看，下面这些地方是比较容易产生雷击的：山顶的高位杆塔或向阳半坡的高位杆塔、傍山又临水域地段的杆塔、山谷迎风气流口上的杆塔、处于两种不同土壤电阻率的土壤接合部的杆塔。

因此，线路如果能够尽量避开上述区域，则线路被雷击的概率应该会大幅减少。

（2）减小线路接地电阻阻值，降低雷击概率。无论是采用架设避雷线（包括耦合地线）还是使用避雷器对线路进行防雷，都必须将雷电流通过接地装置引入大地，因此，接地电阻越小对降低雷电灾害越有利。

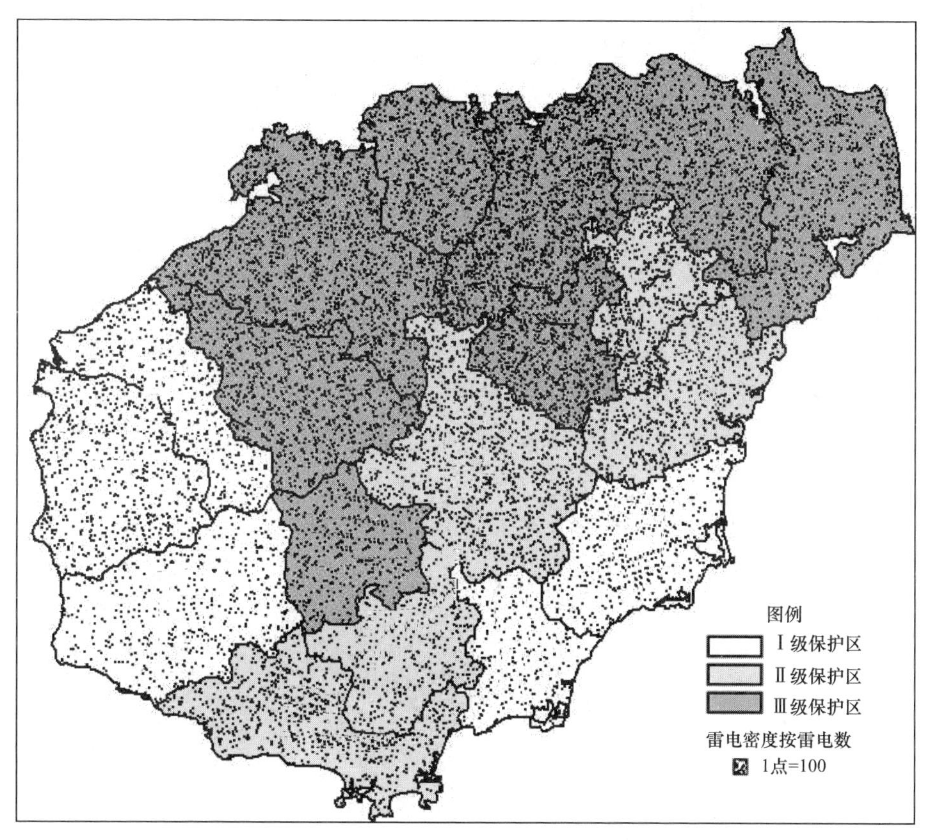

图 11–4 雷电强度、密度和保护级别示意图

（3）加强重点地段的线路耐雷水平，配合良好的线路型避雷器，尽可能减少雷害。对于经常受雷击的重点地段，如跨越高土壤电阻率山区的线路，可采用绝缘横担，提高爬电距离，然后在山区两侧土壤电阻率较低的杆塔位置装设线路型避雷器加以解决。

在资金有限的情况下为了获得较好的降低线路雷击闪络的效益，根据线路雷击特点，线路型避雷器建议优先安装在下列杆塔：① 山区线路易击段、易击点杆塔；② 山区线路杆塔接地电阻超过 100Ω 且发生过闪络的杆塔；③ 水电站升压站出口线路接地电阻大的杆塔；④ 大跨越高杆塔；⑤ 多雷区双回线路易击段易击点的一回线路。

10kV 线路防雷措施按照保护级别采用差异性措施：

（1）保护级别为Ⅲ级采用如下防雷措施：

1）沿海城区高负荷密度区、旅游区尽快提高电缆化率；

2）空旷地区并有雷击断线记录地区架空绝缘线路加装线路避雷器；

3）农村空旷地区使用架空裸导线，减少雷击断线率；

4）降低杆塔接地电阻 10Ω，杆上设备、户外开关设备 4Ω 以下。

（2）保护级别为Ⅱ级采用如下防雷措施：

1）雷击密度高地区的架空绝缘线路装设防弧金具；

2）农村空旷地区使用架空裸导线；

3）降低杆塔接地电阻 10Ω，杆上设备、户外开关设备 4Ω 以下；

4）城区枢纽变电站架空馈线 1km 线路上，装设线路避雷器。

（3）保护级别为Ⅰ级采用如下防雷措施：

1）降低接地电阻，改善接地极；

2）农村空旷地区使用架空裸导线。

11.5.3 防腐蚀差异化设计和建设

海南腐蚀区域划分如图 11–5 所示。

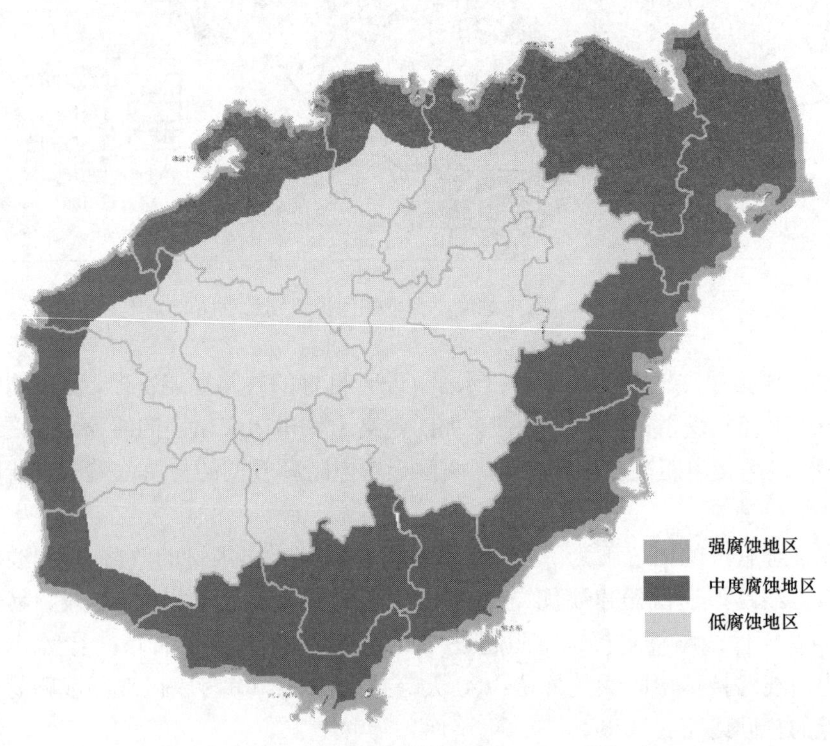

图 11–5　海南电网防腐区域划分示意图

（1）强腐蚀地区：东部沿海为距海岸 3km 范围内，西部沿海为距海岸 1.5km 范围内。

（2）中度腐蚀地区：东部沿海为海口、文昌、琼海、万宁、陵水、三亚除强腐蚀地区以外的区域；西部沿海为距海岸 1.5～15km 的环形区域内。

（3）低腐蚀地区：除强腐蚀和中度腐蚀区以外的地区。

配电线路及设备因腐蚀发生的事故相应较多，特别是强腐蚀地区，地线、金具和外露金属壳体腐蚀严重，使用寿命不到设计寿命的 1/10。

海南不同地区线路防腐主要措施如表 11–7 所示。

表 11–7　海南配电网不同地区防腐措施

腐蚀等级	腐蚀区域	采用措施
强腐蚀	东部沿海为距海岸 3km 范围内，西部沿海为距海岸 1.5km 范围内	10kV 中压配电线路城区采用电缆线，农村地区采用耐腐蚀性绝缘导线；复合耐腐蚀性绝缘子，金具采用热镀锌产品，螺栓采用防腐型螺栓
中度腐蚀	东部沿海为海口、文昌、琼海、万宁、陵水、三亚除强腐蚀地区以外的区域；西部沿海为据海岸 1.5～15km 的环形区域内	10kV 中压配电线路城区采用电缆线路，农村地区采用耐腐蚀性绝缘导线和铝包钢裸导线；复合耐腐蚀性绝缘子，金具采用热镀锌产品，螺栓采用防腐型螺栓
低腐蚀	除强腐蚀和中度腐蚀区以外的地区	10kV 中压配电线路城区可采用电缆线路或绝缘导线，农村地区采用绝缘导线或裸导线

11.5.4 海南中压配电网保底电网建设与改造

保底电网是当发生重大自然灾害时，保障重要用户负荷持续供电的线路和变电站所形成的，能维持保障重要负荷、电源持续稳定运行的电网。保底电网的建设对提高社会应对突发事件的应急能力，有效防止次生灾害发生，维护社会公共安全，具有十分重要的意义。

（1）保底电网类型划分。

电网防灾规划，根据行政区域、电压等级、供电范围等情况，可划分成省级、地市级、县级、乡镇级等保底电网，各类保底电网功能、范围、最低保障能力如表 11–8 所示。

表 11–8　保底电网类型划分表

	省级保底电网	地级市级保底电网	县级保底电网	乡镇级保底电网
功能	1. 尽可能保障省内 500kV 及以上主网架的安全稳定； 2. 确保解列后省内各分区 220kV 及以上电网安全供电	1. 尽可能保障市内 220kV 及以上主网架的安全稳定； 2. 确保城区电网安全供电； 3. 尽可能保障重要用户供电	尽可能保障县城及涉及民生重要用户供电	尽可能保障涉及民生重要用户供电

续表

	省级保底电网	地级市级保底电网	县级保底电网	乡镇级保底电网
范围	1. 220kV 及以上输电主干网； 2. 对电网影响较大的重要电源线路； 3. 黑启动电源线路	1. 110kV 及以上输电主干网； 2. 对电网影响较大的重要电源线路； 3. 黑启动电源线路	1. 110kV 及以下电网； 2. 黑启动电源线路	110kV 及以下配电网
电力保障能力	保障全省用电负荷70%	保障全市用电负荷30%，不低于： （1）100%特级负荷； （2）100%一级负荷； （3）70%二级负荷	（1）100%特级负荷； （2）100%一级负荷； （3）70%二级负荷	（1）100%特级负荷； （2）100%一级负荷； （3）70%二级负荷

（2）保底电网结构。

1）灾害期间保底电网输送能力应能满足防灾保障电源电力输送要求，电网规模应与当地重要用户负荷相匹配。

2）保底电网原则上是以抗灾保障电源为基础构成的网架，地市级及以上保底电网具备两个及以上独立路径的防灾联络线路与主干电网相连，条件允许情况下，宜来自不同电源点，提高灾害期间电力调配能力；县级及以下保底电网具备1个及以上独立路径的防灾联络线路与主干电网相连。

3）地市级及以上保底电网内枢纽变电站具备“双电源”要求，两个相对独立的电源点可为变电站或发电厂，或同一座变电站的两条分段母线；电源线路宜采用不同路径走廊。

4）保底电网内单座大型电厂电力送出若不能避免经过冰灾、雷灾、地质灾害或山火等自然灾害严重区域，宜采用两个或多个线路路径走廊送出。

（3）对重要用户的供电方式的要求。

1）特级重要用户。应按“两主一备三电源”供电，并由电源点直配出线，当一个主供电源发生故障时，另一主供电源能保证独立正常供电。此外，用户应自备应急电源，并严禁将其他负荷接入应急供电系统。

2）一级重要用户。应按“双电源”供电，当一个电源发生故障时，另一电源能保证独立正常供电。此外，用户应自备应急电源，并严禁将其他负荷接入应急供电系统。

3）二级重要用户。宜采用双回线路供电。用户应自备应急电源，并严禁将其他负荷接入应急供电系统。

4）临时性重要电力用户按照供电负荷重要性，在条件允许情况下，可以通过临时架线等方式具备双回路或两路以上电源供电条件。

5）重要电力用户供电电源的切换时间和切换方式要满足重要电力用户允许

中断供电时间的要求。

（4）保底电网原则。

为保城区不黑，保证城区最小保障线路可靠供电，重要线路可采用电缆形式敷设；考虑重要城区 10kV 线路市县电缆化，主要从中心城区、重点开发区电缆入地，提供重要用户至少一回电缆线路，及第二路供电电源，从提供重要用户可靠供电备供电源保障入手，提高各市县城区防风能力。重点完善各市县城区重要地段，将 10kV 架空线路直接改为电缆入沟或穿管入地敷设，而各市县郊区地段因路网不完善，则 10kV 架空线路采用防风加固措施。

11.6 海南配电网防灾减灾建设改造效果

随着海南配电网防灾减灾的规划设计和建设改造按照“技术先进、经济合理、重点突出”策略实施后，整体中压配电网防灾抗灾能力得到极大提升。重点加强了城市配电网和重要供电线路的防灾抗灾能力，实施差异化建设改造，确保城市地区在遭遇台风等恶劣灾害时正常运行；重要用户、重点供电区域防灾抗灾能力全面提升，保证灾害期间正常供电；经过防灾规划后有能抵御 30 年一遇台风的能力；在极端天气影响下，为使中压电网复电能力加强，复电时间在采用“弃线保杆”技术措施后大大缩短。最终满足自然灾害情况下，确保配电网可靠运行。

（1）海南配电网防风建设改造效果。

防风建设改造后，海南电网具有抵御 30 年一遇台风的能力。中压断杆比例低于 1%，倒杆比例低于 2%，能达到台风期间，海南主网不垮，城市配电网不造成大面积停电，沿海地区城区不黑；台风过后，24h 内恢复城市 70%电网主线正常运行，48h 内恢复全部城市电网主线正常供电；24h 内恢复县城 50%电网主线正常运行，72h 内恢复全部县城电网主线正常供电；10 天内基本恢复全省主线正常供电。台风灾害过后，保证线路、设备的稳定运行，提高供电可靠性。

（2）海南中压配电网防雷建设改造效果。

规划后，海南地区中压配电线路防雷水平升高，雷击跳闸率降低，变电站二次侧增加防雷装置，以及自动重合闸的装配，使重合闸成功率上升。雷击暴雨天气，配电网雷击跳闸率下降了 1%。

（3）海南中压配电网防内涝建设改造效果。

现状易受洪涝灾害问题全部解决，建设改造后，基本保证城市内涝不影响中压配电网可靠运行，全面解决了城市内涝现存的问题。

（4）海南各市县配电网保底电网防灾建设改造效果。

按照规划设计的保底电网网架结构进行建设改造后，地级市保底电网的形成确保了城区电网安全供电；全面保障重要用户供电，满足重要电源线路的供电需求及黑启动电源线路的可靠，保障全市用电负荷不低于 30%，100%特级负荷的安全供电，100%一级负荷的安全供电以及 70%二级负荷的安全供电；县级保底电网的形成尽可能保障县城及涉及民生重要用户供电及黑启动线路，100%一级负荷供电以及 70%二级负荷供电；乡镇级保底电网的形成尽可能保障涉及民生重要用户供电，100%一级负荷供电以及 70%二级负荷供电。保底电网的形成提高了全省灾害时的供电能力，确保配电网安全运行。

（5）海南各市县 10kV 重要用户防灾规划建设效果。

按照防灾规划对配电网进行建设改造后，海南各市县 10kV 重要用户的设防要求提高，各个重要用户的第二回电源线路的安装保证了受灾害影响时各重要用户的供电可靠性的提升，特级重要用户具备三回电源线，一级、二级重要用户具备两回电源线，各个重要用户配置的保安电源及电缆线路入地极大地保障了各重要用户的供电可靠性。重要用户的防灾能力得到全面提升。

11.7 本 章 小 结

海岛配电网相对于内陆配电网自然灾害严重，台风、雷电、内涝、腐蚀和污闪直接影响海岛配电网的安全运行。海岛配电网防灾减灾应从规划源头着手，这样做相比在运行过程中修修补补的做法更加简单，虽然初期投资有所提高，但可以大大节省后期停电损失费、电能损耗费、运营维护费和运营维护工作量。

以全寿命周期成本最优为原则提高海岛配电网建设标准以抵御自然灾害，通过对采用架空线路和电缆线路经济性分析和比较，结果表明：架空线路虽然初期投资较小，但后期运营维护费、停电损失费、电能损耗费偏大，随着运行年度的增加，整体呈现架空总体费用向电缆总体费用接近的趋势。因此，对于自然灾害严重的供电区域，不能仅考虑配电网初期建设成本，应以全寿命周期成本最优的原则选择设备设施。

另外，对于一些极端天气后（强台风）倒杆率很高的情况，除加固杆塔，增加防风拉线外，可采取一些简单的措施，如采取“弃线保杆”的措施，针对线路承载情况，截面在 120mm^2 及以下的导线断线张力小于普通电杆抗裂弯矩，这样，尽管增加断线数量，但是降低了倒杆率，断线的修复时间远小于杆塔的修复时间，使得极端天气后总的线路修复时间减少了，从而加快极端天气后的恢复供电时间。

为保障在发生重大自然灾害时，能够保障重要用户负荷持续供电，能够维持重要负荷、电源持续稳定运行，规划和建设保底电网对海岛电网尤其是海岛孤网是非常必要的。保底电网的规划建设对于提高社会整体应对突发事件的应急能力，有效防止次生灾害发生，维护社会公共安全，维持社会秩序，保障民生具有十分重要的意义。

第三篇
实践篇

12 国家电网公司配电自动化终端规划的实践

在第 1 章中已经指出：相比规模大的系统而言，规模小的系统中配置的装置数量少，不仅投资和建设工作量少而且维护工作量小，因此更加简单。在配电自动化建设中，见开关就装配电终端、凡终端都实现“三遥”是一种典型的错误做法，不仅显著增大建设规模，造成巨大的浪费，而且配电终端的维护工作量很大。但是究竟需要建多少终端、各个终端的类型和位置怎样才能以较小的规模满足供电可靠性的要求，需要具体问题具体分析。

为了解决上述问题，国家电网公司在深入研究的基础上，颁布了国家电网公司企业标准 Q/GWD 11184—2014《配电自动化规划设计技术导则》[1]来指导和规范配电自动化终端规划工作，本章对此进行论述。在 12.1 节中分析影响配电网供电可靠性的因素，在 12.2 节中论述配电自动化终端数量确定方法，在 12.3 节中论述配电自动化系统的差异化规划方法。

12.1 影响供电可靠性的因素

供电可靠性（reliability）是指供电系统提供连续、充足、合格的电力满足用户需求的能力。设备停运是导致用户停电的原因。停电有三个要素：停电频率（即停电发生的有多么频繁）、停电持续时间（即停电持续多长时间）和停电影响程度（即因为一次停电造成多少用户失去电力供应）。

提高配电系统的可靠性的途径是减少上述三个要素，即降低停电频率、缩短停电持续时间和减少停电影响程度。降低停电频率的途径是通过使用先进设备（带电检测）、采用先进的监测和维护手段（状态检修、不停电作业）、有效的树木修剪管理方法减少设备的停运频率。缩短停电持续时间的途径是设计交错备用的馈线和电源、采取继电保护配合、自动重合闸、备用电源自动投切等分布智能和配电自动化系统等集中智能协调配合，快速切除和隔离故障，最大限度地对健全部分供电恢复，还包括先进的人工开关操作和现场维修技术。减少停电影响程度的途径是网架结构与保护性分段器规划的良好结合。

两个最常使用的可靠性指标是系统平均停电频率指标（SAIFI）和系统平均停电持续时间指标（SAIDI）。SAIFI 是一年中电力企业的用户平均停电次数。SAIDI 是一年中电力企业的用户平均停电持续时间。而在中国，通常用来进行比对的指标是系统的平均供电可用率（ASAI）。

造成用户停电的原因包括三大类：计划停电、因限电造成的停电、因故障导致的停电，中国通常用作可靠性指标的是不计及因限电造成停电的系统平均供电可用率（即 RS–3）。

据统计，随着中国电网建设的发展，因限电造成的停电在所有停电中占据的比例在逐渐减小，近年来已经基本没有发生严重的拉闸限电；但是非限电因素计划停电仍是主要的停电原因。2002～2011 年全国城市 10kV 用户供电可靠性统计数据[2–8]如表 12–1 所示。设故障停电时户数百分比用 f 表示，限电预安排停电时户数百分比用 ρ_1 表示，非限电预安排停电时户数百分比用 ρ_2 表示，则不计及因限电造成停电的系统平均供电可用率（即 RS–3）中故障原因造成的停电所占的比例为 $\gamma=f/(\rho_2+f)$（%），从表 12–1 中可见，故障停电时户数百分比平均数为 22.55%。

表 12–1　　全国城市 10kV 用户各种原因停电时户数百分比

	f（%）	ρ_1（%）	ρ_2（%）	$f/(\rho_2+f)$（%）
2002	21.47	10.08	68.45	23.88
2003	10.70	42.91	46.39	18.74
2004	10.19	57.00	32.81	23.70
2005	14.33	27.76	57.91	19.84
2006	22.38	2.26	75.35	22.90
2007	21.74	1.53	76.72	22.08
2009	20.82	0.50	78.68	20.92
2011	27.02	4.60	68.38	28.32
平均				22.55

注　因 2008 年遇自然灾害，不具普遍性，故未采用该年数据。

随着配电网带电检测、状态检修和不停电作业等管理提升的全面深入开展，非限电因素计划停电的比例会逐渐降低至非常低的水平，一些发达国家已经没有停电检修现象，而基本上都采取了不停电检修方式，对于提高供电可靠性具有重要意义。

配电自动化系统以及继电保护、备自投、重合闸控制等自动化技术只能减少故障停电的影响，减少故障停电面积和缩短故障停电时间。

故障（trouble）是指可引起意外停运或停电的所有原因，包括设备失效、风暴、地震、车祸、破坏、操作错误或其他未知原因。

在分析中为了简化起见，近似采用每年单位长度馈线的故障次数来反映故障率，而相应数据一般来自统计。例如，根据 2002～2009 年全国城市 10kV 用户供电可靠性统计数据[2-8]，历年电缆和架空线故障率如表 12–2 所示。

可见，架空线故障率比较平稳，电缆线故障率略呈下降趋势。

表 12–2　　电缆和架空线故障率

	架空线路故障率（次/100km・a）	电缆线路故障率（次/100km・a）
2002	9.674	4.447
2003	8.343	4.059
2004	9.408	4.148
2005	9.62	4.27
2006	11.656	4.115
2007	9.404	3.553
2008	10.58	3.01
2009	9.19	3.55
平均	9.73	3.89

故障平均停电时间包含了故障位置查找时间和故障修复时间。根据 2005～2009 年全国城市 10kV 用户供电可靠性统计数据[2-8]，历年故障平均停电时间如表 12–3 所示。

表 12–3　　故障平均停电时间

	故障平均停电时间（h/次）
2005	3.30
2006	2.63
2007	2.40
2008	3.26
2009	2.28
平均	2.77

12.2　配电自动化终端数量确定方法

12.2.1　配电终端模块

将对单台开关进行监控的虚拟装置称为配电终端模块。配电终端模块可分为“二遥”终端模块和“三遥”终端模块两类。

“二遥”终端模块是指：具有故障信息上报（也可有开关状态遥信）和电流

遥测功能的配电终端模块，它不具备遥控功能，基本“二遥”终端所连接的开关不必具有电动操动机构，具有本地保护功能的“二遥”终端所连接的开关必须具有电动操动机构。

“三遥”终端模块是指：具有遥测、遥信、遥控和故障信息上报功能的配电终端模块，要求所控制的开关具有电动操动机构。

架空馈线的“二遥”和“三遥”终端模块一般采用馈线终端单元（FTU）实现，电缆馈线的“二遥”和“三遥”终端模块一般采用站所终端单元（DTU）实现。

由于 1 台 FTU 只能对 1 台柱上开关进行监控，所以对于架空馈线而言，1 个“三遥”配电终端模块就对应 1 台 FTU、1 套电动操动机构、1 套取电电压互感器（TV）及 1 个“三遥”通道（一般用光纤）。

而 1 台 DTU 可以对几台开关进行监控，所以对于电缆馈线而言，根据需要有时可能多个“三遥”配电终端模块采用 1 台 DTU 实现，1 台 DTU 对应 1 套取电 TV 及 1 个“三遥”通道（一般用光纤），但每个“三遥”配电终端模块必须配置 1 套电动操动机构。

12.2.2　从投入产出角度分析配电终端模块配置

对于一条馈线，假设其上共有 n 个用户，总负荷为 P，已经安装有足够的开关，具备“N–1”能力且联络开关均已安装配电终端模块，假设该馈线的故障率为 F、故障处理时间为 T，每个配电终端模块的综合费用为 C，拟选取 k 个分段开关安装配电终端模块，将该馈线分为 k+1 个区域。

（1）用户均匀分配的情形。

近似认为各个区域的用户数分布均匀，即每个区域含有 $n/(k+1)$ 个用户。

由于满足“N–1”准则，安装 k 个配电终端模块带来的收益是：当某个区域故障时，在故障修复之前，除了该区域以外的其他区域能够维持供电，这个收益可以表示为：

$$B_1(k)=\frac{nkFT}{k+1}\text{（户•h）} \tag{12–1}$$

由式（12–1）可以看出随着安装的配电终端数量的增多，收益的增大会越来越不明显。

近似认为安装 k 个配电终端模块的投入为：

$$C(k)=kC\text{（元）} \tag{12–2}$$

则安装 k 个配电终端模块的投入产出比为：

$$BC_1(k)=\frac{nFT}{(k+1)C}\text{（户•h/元）} \tag{12–3}$$

可见 $BC_1(k)$ 是一个单调减函数，即安装的配电终端模块数越多，投入产出比越低。

（2）负荷均匀分配的情形。

近似认为各个区域的负荷分布均匀，即每个区域负荷为 $P/(k+1)$。

安装 k 个配电终端模块带来的收益是：

$$B_2(k)=\frac{PkFT\lambda}{k+1}\text{（元）} \tag{12–4}$$

式中：λ为单位负荷在单位时间内的收益。由式（12–4）可以看出，同样，随着安装的配电终端数量的增多，收益的增大会越来越不明显。

安装 k 个配电终端模块的投入产出比为：

$$BC_2(k)=\frac{PFT\lambda}{(k+1)C} \tag{12–5}$$

可见 $BC_2(k)$ 也是一个单调减函数，即安装的配电终端模块数越多，投入产出比越低。

安装 k 个配电终端模块带来的净收益是：

$$B_3(k)=\frac{PkFT\lambda}{k+1}-kC\text{（元）} \tag{12–6}$$

安装 k 个配电终端模块的净投入产出比为：

$$BC_3(k)=\frac{PFT\lambda}{(k+1)C}-1 \tag{12–7}$$

可见，$BC_3(k)$ 仍是一个单调减函数，即安装的配电终端模块数越多，净投入产出比越低。

综上所述，如果仅仅从投入产出的角度看，在分段开关安装 1 个配电终端模块的投入产出比最高［虽然从式（12–3）和式（12–5）来看安装 0 个配电终端时的投入产出比更高，但此时的投入为 0，产出也为 0，按此计算得到的投入产出比是没有意义的］，但是，究竟应该安装多少个配电终端模块，还需要考虑对供电可靠性的要求。

12.2.3 从供电可靠性角度分析配电终端模块配置

为了明确所需的配电终端数量，需要调研现状，对比供电可靠性的要求找到差距，在此基础上，结合实际情况，借助一些定量工具进行科学规划。

比如，若调研得知规划区域目前每年户均停电时间为 180min，其中预安排停电占 135min，故障停电占 45min。而规划区域为 A 类区域，要求的供电可用率（RS–3）为 99.99%，允许的每年户均停电时间不超过 52min，差距非常大。

结合该供电公司的实际情况，新建的变电站即将投运，届时站间配电网的联络将显著加强，满足“N–1”准则的馈线比例将达到 100%，并且通过运维管理提升，科学安排停电计划、推广带电作业和不停电检修技术、增加检修资源和装备、提高检修人员熟练程度，可以有效减少预安排停电，预计每年户均预安排停电时间将大幅度降低到35min。

这样，为了满足每年户均停电时间不超过 52min 的要求，还需要将每年户均故障停电时间降低到 17min，为了保险起见，将每年户均故障停电时间目标定为15min，与目前 45min 的现状相比，要求降低到现状的 1/3。

由于规划区域配电网满足“N–1”准则的馈线比例将达到 100%，因此每条馈线只需要沿线布置两台可以实现“三遥”的分段开关，把馈线分割成能够实现“三遥”自动控制的 3 个馈线段（用户数大致均等），即将故障的影响范围减少到目前的 1/3，就可以将每年户均故障停电时间从 45min 降到其 1/3（即 15min）的目标。为此，对于架空线而言，每条馈线需要配置两台“三遥”终端（FTU），此外所有联络开关也要配置“三遥”终端（FTU）；对于电缆馈线而言，有时可能两台需要实现“三遥”的分段开关（或联络开关）位于同一台环网柜中，此时可以采用一台“三遥”终端（DTU）实现对两台开关的“三遥”监控，因此究竟需要配置多少台“三遥”终端（DTU），需要具体问题具体分析。

可见，定量的分析是科学规划的基础。

假设各个区域的用户分布均匀，在馈线上安装 k 个配电终端模块将该馈线分为 k+1 个区域，每个区域含有 n/（k+1）个用户。假设馈线沿线单位长度故障率相同。

故障处理时间 T 主要由三部分构成：

$$T = t_1 + t_2 + t_3 \tag{12–8}$$

式中：t_1 为故障区域查找时间；t_2 为人工故障区域隔离时间（也包括对受影响的健全区域恢复供电所进行的操作时间）；t_3 为故障修复时间（也包括故障区域内具体故障位置确认时间和恢复故障前运行方式所进行的操作时间）。

（1）全部安装“三遥”终端模块的模式。

全部安装“三遥”终端模块的模式不仅终端要具有“三遥”功能，而且还需要为开关加装电动操动机构以及建设光纤通信通道，自动化程度较高，但是建设费用也较高，一般只有大型城市中负荷密度很高的核心区域才会采用。

对于全部安装“三遥”终端模块的情形，可近似地认为 t_1=0，t_2=0，即：

$$T = t_3 \tag{12–9}$$

在网架结构满足“N–1”准则的条件下，根据供电可用率定义，可以推导得

到在分段处安装 k 个“三遥”终端模块的馈线，其只计及故障因素造成停电的供电可用率 $ASAI_3$ 为：

$$ASAI_3 = \frac{8\,760n - \sum_{i=1}^{k+1} \frac{nt_3 f_i}{k+1}}{8\,760n} = 1 - \frac{\sum_{i=1}^{k+1} t_3 f_i}{8\,760(k+1)} \tag{12–10}$$

式中：f_i 为第 i 个区域的故障率。

设该馈线的总故障率为 F，若近似认为各个区域的故障率相等为 f，即：

$$f_i \approx f = \frac{F}{k+1} \quad (0 < i \leqslant k+1) \tag{12–11}$$

则式（12–10）可以转化为：

$$ASAI_3 = 1 - \frac{\sum_{i=1}^{k+1} t_3 F/(k+1)}{8\,760(k+1)} = 1 - \frac{t_3 F}{8\,760(k+1)} \tag{12–12}$$

在要求只计及故障因素造成停电的供电可用率不低于 A 的情况下，即有 $ASAI_3 \geqslant A$，所需要在分段处安装“三遥”终端模块的数量 k 需满足：

$$k \geqslant \frac{t_3 F}{8\,760(1-A)} - 1 \qquad (k \geqslant 0) \tag{12–13}$$

可见，所需要安装“三遥”终端模块的数量取决于要求达到的只计及故障因素造成停电的供电可靠性指标、故障修复时间和故障率。此外，联络开关也要配置“三遥”配电终端模块。

（2）全部安装“二遥”终端模块的模式。

在全部安装“二遥”终端模块的模式下，终端只要具有“二遥”功能即可，也不需要改造开关，通信通道可采用 GPRS，建设费用低，但是只能定位故障区域而不能自动隔离故障和恢复健全区域供电，需要人工到现场进行操作，因此可恢复的健全区域受故障影响的停电时间较长，一般适用于小型城市或县城。

对于“二遥”终端模块，可近似地认为 t_1=0，即：

$$T = t_2 + t_3 \tag{12–14}$$

在网架结构满足“N–1”准则的条件下，安装 k 个“二遥”终端模块的馈线，其只计及故障因素造成停电的供电可用率 $ASAI_2$ 可表示为：

$$ASAI_2 = \frac{8\,760n - nFt_2 - \sum_{i=1}^{k+1} \frac{nt_3 f_i}{k+1}}{8\,760n} = 1 - \frac{(k+1)Ft_2 + \sum_{i=1}^{k+1} t_3 f_i}{8\,760(k+1)} \tag{12–15}$$

式中：nFt_2 为由于“二遥”终端模块没有遥控功能导致的，在故障被有效隔离之前，持续时间为 t_2 的全馈线停电造成的停电时户数。

若近似认为各个区域的故障率相等为 f，有：

$$ASAI_2 = 1 - \frac{F}{8\,760}\left(t_2 + \frac{t_3}{k+1}\right) \tag{12–16}$$

在要求只计及故障因素造成停电的供电可用率不低于 A 的情况下，有：

$$1 - A \geqslant \frac{F}{8\,760}\left(t_2 + \frac{t_3}{k+1}\right) \tag{12–17}$$

根据式（12–17）可以解出满足供电可靠性要求所需要安装“二遥”终端模块的数量 k：

$$k \geqslant \frac{t_3 F}{8\,760(1-A) - t_2 F} - 1 \qquad (k \geqslant 1) \tag{12–18}$$

可见，所需安装“二遥”终端模块的数量取决于要求达到的只计及故障因素造成停电的供电可靠性指标、故障区域隔离时间、故障修复时间和故障率。

需要指出的是式（12–18）是在满足 $k+1>0$ 条件下推导得到的，若根据式（12–18）求出的不等式右边的值是小于–1 的，则应视为无解。对于式（12–23）、式（12–27）、式（12–28）同样应遵循这一处理原则。式（12–13）由于 $1-A$ 一定大于 0，所以不等式右边的值不会出现小于–1 的情况，因此不存在这一问题。

（3）用户侧安装具有本地保护功能的“二遥”终端的情形。

在用户侧故障率较高的情况下，为了避免用户侧故障造成馈线停电，可有选择性地安装具有本地保护功能的“二遥”终端并配置断路器。用户侧安装具有本地保护功能的“二遥”终端并与变电站 10kV 出线开关实现保护配合后，当用户侧发生故障时能够迅速分断切除故障，而不影响馈线其他部分供电，在忽略单个用户因故障而被切除的情形对供电可靠性的影响时，这相当于减少了馈线的故障率。

假设用户故障占馈线故障的比例为 Ψ，安装具有本地保护功能的“二遥”终端的比例为 μ，且这些具有本地保护功能的“二遥”终端在馈线上均匀安装。则用户侧安装具有本地保护功能的“二遥”终端后，该馈线的故障率将降低为：

$$F' = F - \Psi F \mu \tag{12–19}$$

以 F' 代替式（12–10）～式（12–18）中的 F，就可以得出用户侧安装具有本地保护功能的“二遥”终端条件下，所需要安装“三遥”或“二遥”终端模块的数量。

（4）“三遥”与“二遥”终端模块结合的模式。

“三遥”与“二遥”终端模块结合的模式，自动化程度适中，建设费用也适中，比较适合广大中型城市或大城市外围区域配电自动化系统建设。

对于“三遥”终端模块与“二遥”终端模块结合的情形，假设某条馈线上分段处“三遥”终端模块与“二遥”终端模块的数量总和为 k，假设“二遥”终端模块均匀穿插安置在由“三遥”终端模块分割出的各个区域内，比如每个区域安排 h 台“二遥”终端模块，则有：

$$k=(k_1+1)h+k_1 \tag{12–20}$$

式中：k_1 为分段处“三遥”终端模块个数。

对比式（12–16）和式（12–12）可以发现：“三遥”终端模块与“二遥”终端模块对只计及故障因素造成停电的供电可用率的影响有一个公共部分，即 $\dfrac{t_3F}{8\,760(k+1)}$。

因此，“三遥”终端模块对供电可用率的全部影响和“二遥”终端模块对供电可用率的部分影响之和为 $\dfrac{t_3F}{8\,760(k+1)}$。

式（12–16）反映“二遥”终端模块对供电可用率的影响还有一部分是由于其没有遥控功能，在故障隔离的 t_2 时间段内造成全馈线停电。仿照式（12–16）有：

$$B=\frac{Ft_2}{8\,760(k_1+1)} \tag{12–21}$$

综合得到，在每个区域安排 h 台“二遥”终端模块的情况下的只计及故障因素造成停电的供电可用率为：

$$ASAI_{3,2}=1-\frac{F}{8\,760}\left(\frac{t_2}{k_1+1}+\frac{t_3}{k+1}\right)=1-\frac{F}{8\,760}\left[\frac{t_2}{k_1+1}+\frac{t_3}{(1+h)(k_1+1)}\right]\geqslant A \tag{12–22}$$

根据（12–22），可以解出：

$$k_1\geqslant\frac{F[(1+h)t_2+t_3]}{8\,760(1-A)(1+h)}-1 \qquad (k_1\geqslant 0) \tag{12–23}$$

相应地“二遥”终端模块个数为：

$$k_2=(k_1+1)h \tag{12–24}$$

此外，为了方便故障处理，联络开关也要配置“三遥”配电终端模块，设其数量为 k_0。

对于“三遥”与“二遥”终端模块结合的模式，根据 h 取值的不同，有可能会得到多个满足供电可靠性要求的方案，每个方案所需的“三遥”终端模块的个数为 k_1+k_0、“二遥”终端模块的个数为 k_2，假设安装一个“三遥”终端模块及其配套设施（包括电动操动机构、“三遥”通道等）的投入为C_1、安装一个“二遥”终端模块及其配套设施的投入为ηC_1，则对于每个特定的方案，可以得到方案的总投入为：

$$C_\Sigma = (k_1 + k_0)C_1 + k_2\eta C_1 = (k_1 + k_0 + k_2\eta)C_1 \tag{12–25}$$

在所有满足供电可靠性要求的方案中，选择C_Σ最小的方案作为最终规划方案即可。

需要指出的是对于电缆线路在某些特殊情况下，1 台 DTU 可以对应多个“三遥”终端模块，在计算C_Σ的时候应根据实际情况加以调整。

（5）电缆架空混合馈线的情形。

对于电缆架空混合馈线，若以电缆为主则可按照全电缆馈线计算，若以架空为主则可按照全架空馈线计算；若电缆部分和架空部分都占不可忽略的比例，则需要在各个电缆馈线段与架空馈线段连接的环网柜或柱上开关处设置“三遥”终端模块，然后可对各个电缆馈线段与各个架空馈线段分别计算。

（6）辐射状配电网的情形。

对于辐射状配电网，设主干线安装k台基本“二遥”终端将馈线分为用户均等的k+1 段，其只计及故障因素造成停电的供电可靠性$ASAI_2$需要满足可靠性要求 A，则有：

$$ASAI_2 = 1 - \frac{(k+2)t_3F + 2(k+1)t_2F}{2\times 8\,760(k+1)} \geqslant A \tag{12–26}$$

由式（12–26）可以得出：

$$k \geqslant \frac{t_3F}{17\,520(1-A) - t_3F - 2t_2F} - 1 \qquad (k \geqslant 1) \tag{12–27}$$

若主干线采用具有本地保护和重合闸功能的“二遥”终端实现k+1 级保护配合，则可以在故障处理过程中省去t_2时间，有：

$$k \geqslant \frac{t_3F}{17\,520(1-A) - t_3F} - 1 \qquad (k \geqslant 1) \tag{12–28}$$

（7）DTU 的确定。

对于架空线路，1 个“三遥”终端模块一般对应 1 台 FTU，因此其“三遥”终端模块的数量与 FTU 的数量是相同的。但是，对于电缆线路，其一个 DTU 在某些情形下却往往可以对应多个“三遥”终端模块，其数量应根据需要来确定。

对于电缆馈线，根据馈线的实际情况，分支环网柜可以安装 1 台“三遥”DTU 实现两个“三遥”分段，非分支环网柜安装 1 台“三遥”DTU 一般实现 1 个“三遥”分段，当馈线上环网柜比较少时，非分支环网柜安装 1 台“三遥”

DTU 也可实现多个“三遥”分段，并且可与联络开关的控制共享 1 台 DTU，如图 12–1 所示。图中，方块代表遥控的开关，圆圈代表非遥控但是遥信和遥测的开关，实心代表分段开关，空心代表联络开关。

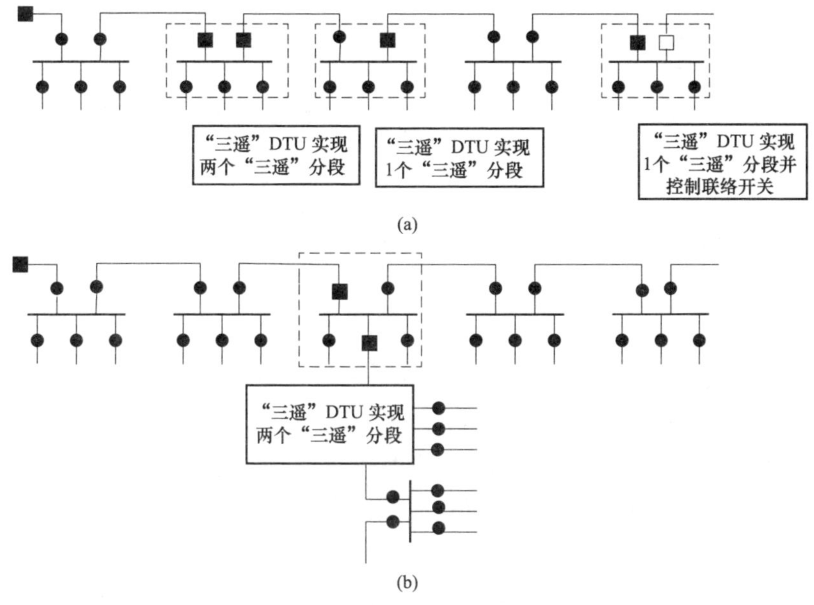

图 12–1 电缆馈线“三遥”配电终端配置举例

（a）大主干布置；（b）大分支布置

（8）更一般的情形。

上述分析是在一些条件近似成立的假设下得出的，在更一般的情形下，给定配电终端模块数量与安装位置时的只计及故障因素造成停电的供电可用率仍可以采用解析的方法加以分析，但难以得出统一的表达式。

考虑到诸如故障率、故障区域隔离时间、故障修复时间等参数本身就不是可以十分精确地得到的，因此一般情况下，利用上述分析得出的结果就能提供必要的参考信息，在此基础上可根据实际情况适当调整。

12.3 配电自动化系统的差异化规划

12.3.1 供电区域划分

供电区域的划分可以有很多种方法，本节给出国家电网公司的划分方法，依据对供电可靠性要求的不同，将供电区域划分为 6 类：

（1）A+区域。负荷密集（30MW/km^2 以上），对供电可靠性要求很高（通常要求达到99.999%）的供电区域，比如直辖市与东部重点城市的市中心区和对可靠性有特殊要求的国家级高新技术开发区等。

（2）A类区域。负荷较为密集（15～30MW/km^2），对供电可靠性要求高（通常要求达到 99.99%）的供电区域，比如直辖市的市区、中西部重点城市的市中心区、国家级高新技术开发区等。

（3）B类区域。负荷集中（6～15MW/km^2），对供电可靠性要求较高（通常要求达到99.965%）的供电区域，比如地级市的市中心区、重点城市的市区、省级高新技术开发区等。

（4）C类区域。负荷较为集中（1～6MW/km^2），对供电可靠性要求中等（通常要求达到 99.897%）的供电区域，比如地级市的市区、较为发达的城镇等。

（5）D类区域。负荷较为分散（0.1～1MW/km^2），对供电可靠性要求一般（通常要求达到99.828%）的供电区域，比如一般城镇与农村等。

（6）E类区域。负荷极度分散（0.1MW/km^{2}以下），对供电可靠性要求不高（达到对社会承诺即可）的供电区域，比如偏远农牧区等。

12.3.2 运维管理提升后的配电自动化终端差异化配置

如 12.1 所述，在传统配电网运行维护管理方式下，计划停电是造成用户停电进而影响供电可靠性的主要原因。这个情况在发达国家也曾经存在，但是随着配电网运维管理水平的提升，尤其是深入开展带电检测和不停电作业以后，发达国家配电网的计划停电显著减少。

本节讨论运维管理水平提升后配电自动化终端的差异化规划配置问题。

12.3.2.1 分析用参数

（1）分析用可靠性指标A的确定。

考虑带电检测和不停电作业等配电网运维管理提升因素以后，可以有效减少A+、A和B区域的计划停电，假设对于A+区域的故障停电时户数百分比上升到 100%，根据该比例折算得到的只计及故障因素造成停电的可靠性指标 A 为99.999%。对于A类和B类区域，假设故障停电时户数百分比γ分别上升到80%和 60%，则根据该比例折算得到的只计及故障因素造成停电的可靠性指标 A 分别为 99.992%和 99.979%。对于 C类和 D类区域，假设其运维管理水平提升较慢，故障停电时户数百分比γ仍采用表 12–1 的统计数据，则根据该比例折算得到的只计及故障因素造成停电的可靠性指标 A 分别为 99.977%和99.962%。

（2）分析用故障率的确定。

根据表12–2所示的2002～2009年全国城市10kV用户供电可靠性统计数据，

中国架空线故障率比较平稳，电缆线故障率略呈下降趋势。为了严格起见，分析中架空裸线的故障率取 0.1 次/（km·年），电缆的故障率取 0.04 次/（km·年），电缆–架空混合馈线和绝缘架空线的故障率取电缆和架空裸线故障率之间，为 0.07 次/（km·年）。

（3）分析用相关时间参数的确定。

根据表 12–3 所示的 2005～2009 年全国城市 10kV 用户供电可靠性统计数据[2–8]，历年故障平均停电时间为 2.77h。故障平均停电时间包括了故障位置查找时间和故障修复时间。为了严格起见，分析中市区和城镇的故障修复时间取 4h/次，乡村的故障修复时间取 6h/次。在故障定位指引下由人工进行故障区域隔离所需时间，市区和城镇取 1h/次，乡村取 2h/次。

（4）分析用馈线长度的确定。

根据 2002～2009 年全国城市 10kV 用户供电可靠性统计数据[2–8]，2002～2009 年平均线路长度为 3.96～5.91km。

严格起见，市区配电网线路长度取 5km，中小城市郊区、城镇配电网线路长度取 10km，乡村配电网线路长度取 12km。

12.3.2.2 差异化规划原则

（1）配电自动化主站。对于大型重点城市建设大型主站，对于大中型城市建设中型主站，对于中小型城市建设小型主站，对于县城采用前置延伸模式建设。

（2）配电自动化终端和继电保护。

1）A+区域。由于 A+区域对供电可靠性要求很高，因此：① 全部采用全电缆供电减少故障率。② 采用双电源供电和备自投减少因故障修复或检修造成的用户停电。③ 全部采用“三遥”配电终端和通道快速隔离故障和恢复健全区域供电。

2）A 类区域。A 类区域对供电可靠性要求高，因此：① 全部采用电缆或绝缘导线供电减少故障率。② 全部采用“三遥”配电终端和通道，所需数量根据 12.2 节所提供的计算公式确定。③ 在具备保护延时级差配合条件的高故障率架空支线布置断路器，并配备具有本地保护和重合闸功能的“二遥”配电终端和 GPRS 通道，实现支线故障时将故障支线快速切除而不影响其余负荷，降低线路故障率。

3）B 类区域。① 除了联络开关采用“三遥”配电终端和通道以外，每条线路上再配置一个“三遥”配电终端，其余终端全部采用基本“二遥”配电终端和 GPRS 通道，所需数量根据 12.2 节所提供的计算公式确定。② 在具备保护延时级差配合条件的高故障率架空支线布置断路器，并配备具有本地保护和重合闸功能的“二遥”配电终端和 GPRS 通道，实现支线故障时将故障支线快速切除而不影响其余负荷，降低线路故障率。

4）C 类区域。① 全部采用基本“二遥”配电终端和 GPRS 通道，所需数量根据 12.2 节所提供的计算公式确定。② 在具备保护延时级差配合条件的高故障率架空支线布置断路器，并配备具有本地保护和重合闸功能的“二遥”配电终端和 GPRS 通道，实现支线故障时将故障支线快速切除而不影响其余负荷，降低线路故障率。

5）D 类区域。① 具备三段式过流保护配合条件的主干线开关采用断路器实现，并配备具有本地保护和重合闸功能的“二遥”配电终端和 GPRS 通道，实现主干线故障的选择性切除，所需数量根据 12.2 节所提供的计算公式确定。② 在具备保护延时级差配合条件的高故障率架空支线布置断路器，并配备具有本地保护和重合闸功能的“二遥”配电终端和 GPRS 通道，实现支线故障时将故障支线快速切除而不影响其余负荷，降低线路故障率。

6）E 类区域。不建设配电自动化系统。

7）模式化接线的情形。多分段多联络、多供一备等模式化接线有助于较少备用容量和提高馈线供电能力，一般应用于负荷密度高的区域。但是，模式化接线提高供电能力的作用必须采取相应的模式化故障处理策略[9]才能发挥出来（如：对于多分段多联络接线，需要将故障所在馈线的健全部分分解成若干段分别由不同的健全馈线转带它们的负荷）。因此，宜为参与模式化故障处理的开关配置“三遥”配电终端和通道。

8）重要用户。若 A+区域以外的其他区域中存在对供电可靠性要求很高的重要用户，也宜对该用户采取 1）中描述的规划原则。

（3）通信通道。

“三遥”终端宜采用光纤通道［如以太网无源光网络（EPON）、工业以太网］并进行非对称加密。

“二遥”终端一般可以采用 GPRS 通道。

12.3.2.3 实例

沿海某经济发达的中型城市，拟在其市区开展配电自动化，以提高供电可靠性。该城市的中心区负荷密度高的 A 类区域涉及馈线 50 条（全部为电缆供电），对供电可靠性要求较高的 B 类区域涉及电缆馈线 60 条、电缆–架空混合馈线 120 条、架空绝缘馈线 60 条，对供电可靠性要求中等的 C 类区域涉及架空裸线馈线 180 条。各类馈线共计 470 条。其中 A 类区域和 B 类区域单条馈线长度均在 5km 左右，C 类区域单条馈线长度均在 10km 左右。

若仅仅进行网架和一次设备改造而不开展配电自动化建设，按照 12.3.2.1 的参数估计，A 类区域（中心区）的供电可靠性（RS–3）为 99.958 5%，B 类区域（市区）电缆馈线的供电可靠性（RS–3）为 99.958 5%、电缆–架空混合馈线和绝缘架空馈线的供电可靠性（RS–3）为 99.927 4%，C 类区域的供电可靠性（RS–3）为 99.792 4%，显然都达不到供电可靠性要求，因此必须实施配电自动化。

深入开展了带电检测和不停电作业等配电网运维管理提升后，有效减少了 A+、A 和 B 区域的计划停电，假设对于 A+区域的故障停电时户数百分比上升到 100%，A 类和 B 类区域故障停电时户数百分比分别上升到 80%和 60%，仍然根据 12.3.2.2 的差异化规划原则，则得出下列规划结果：

（1）A 类区域：50 条全电缆馈线全部采用“手拉手”接线，且满足“*N*–1”准则，25 个含有联络开关的环网柜采用“三遥”DTU（共需要 25 台）和 EPON 通道（共需要 25 个）、并为联络开关配置电动操动机构（共需要 25 个），除此之外每条线路上还需配置 1 个“三遥”DTU 及 EPON 通道和电动操动机构（共需要 50 套），线路上全部不配本地保护，环网柜开关可以全部采用负荷开关。

（2）B 类区域：60 条全电缆馈线全部采用“手拉手”接线，且满足“*N*–1”准则，30 个含有联络开关的环网柜采用“三遥”DTU（共需要 30 台）和 EPON 通道（共需要 30 个）、并为联络开关配置电动操动机构（共需要 30 个），除此之外每条线路上还需配置 1 个“三遥”DTU 及 EPON 通道和电动操动机构（共需要 60 套），这样配置后，线路上不需再配置基本“二遥”DTU 或 FTU，也不需再配置本地保护，环网柜开关可以全部采用负荷开关。

120 条电缆–架空混合馈线和 60 条绝缘架空馈线全部采用“手拉手”接线，且满足“*N*–1”准则，60 个含有联络开关的环网柜采用“三遥”DTU 和 EPON 通道、30 台柱上联络开关采用“三遥”FTU 和 EPON 通道，并为联络开关配置电动操动机构（共需要 90 个），除此之外每条线路上还需配置 1 个“三遥”DTU（或“三遥”FTU）及 EPON 通道和电动操动机构（共需要 120 台“三遥”DTU，60 台“三遥”FTU），这样配置后，线路上不需再配置基本“二遥”DTU 或 FTU，也不需再配置本地保护，环网柜开关和柱上开关可以全部采用负荷开关。

（3）C 类区域：对于 C 类区域中的 180 条架空裸线，全部采用“手拉手”接线，且满足“*N*–1”准则，90 台柱上联络开关采用基本“二遥”FTU 和 GPRS 通道；在具备保护级差配合条件的高故障率架空支线布置断路器，并配备具有本地保护和重合闸功能的“二遥”FTU 和 GPRS 通道，假设每条馈线需要 3 处（需要具有本地保护功能的“二遥”FTU 3 台和 GPRS 通道 3 个），这样配置后使故障率降低 1/3。主干线全部采用基本“二遥”FTU 和 GPRS 通道，则每条架空主干线只需要再配基本“二遥”FTU 1 台和 GPRS 通道 1 个，并且主干线柱上开关可采用负荷开关。

该配电自动化系统所需的各类设备的数量如表 12–4 所示，共需各类终端 1245 台（“三遥”DTU 及 FTU 仅 435 台）、EPON 通道 435 个、GPRS 通道 810 个、电动操动机构 975 台。

表 12–4　　运维管理水平提升后的规划结果

	A	B	C	合计
主站（套）	中型主站			1
“三遥”DTU（台）	75	270	0	345
“二遥”DTU 无保护（台）	0	0	0	0
“二遥”DTU+保护（台）	0	0	0	0
“三遥”FTU（台）	0	90	0	90
“二遥”FTU 无保护（台）	0	0	270	270
“二遥”FTU+保护（台）	0	0	540	540
EPON 通道（个）	75	360	0	435
GPRS 通道（个）	0	0	810	810
环网柜开关电动操动机构（套）	75	270	0	345
柱上开关电动操动机构（套）	0	90	540	630

12.4 本章小结

（1）造成用户停电的原因包括三大类：计划停电、因限电造成的停电、因故障导致的停电，中国通常用作可靠性指标的是不计及因限电造成停电的系统平均供电可用率（即 RS–3）。中国因限电造成的停电在所有停电中占据的比例在逐渐减小，但是非限电因素计划停电仍是主要的停电原因。随着配电网运维管理水平的提升，非限电因素计划停电的比例会逐渐降低。配电自动化系统只能减少故障停电的影响。

（2）每条馈线所需配置“三遥”、“二遥”配电终端取决于要求达到的供电可靠性指标、故障区域隔离时间、故障修复时间和故障率，在用户侧故障率较高的情况下，可有选择性地在用户侧安装具有本地保护功能的“二遥”终端并配置断路器。

（3）配电自动化是保障供电可靠性的重要手段，但是应当根据各类区域对供电可靠性要求的不同差异化设计，以使建设费用和建设规模合理化，切忌“见开关就装终端、是终端就上‘三遥’”。适当配置具有本地继电保护功能的“二遥”配电终端，对于提高配电网故障处理性能具有重要意义。合理配置“二遥”配电终端、减少“三遥”配电终端使用量，不仅可以降低终端投入，还可以减少开关设备的电动操动机构改造数量和光纤通道数量，有效降低工程造价和施工工作量。

本章给出的各项参数来自统计数据，工程应用中可根据实际情况适当调整。

本 章 参 考 文 献

［1］ Q/GWD 11184—2014　配电自动化规划设计技术导则［S］. 2014.

［2］ 赵凯，蒋锦峰，胡小正. 2002 年全国城市 10kV 用户供电可靠性分析［J］. 电力设备，2003，4（3）：61–66.

［3］ 赵凯，胡小正，蒋锦峰. 2003 年全国城市用户供电可靠性分析［J］. 电力设备，2004，5（8）：72–74.

［4］ 赵凯，胡小正. 2004 年全国城市 10kV 用户供电可靠性分析［J］. 电力设备，2005，6（7）：80–83.

［5］ 贾立雄，胡小正，赵凯. 2005 年全国城市 10kV 用户供电可靠性分析［J］. 电力设备，2007，8（1）：84–88.

［6］ 贾立雄，胡小正. 2006 年全国城市用户供电可靠性分析［J］. 电力设备，2007，8（11）：84–88.

［7］ 陈丽娟，贾立雄，胡小正. 2007 年全国输变电设备和城市用户供电可靠性分析［J］. 中国电力，2008，41（5）：1–7.

［8］ 胡小正，王鹏. 2009 年全国城市用户供电可靠性分析［J］. 供用电，2010，27（5）：15–18，30.

［9］ 刘健，张志华，张小庆，等. 配电网模式化故障处理关键技术研究［J］. 电网技术，2011，35（11）：97–102.

13 中国南方电网公司实用型配电自动化实践

中国南方电网公司针对过去配电自动化建设和运行维护过程中存在的问题，结合实际需求和区域差异，提出了“简洁、实用、经济”的配电自动化建设思路，各地区采用差异化技术方案、标准化设备配置，坚持科学务实的实用化建设之路，既发挥出配电自动化提高配电网运营管理水平、减少故障停电时间的作用，又有效减少了建设投资和运行维护工作量，有效避免了“为自动化而自动化”的错误做法。

本章介绍佛山供电局、中山供电局和贵阳供电局结合实际需求和地区差异，在建设实用型配电自动化系统方面的实践经验。

13.1 佛山供电局实用型配电自动化建设实践

13.1.1 佛山配电自动化概述

佛山供电局在 2010 年底启动了实用型配电自动化建设，在系统建设和数据交换方面，遵循 IEC 61968、61970 的标准，通过综合数据平台，实现了现有调度自动化系统、计量自动化系统、营销系统、配电网 MIS 系统、配电网 GIS 系统等相关系统数据资源共享。特别是配电网 GIS 系统提供的配电网模型信息和地理信息，以及计量自动化系统提供的配电变压器（简称配变）运行数据等庞大的数据资源，对搭建配电自动化主站和提高配电网生产效率发挥了巨大的作用。

在配电自动化终端方面，采用基于就地控制策略的馈线自动化技术，按照线路故障分级处理和非故障区域快速转供的原则，合理配置具备保护功能的断路器成套设备，按照保护级差方式就地切除线路故障，变电站 10kV 出线断路器改为延时速断保护，延时时间设置为 0.3s，馈线上的自动化断路器保护按 0.15s 一个级差进行设置。同时通过遥控方式快速恢复非故障区域供电。避免了线路故障时整回线路停电情况，另一方面缩小了故障查找范围，有效提高故障抢修效率。

在数据应用方面，强调“精细，智能、互动”，与配电网生产业务紧密结合。一是基于综合数据平台实现了所有 10kV 馈线及配变负荷情况的统计分析，并增强计量自动化系统的召测功能，使配电网调度中心对 10kV 线路负载的实时监控由主干线延伸到支线和配变，解决了掌握“负荷在哪里”的问题。二是通过智能诊断系统，实现配电网故障快速识别和发布，配电网故障信息平均处理时间由过去的 6～10min 下降为 10～60s。三是以信息集成、无线通信、PDA 等手段，实现抢修信息在配电网调度中心、95598 呼叫中心、抢修班组间的实时传递与互动。

13.1.2 佛山配电自动化主站系统

佛山配电自动化主站系统集成了包括配电网 GIS 系统、配电网 MIS 系统、营销系统、计量自动化系统、调度自动化系统等的图形、模型及实时数据。通过“准实时数据平台”（PI 数据库）实现与计量自动化系统、配电网 MIS 系统、营销系统等其他系统交互数据。佛山配电自动化主站系统的构成如图 13–1 所示。

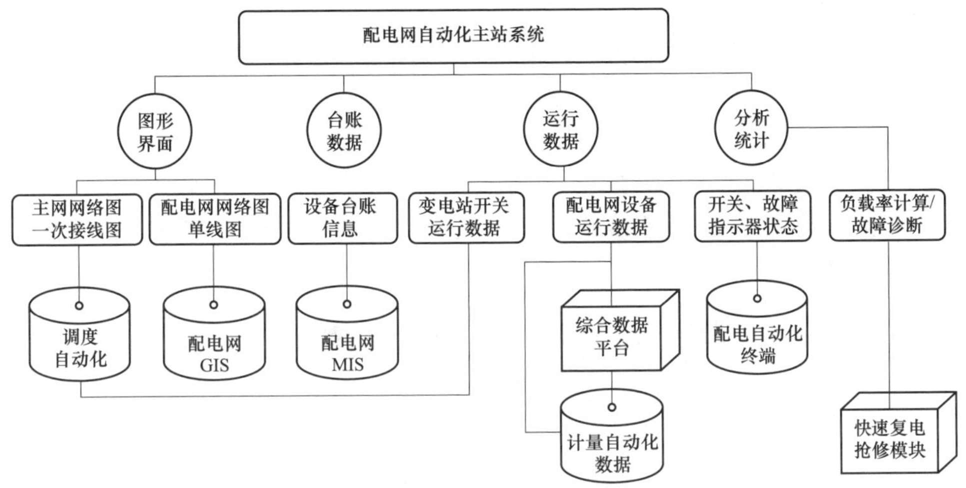

图 13–1　佛山配电自动化主站系统的构成

佛山配电自动化主站系统的主要特点表现在：

（1）实现参数、图形的免维护。参数维护方面，遵循 CIM 标准的 XML 文件，实现现有地区电网调度自动化系统和 GIS 系统参数的导入，并实现了实时增量导入。同时，对两方面导入的模型进行合并处理。图形维护方面，通过标准的 SVG 图形，实现 GIS 单线图和地理图的实时导入，而地区电网调度自动化系统的图形则可以直接应用。通过这种方式，一方面避免了参数图形的重复维护，另一方面有效保证了调度和运行所使用电气接线图的一致性。

（2）与地区电网调度自动化系统无缝连接。配电自动化系统实现了与地区电网调度自动化系统的交互，能够处理地区电网调度自动化系统的实时转发数据，其中包括所有变电站的开关状态和遥测，以及 10kV 出线报警信息。此种方式实现了配电自动化主站与地区电网调度自动化系统在图形、数据等信息的无缝衔接，体现了主配一张网的理念。

（3）全量接入计量自动化系统配变及负控终端数据。配电自动化系统以随看随召和定期传送全数据的方式，将配变的数据实时接入，实现计量自动化系统中配变运行数据在系统中的准实时展示。计量自动化配变终端和负控终端的接入总数已超过5万，这是配电自动化充分利用现有资源，节约投资的体现。

（4）配电自动化终端集中采集、集中应用。全佛山只设置一个配电自动化主站，包括馈线自动化开关、故障指示器等配电自动化终端直接接入主站。由主站对配电网设备（包括开关、配变、故障指示器等）的开关分合、保护动作和异常信号、故障信息、通信通道状态等进行采集和处理。

13.1.3 佛山配电自动化终端建设

13.1.3.1 配置策略

在配电自动化终端配置方面，按照“网架调整与自动化建设并举”的原则，与配电网规划紧密联系，陆续接入以快速定位和快速隔离故障为主要功能的馈线自动化开关和故障指示器等自动化终端。

（1）10kV架空线路。对于农村地区和工业园区负荷稳定的联络线路、长距离单辐射以及故障频发架空线路，采用就地馈线自动化形式，并通过GPRS方式接入配电自动化主站，如图13–2所示。

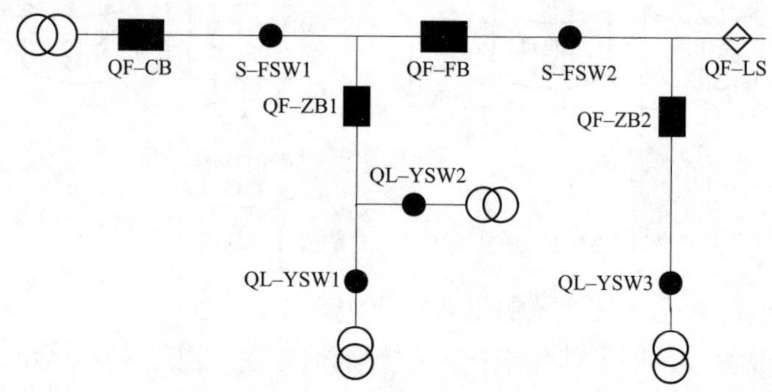

图13–2　10kV架空线路的自动化终端配置

1）主干线采用电压—时间型分段器（S–FSW），通过与上级断路器重合闸功能的配合，实现主干线故障点的隔离和非故障区域自动恢复供电；如果线路长度超过8km，则配置分段断路器（QF–FB），实现较长线路主干线故障的分段切除。

2）分支线采用分界断路器（QF–ZB），就地切除分支线故障，避免对主干线及相邻支线造成停电影响。

3）用户分界点采用“看门狗”断路器或负荷开关（QL–YSW），避免用户设备故障造成系统停电。

4）通过GPRS无线通信方式上传故障信号及开关状态、电流、有功功率等运行数据。

5）QF–CB 为变电站 10kV 出线断路器，配有电流保护和自动重合闸控制功能。

6）QF–LS 采用断路器的联络开关。

（2）10kV 电缆线路。10kV 电缆线路按照线路结构层次配置开关和自动化终端，如图 13–3 所示。

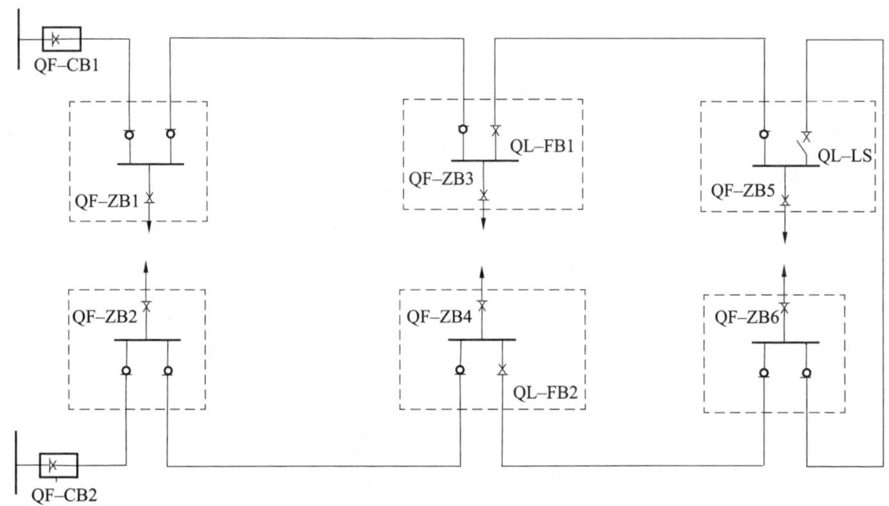

图 13–3 10kV 电缆线路的自动化配置

1）主干线分段开关（QL–FB）用于减少主干线路停电范围。

2）用于分支线短路和接地故障就地切除的开关（QF–ZB），避免对主干网及相邻间隔造成停电影响。

3）用户分界点采用“看门狗”断路器，避免用户设备故障造成系统停电。

4）通过 GPRS 无线通信方式上传故障信号及开关状态、电流、有功功率等运行数据。

5）QL–LS 采用负荷开关的联络开关。

13.1.3.2 主要特点

（1）采用就地控制策略，自动化设备就地功能满足故障定位或故障隔离功能，不依赖于通信，但通过 GPRS 无线通信方式上传遥测、遥信等信息。符合配电网点多面广、光纤通信网络建设实施难度大的客观实际。

（2）充分体现结构分层和管理分界的理念。按照用户层、分支线、主干线、变电站的层次关系合理配置自动化终端，一方面通过级差配合、重合闸配合，实现了故障的分级处理；另一方面，有效减少了用户故障“出门”，体现了管理分界的理念。

（3）提高了线路分段能力。通过分段开关及分支线开关，可有效减少由于线路及设备检修而引起的停电范围。

（4）设备采用成套方式、模块化设计。主要包括开关本体（TA 内置）、SPS 电源变压器、控制单元，便于安装实施和检修。

13.1.4 数据应用和实用化

13.1.4.1 故障管理

（1）智能诊断。在生产管理信息系统中研发了故障智能诊断软件模块，分别接入地区电网调度自动化系统、配电自动化系统、计量自动化系统的告警报文信息，然后借助知识库对数据进行过滤、分组、诊断、校核，将各系统单一告警报文变为故障事件记录，最后发布给配电网故障抢修等相关业务模块。

故障智能诊断系统，取代了传统的人工诊断模式，原来告警窗内交叉复杂的流水报文，由系统自动诊断为瞬时故障或永久性故障事件，并自动在配电网 MIS 生成故障日志，对瞬时性故障和永久性故障分别触发故障巡视单和故障抢修单，全过程无需人工干预。此功能在很大程度上提升了驾驭电网的能力，充分体现了信息技术的强大支撑作用。

（2）配变失压或缺相告警。利用计量自动化系统中配变终端数据，开发了配变终端停电告警和缺相告警智能诊断软件功能模块。该功能能够对配变终端停电失压或缺相运行事件进行智能诊断，并自动将告警事件发送给抢修人员，全过程无需人工参与，有效解决了不具备通信功能的普通开关及熔断器跳闸情况下无法监控的问题。抢修人员在用户报障前即可发现故障停电事件，从“被动接收”故障事件转变为“主动发现”故障。

（3）配电网故障抢修业务全部系统内运转。实现了包括 95598 呼叫中心、配电自动化系统两方面信息源的所有故障抢修工单的系统流转，“95598 呼叫中心”“配电网调度指挥”“配电网故障抢修”界面清晰、操作简捷，原来故障抢修流程中 17 个工序的沟通方式，由人工方式改为系统自动流转、信息自动交互，使配电网故障信息平均处理时间由 6～10min 下降为 10～60s，达到了信息快速流转和信息共享的效果。

（4）建立停电信息池，加强停电监控。

一是在营配信息集成的基础上，建立了综合停电信息池，整合计划停电、故障停电、紧急消缺、错峰停电、欠费及违约停电等事件。利用配电 GIS 系统中“站—线—变—低压线路—户”的拓扑关系，准确分析判断停电影响范围及影响的客户数。

二是优化营销系统人工受理报障工单的填写界面，增设以停电信息池为核心的停电辅助分析功能，通过客户来电号码、客户编号等基本信息，自动匹配分析是否受停电影响，以及停电原因等信息。

这一功能的实现，是“站—线—变—低压线路—户”拓扑关系在面对需求侧工作方面提高工作效率和服务水平的一项重要应用。停电信息池信息流如图 13-4 所示。

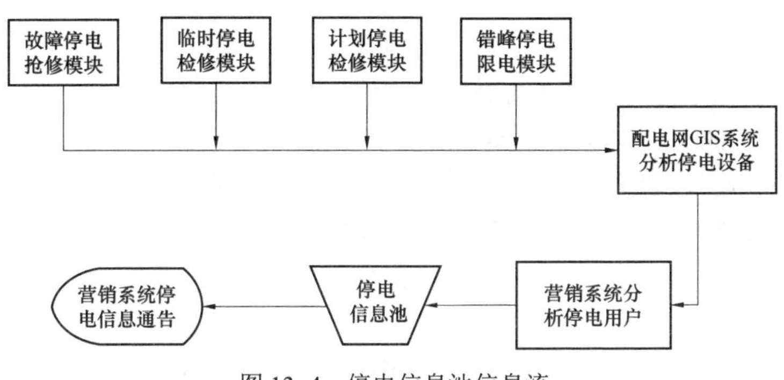

图 13-4　停电信息池信息流

13.1.4.2　负荷管理

配变及 10kV 线路负载率实现自动统计。在配电网 MIS 系统开发了准实时数据报表。基于计量自动化系统、准实时数据库（PI 数据库）实现配变负荷分析；基于 SCADA 系统、准实时数据库实现 10kV 馈线负荷分析。对于 4 031 回 10kV 线路、52 896 台配变的配电网规模，通过信息系统，可清晰掌握线路、配变负载情况，包括线路、配变在某一时间段内出现重过载的次数、单次重过载最长持续时间、重过载累积持续时间等内容，为配电网业扩报装、负荷调整等业务提供有力的技术支持。

13.2　中山供电局实用型配电自动化建设实践

13.2.1　中山配电自动化概述

中山供电局配电自动化系统的建设工作从 2008 年开始全面开展，目前已升级改造了配电自动化主站系统，接入了 132 个“三遥”终端，2 559 个“二遥”终端，从计量自动化系统接入了 23 000 个配变，覆盖了中山市全部的公用 10kV 线路和配电变压器，线路自动化率达 100%。2010 年底启动了实用型配电自动化建设，遵循“一遥二遥覆盖全网、重点区域实现‘三遥’，主配、营配数据实现共享”的配电自动化建设思路。

13.2.2　中山实用型配电自动化建设的基本情况

中山市共有 10kV 公用线路 1 462 回。公用线路总长度 9 226.21km，其中电缆线路长度 5 455.37km，架空线路长度 3 770.85km。共有开关柜 12 258 面，柱上开关 3 067 台。中山市 10kV 公用线路环网率为 93.64%，站间联络率为 63.13%，典型接线比例为 90.15%。

2008 年以来，中山供电局大力进行网络结构调整与改造，对“糖葫芦串”等不合理的环网结构进行了改造，优化主干线分段和环网结构，解决了 10kV 电网结构较为薄弱、转供能力差、环网结构不合理等问题，形成了较为简单合理的环网结构，大幅提高了配电网 10kV 线路的环网率，网构结构趋于稳定合理，为配电网自动化的顺利实施奠定基础。

中山配电网自动化系统建设采用了逐步推进、不断完善的方式。“三遥”终端建设从 2000 年起步，首期工程建立了配电自动化主站系统、3 个配电子站、37 台配电终端。2004 年中山供电局开始对架空线路进行馈线自动化改造，2007 年开始在电缆线路上安装“一遥”（指遥信，即检测到故障信号后就发短信至后台，由后台人员进行拓扑分析，确定故障区域）故障定位系统。但中山供电局非中心城区的架空和电缆混合线路占主要比例，因此，2008 年开发出馈线自动化和故障定位“二遥”（“二遥”除了包括“一遥”的功能之外，另外还采集电压、电流等遥测量，定时上传主站）综合系统：在 10kV 线路的架空线部分安装馈线自动化系统，在电缆线路上安装故障定位系统，并将遥测、遥信量通过 GPRS 传送至系统主站，主站将信息综合起来完成故障区段的拓扑分析，确定故障区段。

中山供电局的配电自动化建设采用了以下技术路线：

（1）针对城市中心区重点推进配电自动化“三遥”改造；针对非中心城区，在电缆线路推广使用电缆短路故障定位系统，实现“二遥+故障定位”功能；针对架空线路推广就地控制的电压—时间型馈线自动化技术，实现“二遥+馈线自动化”功能；采集的信息都综合到配电自动化主站中，实现了综合应用。

（2）中山配电自动化系统采用“集中采集、分区应用”建设模式。在市供电局建立统一的数据采集、配调监控及系统管理平台，实现配调业务的集中管理。在各分区供电公司设置配电自动化远程工作站，根据运行管理权限，对管辖范围内的配电网进行模型、参数、图形等维护工作。

（3）信息覆盖采用“全景”覆盖的方式，接入了地区电网 SCADA 系统中的馈线开关信息、计量自动化系统的配变终端信息，并将逐步实现与营配一体化系统的连接交互。

（4）中山局配电网通信网络采用传输 MSTP 以太网技术及工业级以太网交换机技术，通过专网光纤方式实现供电公司远程工作站的通信通道；“三遥”终端采用光纤，“二遥”终端采用无线 GPRS 方式与主站通信。

13.2.3 建设成效

中山配电自动化系统建设中，配电自动化主站系统、“三遥”终端、架空线路馈线自动化终端、电缆“二遥”故障定位终端、通信部分的投资比例分别为：4.69%、7.84%、67.51%、9.82%、10.14%，可见中山配电自动化建设投资主要以馈线自动化和故障定位“二遥”终端为主、“三遥”终端为辅，避免了“大脑袋”主站和“头大身子小”，形成了一个经济合理的自动化建设方案。

2008 年以来，中山局对未投入配电自动化线路的故障平均隔离时间及投入配电自动化线路的故障平均隔离时间进行了分析比较，如表 13–1 所示。

表 13–1　　中山局平均故障隔离时间对比表

故障定位系统		馈线自动化系统	
投入前	投入后	投入前	投入后
56.3min	21.6min	3.3h	1.2min

故障自动化定位和隔离对供电可靠性的改进情况如表 13–2 所示。

表 13–2　　中山局故障自动化定位和隔离对供电可靠性的改进情况

名称	次数	自动化系统投入前影响时户数	自动化系统投入后影响时户数	减少时户数	多供电量（kWh）
故障隔离	66	10 890	4 350	6 540	701 590
故障定位	56	5 544	2 940	2 604	260 372
合计	122	16 434	7 290	9 144	961 962

通过对配电线路运行状态的实时监测，对线路故障及设备运行异常情况进行及时定位并报警，及时检修维护，预防故障的发生，共发现重载过载配变 535 台，及时安排计划进行了配变容量调整，避免了故障的发生，做到“防患于未然”。

13.3 贵阳供电局就地型馈线自动化建设实践

13.3.1 贵阳配电自动化概述

贵阳供电局城北分局从 1999 年开始大规模建设电压—时间型馈线自动化[1]，于 2003 年建成并投入实际应用，经过十余年的运行，为城北分局的可靠性提升提供了坚强保障，实践证明了该系统是适合贵阳地区的配电网结构的，同时也符合中国南方电网公司提出的“简洁、实用、经济”的配电自动化建设思路。在贵阳供电辖区内，除金阳分局外，其余主城区供电区域均主推电压—时间型馈线自动化模式，共计实现电压—时间型馈线自动化线路 685 条，电压—时间型馈线自动化总体覆盖率达到 66%。

13.3.2 贵阳电压—时间型馈线自动化系统的建设原则

贵阳供电局电压—时间型馈线自动化系统的建设参照以下原则进行配置：

（1）按照环网线路能够全部互倒互带计算，每条 10kV 线路最大负载率原则上不超过其额定容量的 50%。

（2）10kV 线路一般按照多分段多联络接线，每个分段的变压器台数原则上小于 5 台。

（3）如果三分段不能满足每个分段的变压器台数小于 5 台，可分为 4 段或 4 段以上。

（4）线路分段开关选用电压—时间型分段器[2]，具备可扩展通信接口。

（5）分支线路变压器超过 5 台的可加装分界开关，对新接入的高压客户在产权分界点应加装用户分界开关。

（6）在条件允许的情况下，电压—时间型分段器可以升级为“三遥”终端点，并与配置于电缆线路的故障指示器（“一遥”终端点）一起实现与配电自动化主站的信息交互。

例如，城北分局共有 10kV 线路 101 条，其中公用线路 91 条，共计安装电压—时间型分段器 366 台，平均每条线路分为 4 区段，每个区段平均供 6 台变压器。城北分局 10kV 配电网采用多联络多分段网架结构，目前以三联络为主，最多达到四联络，正常运行方式下，将主联络开关设置为自动模式，分支次联络开关设置为手动模式，从而可实现 2 条 10kV 主联络线路的故障自动隔离及负荷自动转供，次联络线路可实现故障自动隔离，负荷转供则辅以人工操作配合。

贵阳供电局从 2012 年至 2016 年分四期工程开展配电自动化终端升级改造，采用光纤通信方式，同时在环网柜出线间隔加装故障指示器，将自动化负荷开关设置为“三遥”终端点、环网柜故障指示器设置为“一遥”终端点。系统升级改造完成后，仍然优先执行电压—时间型的就地故障自动隔离和非故障段自动恢复功能，同时将开关的遥测、遥信量、故障指示器状态等信息传回主站，经主站系统进行潮流分析计算后，综合负荷情况、开关状态、故障信息等因素提供辅助决策方案，由调度员选择执行。

13.3.3 典型应用成效

（1）甲变电站 10kV Ⅰ段母线失压案例。2016 年 4 月 14 日城北分局辖区内

110kV 甲变电站 1#主变高后备保护动作跳闸，10kV Ⅰ段母线停电。10kV Ⅰ段母线共有 9 条 10kV 线路，其中 8 条 10kV 线路为公用线路，对侧均有联络线路，联络开关设为自动，另 1 条 10kV 线路（甲 9 线）为用户专线，单辐射线路，110kV 甲变电站 10kV Ⅰ段母线失压前线路运行方式如图 13-5 所示。

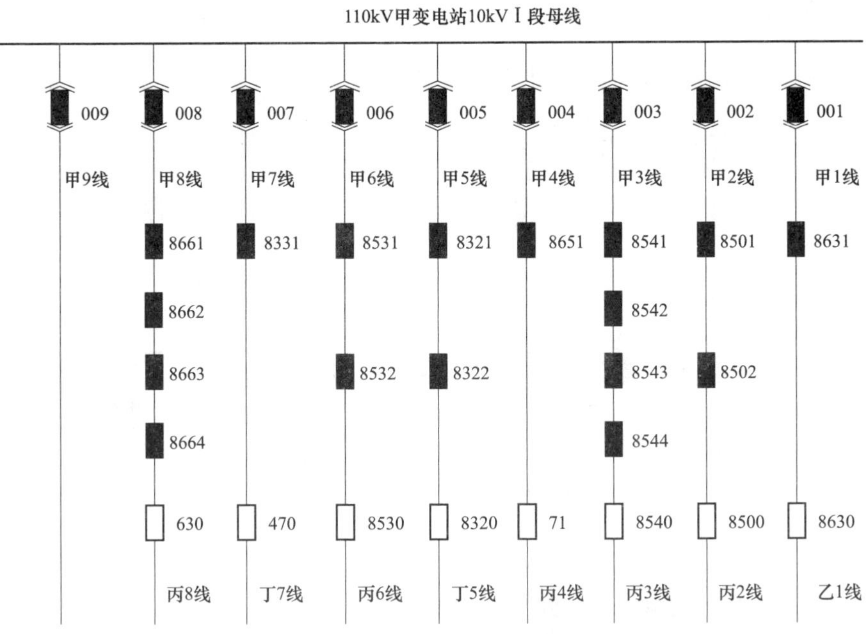

图 13-5　110kV 甲变电站 10kV Ⅰ段母线失压前线路运行方式

110kV 甲变电站 10kV Ⅰ段母线失压后，除 10kV 甲 9 线外，其余 8 条 10kV 线路的 17 台电压—时间型分段器失压脱扣分闸，9 台出线断路器也在延时后失压脱扣分闸，8 台联络开关计时 45s 后延时合闸，分别逐级送电至 8 条 10kV 线路的一分段开关，变电站出线开关至一分段开关区段不带负荷，由于一分段开关只装设进线侧 TV，开关不会合闸，避免了反送电至 10kV 母线。至此，8 条 10kV 公用线路全部自动完成负荷转供，最长耗时 66s，10kV 甲 9 线由于是单辐射专线，不能实现负荷自动转供，待甲变电站 10kV Ⅰ段母线送电后才恢复供电，负荷转供完成后运行方式如图 13-6 所示。

在此次母线失压故障处置过程中，除 10kV 甲 9 线以外的 8 条 10kV 线路负荷在 1min 左右自动完成了负荷转供。如果未建设馈线自动化系统，则需要人工到现场进行操作，共计需操作 17 台开关，预计操作时间为 3h，经计算会增加停电 450 户时，将会造成较大的停电损失和不良的社会影响。

（2）线路故障案例。10kV 甲 2 线正常运行方式如图 13-7 所示。

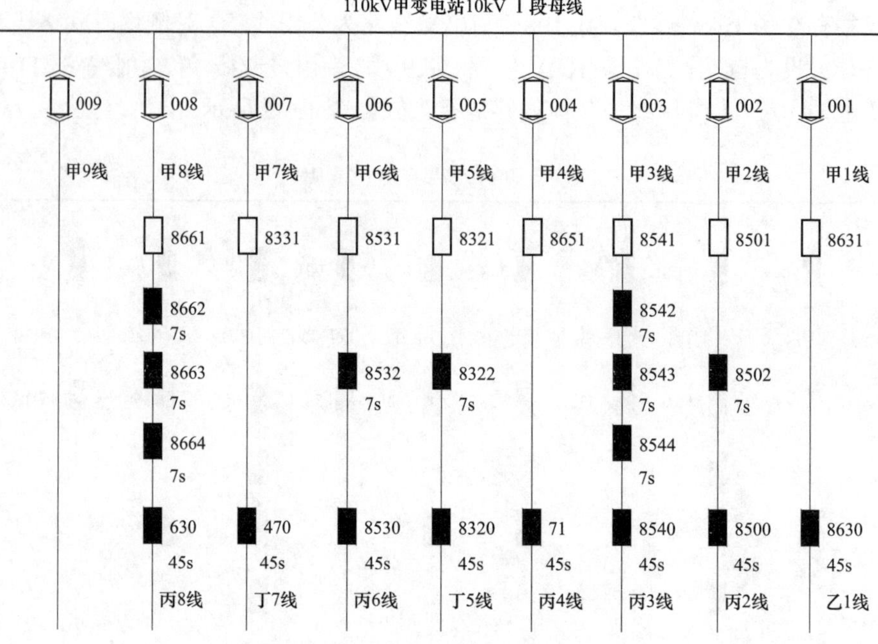

图 13–6　负荷转供完成后线路运行方式

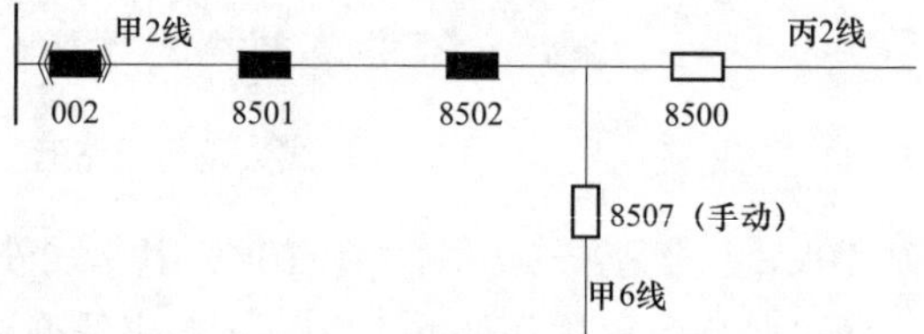

图 13–7　10kV 甲 2 线故障前运行方式

2015 年 12 月 15 日，10kV 甲 2 线 8501 开关与 8502 开关之间发生永久性相间短路故障，站内出线断路器 002 保护动作跳闸，8501 号、8502 号开关失压分闸，8507 号开关因置于手动状态不会动作，8500 号联络开关开始计时。

5s 后 10kV 甲 2 线 002 号断路器启动一次重合闸，8501 号开关经 7s 延时后合闸，002 号断路器再次保护动作跳闸，此时 8501 号开关由于 Y—时限未到又分闸而正向来电闭锁合闸，8502 号开关由于残压闭锁而反向来电闭锁合闸[3]，从而实现了故障区段的隔离。002 号断路器随后第二次重合，恢复送电至 8501 号开关区段，联络开关 8500 在 45s 延时后自动合闸，恢复 8502–8500–8507 号开关区段供电，从而实现了非故障区段自动恢复。完成故障自动隔离及负荷转供的线路运行方式如图 13–8 所示。

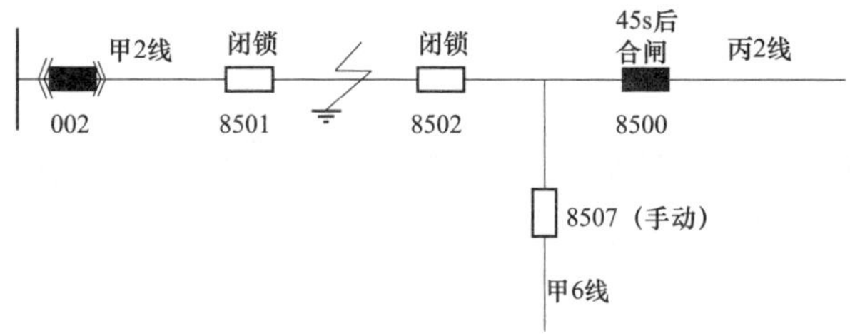

图 13–8　10kV 甲 2 线故障隔离及负荷转供后运行方式

在此次故障处置过程中，依靠电压—时间型馈线自动化自动实现了故障区段隔离和恢复非故障区段供电，缩小了停电范围、减少了停电影响，同时减轻了运行人员故障查找工作量，配合故障指示器的使用快速定位了故障点，大幅提高了抢修复电效率。

13.4 本 章 小 结

中国南方电网公司结合实际需求和区域差异，务实地提出了“简洁、实用、经济”的配电自动化建设思路和“差异化技术实现、标准化设备配置”的原则，既发挥出配电自动化系统的作用，又有效减少了投资、建设和维护工作量，对于配电自动化的长期可持续推进有重要意义。

本章总结了佛山供电局、中山供电局和贵阳供电局在建设实用化配电自动化系统方面的宝贵实践经验。

本 章 参 考 文 献

[1] 陈勇，海涛. 电压型馈线自动化系统［J］. 电网技术，1999，23（7）：31–33.

[2] 刘健，张伟，程红丽. 重合器与电压–时间型分段器配合的馈线自动化系统的参数整定［J］. 电网技术，2006，30（16）：45–49.

[3] 刘健，倪建立，邓永辉. 配电自动化系统（第二版）［M］. 北京：中国水利水电出版社，2003.

14 低负荷密度供电区域实用型配电自动化实践

中国配电网差异化程度很高，既有负荷密集、对供电可靠性要求很高的供电区域，也有负荷较为分散、对供电可靠性要求一般的供电区域。后者占据了绝大部分的供电面积，且配电线路多为10kV架空线路，多数配电网线路运行环境较差，仍存在长达上百公里以上的线路，造成低负荷密度区域配电线路故障多发、巡线工作量大、线路维护困难。

由于缺少自动化手段，一旦配电线路发生故障，便会引发变电站跳闸，造成全线路停电，有的配电线路变电站出口年跳闸次数甚至达到每年20次以上。查找故障时需要全线路巡查，查找故障时间长，运行维护人员劳动强度大，对于长配电线路单次故障查找有时需要占用5～6人查找3～12h，而且造成停电范围大、停电时间长、供电可靠性降低。

在线路的日常运行中，由于缺乏监控手段，无法了解线路的运行情况，造成配电网管理工作中盲区大，线路运行状态无法及时掌握，制约了配电网管理水平的提高。

适用于各中心城市的配电自动化建设方案，虽然具有很全面的功能，但需要建设复杂的主站和完善的光纤通信网络，还需要大量的人员进行维护。这些工作需要投入大量的人力和资金，考虑到低负荷密度供电区域的实际情况和投入产出比，照搬中心城市的配电自动化系统是不现实的，需要探索施工快捷、功能实用、运维方便的简单配电自动化实现方案，以解决故障处理、运行监控、线损分析等配电网运行管理中急需解决的关键问题。

本章介绍一些县级供电公司在实用型配电自动化建设中进行的实践探索。

14.1 低负荷密度供电区域配电自动化面临的主要问题和解决思路

低负荷密度供电区域配电自动化建设面临的主要问题包括：经济性问题、通信问题、施工问题和运维问题。

解决上述问题的主要思路如下：

（1）讲求实效，合理投资，解决经济性问题。尽可能减小配电自动化系统规模，去除尚不明确的预留功能，降低运维难度。聚焦能够给配电网运维工作带来实际价值的功能，如故障定位与隔离、负荷监控、电能计量、远方控制等。

（2）注重长效，选择合理的通信方式，解决通信问题。选择可靠的通信方式，是保证配电自动化效用充分发挥的重要一环。当配电自动化覆盖率达到一定程度时，将这些广泛分布的监控点信息用可靠的通信手段收集起来，加以利用，可以大幅提升配电网运维质量，否则耗费巨资的配电自动化建设，会毁于通信信道。

从实践经验来看，光纤通信技术和无线通信技术都已经发展的成熟可靠，通信的问题不是出在通信技术上，而是出在通信信道的运维上。对于配电网架结构相对稳定、有通信运维力量的地方，光纤通信方式是首选；而对于经济发展较快、面临增容改造的区域，以及广袤的农村地区，无线通信方式是首选。

（3）方便施工，降低建设难度，解决施工问题。配电线路所处的地理环境复杂、气候条件多变、施工条件差。安装在线路上的设备宜是小型化、重量轻、现场接线少、适于带电安装的，从而能够简单快速地完成现场施工。

（4）简单易用，降低运维难度，解决运维问题。许多配电自动化系统应用效果不理想的原因不是系统设备坏了，而是运行维护工作没有主体支撑，各地运维力量强弱不同。所以，在产品及系统设计过程中，应该重点考虑可靠性设计、防错设计、免维护设计，将复杂的工作留在出厂前，尽可能减少现场的调试工作量；设备运行要减少对应用单位运维力量的依赖。

14.2 实用型配电自动化建设实践方案

14.2.1 总体架构

实用型配电自动化方案包含三大功能块，总体架构如图 14–1 所示。

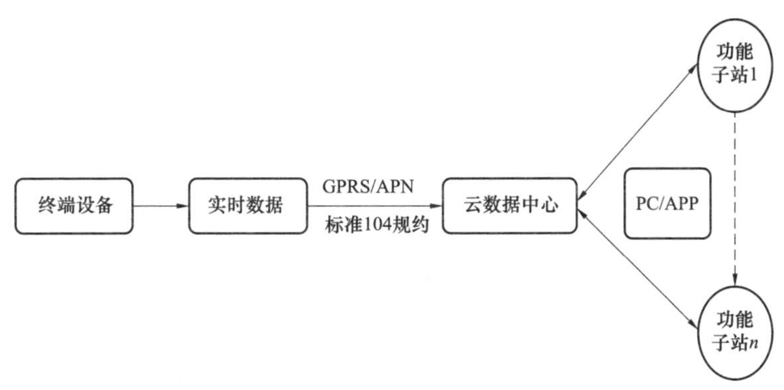

图 14–1 实用型配电自动化实践方案总体架构图

14.2.2 馈线自动化设备

本节所述的馈线自动化设备，不仅仅指传统意义上的二次设备，也包括与之紧密相连的一次设备。将一二次设备进行融合设计，可减少现场一二次设备匹配的工作量，降低安装难度，具有良好的发展前景。

（1）取电电压互感器（TV）与开关本体一体化设计。在配电网自动化建设中，自动化终端的低压电源问题始终是关键技术问题之一，电容式 TV 以其体积小、运行稳定可靠等特点为取电用 TV 与开关本体一体化设计提供了方便，如图 14–2 所示。

图 14–2　取电 TV 与开关本体一体化设计

将取电用 TV 与开关本体一体化设计，可减少现场施工量、提高工作效率，原来需要在现场完成的匹配、接线、调试工作，都可以在工厂内部制造时完成，在现场只需要进行一次吊装即可使用。通过这种一体化设计，可以减少大量发货、运输和现场施工过程中不必要的、易出错的工作。让配电自动化建设变得“简单”起来。

（2）电子式互感器与开关一体化设计。常规开关只带有 A、C 两相电磁式 TA，用于简单的过流脱扣保护。随着电子式互感器的成熟，小型化、低功耗的电流、电压互感器可以内置或跟开关一体化设计，如图 14–3 所示，从而可以支持 FTU 实现测量、监控、保护、计量一体化的功能，进一步拓展配电自动化终端的应用范围。

图 14–3　电子式互感器与开关一体化设计

1）接地选线。内置于开关本体的电子式互感器可以采集零序电压和零序电流，支持配电终端零序方向判断。如果将共母线的每个馈线出口装设这种带零序方向判断功能的智能开关，再配合简易故障指示器或接地故障点巡检装置，即可定位接地位置。

2）电能计量。低功率电流线圈（LPCT）具有宽范围、高精度的电流转换特性，可以支持 FTU 获取 10kV 关口各项计量基础数据，从而可以支撑一体化电量与线损管理系统相关业务功能应用，提升线损精益化管理水平。无需再加装专用计量互感器和智能电能表，简化配置，减少运维工作量。

3）方向保护。内置于开关本体的电子式互感器可方便地采集三相电压和三相电流，为实现方向保护提供了必要的信息。利用电子式互感器提供的高精度数据（0.5 或 0.5S 级），配电终端可以计算出功率方向、有功功率、无功功率、功率因数等反映线路运行情况的实时数据，同时可以根据实际运行需要，配置三段过流方向保护等功能。

（3）微功耗小型化配电终端。配电终端常年运行在户外，像液晶、操作把手、按钮等部件不仅占用箱体的空间，而且利用率很低、容易损坏。这些部件的作用基本都可以用远方或就地通信方式替代。去掉这些当地人机交互部件后，不仅可以缩小体积，也有利于密封防尘设计，使 FTU 户外运行更加可靠，免维护或少维护。

对配电自动化设备而言，功耗的增大意味着发热量的增加和可靠性的下降，低功耗设计可以有效减小设备电子器件的发热量，提高可靠性，对在高温地区户外长期运行的设备来说，可以有效增长使用寿命。低功耗设计也可以有效减少储能用超级电容的容量、体积乃至造价。

通过采用低功耗元器件，在设计方案上避免不必要的功耗损失，将自动化装置的功耗降到一定范围内后，自动化装置就可以与低功率输出的电压、电流互感器相配合，从而进一步减少一次设备的体积和功率消耗。

14.2.3 监测中心建设方案

（1）配电网云数据监测中心。在工程实践中，采取了将配电网云数据监测中心部署于省电科院电网技术中心的方案，该部门不仅业务能力强，对系统运维也有丰富的经验。各县级供电公司可以通过专用 App、加密客户端、VPN 浏览器等多种安全、可靠的途径获取实时信息。云数据中心不仅可以降低总体投资，便于系统扩充，同时可以解决县公司实际使用部门遇到的系统管理难、线路信息获取难的问题。云数据监测中心由云服务支持系统和 APN 专线通信系统组成。

1）云服务支持系统。云服务支持系统由数据中心管理系统、广域数据采集子系统和配电线路故障研判子系统组成。完成配电线路实时数据的采集、处理和故障研判，确定故障区段。云服务支持系统规模能够按照接入数据点的个数进行灵活扩容、增量配置，在系统稳定运行的前提下，既满足系统在线升级扩容，又达到系统按需建设的目的，具有良好的经济实用性。

云服务支持系统虚拟化服务器、网络、数据存储等各种计算处理资源，为各个县供电公司用户提供配电网运行数据和故障信息，系统根据建设需求，可以动态扩展，根据管理线路和接入设备的增加，可以对增加的服务器进行虚拟化资源管理。

2）APN 专线通信系统。APN 专线通信技术通过 APN 网络提供数据安全传输。终端设备可以通过数据专网与系统内网进行数据交互，保证数据传输的安全可靠。同时，数据专网还可以为接入终端设备提供接入鉴权认证和智能管理功能，是一种成熟的广域安全通信解决方案。配电网云数据中心通过 APN 建立广域通信网络和终端设备进行数据交互。

（2）丰富的信息获取途径。配电网云数据监测中心在提供客户端访问的基础上，应用移动互联的思想，通过安全专用 App 实现信息访问，帮助基层使用者在巡线、现场抢修的同时就能迅捷快速的获取线路实时信息，帮助抢修工作提升工作效率。

14.2.4 工程建设与运维

在县级供电公司配电自动化实践中，需要充分考虑现场工程安装、后期运维等因素，因地制宜选择设备及通信方式，保证用最短的时间、最少的工程量建设实用、好用、易维护的配电自动化系统。以下列出一些在工程实践中总结出的经验。

（1）缩短监测中心建设周期。配电网云数据监测中心采用动态扩展架构，可以根据接入设备的数量，动态增加硬件规模，动态增加软件系统服务规模，注重实用与整体建设，减少建设初期过度的硬件投资，以搭积木的形式从无到有、从小到大、从简到繁地构建配电自动化系统，有助于避免一次性集中进行大而全的建设，避免将时间、资金浪费在不急需的高级应用和过度冗余的硬件设施上面、避免系统建设好以后缺少设备接入。云数据监测中心模式可以让县级供电公司缩短系统建设周期，在基础云平台上，几个工作日内就能够将新增的系统模块搭建、部署、配置完成。在终端设备安装的同时，就进行调试和接入，在一个月甚至几周内，就能完成馈线层面的自动化建设，让基层人员享受配电自动化带来的成果，有效提高工作效率，降低现场运维人员工作量。

（2）防错功能设计。防错设计是保证设备简单易用的关键技术。在配电自动化建设过程中，自动化终端的现场施工安装以及系统挂接尤为重要，一旦出错不仅会影响故障区位判断，更会埋下严重的安全隐患。周密的防错设计有利于配电自动化设备的大量推广应用，而不增加基层运维人员的工作难度。

1）监测中心与工程安装的配合。在以往的工程现场，自动化终端设备安装时需要人工记录装置编号、TA 变比、保护定值、线路名称、杆塔号等信息，安装完成后需要将记录的信息与 PMIS 系统核对，没有 PMIS 系统的，还得人工录入系统，再和系统进行挂接。每一个环节都由人工完成，工作量大，其中任何一个细节出错都有可能引起严重的后果。

二维码的应用已经非常普遍了，在终端设备出厂时赋予其一个唯一的二维码，该二维码就包含了设备所有的信息，在现场安装时只需简单的“扫一扫”，就可以将设备信息、地理位置信息发送到监测中心，提高了工作效率。通过自动化手段让工程安装工作简单、快捷。

2）TA 变比调节开关。目前工程现场大量安装使用的断路器没有配置电子式互感器，通常需要在现场进行 TA 变比调节，而 TA 变比配置错误占遥测数据错误的很大比例，经常由于端子定义不清晰，运维人员接线出错，螺丝上不紧等因素导致调节错误，由此引起测量失准，造成装置误判等严重后果。如图 14–4 所示的 TA 变比调节开关，内部带有防 TA 开路的设计。运维人员可以带电操作，通过简单的旋钮操作就可以完成 TA 变比调节，通过目视就可以清楚观察到 TA 变比设置情况，可以避免传统调节办法所带来的一系列出错问题，让 TA 变比调节变得简单，从而提高运维工作的效率。

图 14–4 TA 变比调节开关

3）设备异位管理。配电网的网架拓扑结构经常发生改变，配电线路的升级改造时有发生，配电自动化终端设备自安装以后其位置也并不是一成不变的，在发生设备异位时保证其信息的及时、准确更新是配电自动化系统运行维护的重要工作。

通过 GPS 定位锁定终端设备地理位置，并将地理位置信息上传系统，当设备地理位置发生改变时，运维工作人员可以第一时间掌握设备信息，及时跟进相关动态，将设备与系统再次有效挂接。

14.2.5 工程实践及应用效果

以国家电网公司某县级供电公司的工程实践为例加以说明。该供电公司南中线和江益线属于故障高发线路，每到春夏季，暴风雨及鸟害严重，因鸟害及恶劣天气造成线路频繁故障。过去由于线路上缺乏自动化手段，经常出现线路末端或分支故障造成变电站出口跳闸，引发全线停电。而单纯依靠变电站信息进行全线查找故障费时费力，停电时间长，停电范围大。

2014 年 3 月，该供电公司在 10kV 南中Ⅲ线和 10kV 江益线建设了实用型配电自动化系统，安装一二次融合的一体化终端设备 10 台，均配置了就地继电保护功能。为了缩短停电时间，减少停电范围，在较长的线路安装分段开关，并在事故多发支线、巡线难度大的支线首端加装开关。按照这个思路进行合理分段后，可以有选择地切除故障区域，减少停电范围。同时，查找故障也更具有选择性，减少了故障查找和恢复时间。

在线路干线上安装 3 台一体化终端设备对线路进行有效分段，在线路分支线各安装 1 台一体化终端设备用于隔离支线故障，避免支线故障引起的变电站跳闸。为了规范配电网保护配置，变电站及线路继电保护设备应具备三段式过电流保护。但为了保证配电网线路继电保护的选择性及灵敏性、简化整定计算、满足主变保护配合要求，10kV 配电网线路继电保护按两段式进行整定，即电流Ⅰ段保护和Ⅱ段过电流保护。

在各级一体化终端设备进行合理的定值整定后可与变电站三段式过电流保护形成有效的保护配合，每一级的故障不会引起上一级的跳闸，支线故障不会引起干线跳闸，干线故障不会引起变电站跳闸，在线路故障时有选择性地隔离故障，减小停电范围。

每个一体化终端设备从安装到数据接入系统总用时不超过 3h。考虑到这两条线路所处地形复杂，横跨山区和湖区，选用了无线 APN 通信方式，并部署相应的桌面客户端及移动手机客户端软件。该项目共历时 40 天，赶在 5 月份鸟害大量来临前完成了安装调试工作，系统投入运行。

监测中心采用简单的功能子站方式，考虑到供电公司的实际需求，功能主要聚焦于及时准确地判断、隔离线路故障，同时也可以对线路的运行状态进行实时监控，方便对线路的负荷情况进行统计分析。

为方便线路运维人员及时获得数据，每个线路运维人员通过主站订阅了故障短信通知，同时安装了与桌面客户端内容相同的移动手机客户端，如图 14–5 和图 14–6 所示。

图 14–5　移动手机客户端

图 14–6　运检部客户端

实用型配电自动化系统自 2014 年 5 月投运以来，准确判断处理故障多次，部分故障记录如表 14–1 所示。线路发生故障后，该系统在客户端上发出告警，同时以手机短信的方式，告知相关线路运维人员故障的类型、位置等信息，运维人员直接前往线路发生故障的区段处理故障，减少了故障查找的范围，从而缩短了故障处理的总体时间。

表 14–1　　实用型配电自动化系统投运以来的部分故障记录

序号	故障发生时间	故障类型/相别	故障定位结果	故障修复及恢复供电时间（min）	故障原因
1	2014.05.05 15:48:04	Ⅰ段过流/BC	江益线 43+2#杆大坝 JK01 开关至江益线 91#杆敬老院 JK05 开关或荷塘主干线 42#+19#爱国圩 JK04 开关前的区段	50	鸟害
2	2014.05.24 00:04:08	Ⅱ段过流/BC	江益线 91#杆敬老院 JK05 开关后线路末端	145	污水厂配变入地电缆破损
3	2014.06.03 09:29:57	Ⅰ段过流/BC	江益线荷塘主干线 61#杆葡萄园 JK03 开关后和 137#杆花果山 JK07 开关前的区段	92	移动基站分支线路因新区填土作业导致专变倾倒
4	2014.06.22 13:36:38	Ⅰ段过流/AB	江益线荷塘主干线 61#杆葡萄园 JK03 开关后和 137#杆花果山 JK07 开关前的区段	73	联通专变分支线路刀闸支柱绝缘子击穿
5	2014.07.01 14:48:18	Ⅰ段过流/AB	江益线 43+2#杆大坝 JK01 后至江益线 91#杆荷塘主干线 42#+19#爱国圩 JK04 开关前的区段	30	鸟害
6	2014.07.28 18:58:53	Ⅱ段过流/BC	江益线荷塘主干线 42#+19#爱国圩 JK04 开关，荷塘主干线 61#杆葡萄园 JK03 开关之间的区段	40	外力破坏：吊机吊树碰线
7	2014.08.12 17:05:17	Ⅰ段过流/AC	江益线 43+2#杆大坝 JK01 开关，荷塘主干线 42#+19#爱国圩 JK04 开关之间的区段	60	雷击故障，未含故障点处理 5h
8	2014.08.24 04:53:20	Ⅱ段过流/AB	江益线荷塘主干线 137#杆花果山 JK07 开关后端	300	中铁六局 3～4 台未检验的故障专变（进水）投入，处理故障用时 5h
9	2014.09.15 12:16:04	Ⅱ段过流/AB	江益线荷塘主干线 137#杆花果山 JK07 开关后端	30	中铁六局 3～4 台未检验的故障专变（进水）投入

续表

序号	故障发生时间	故障类型/相别	故障定位结果	故障修复及恢复供电时间（min）	故障原因
10	2014.09.27 08:26:34	Ⅰ段过流/AC	南中Ⅲ线铺司分支线 001#杆，米粮铺支线 044#杆，九岭村分支线 001#杆之间的区段	35	源水公司用户专变 AC 相避雷器击穿
11	2014.10.21 15:56:02	Ⅱ段过流/AB	江益线荷塘主干线 137#杆花果山 JK07 开关后端	53	外力破坏：毛山分支线被吊机碰线
12	2014.11.17 11:54:30	Ⅱ段过流/ABC	江益线 91#杆敬老院 JK05 开关后	40	外力破坏：胡家分支线被挖机碰线

由于每台一二次融合的一体化终端设备均配置了就地继电保护功能，经过对线路的合理分段及适时调整的定值整定后，可以及时隔离故障尤其是线路末端及分支线故障，大幅度缩小停电范围，有效减少了变电站出线断路器的跳闸次数，提高供电可靠性，增加售电量收入。系统投运前后 10kV 江益线的变电站出线断路器跳闸次数比较如图 14–7 所示。

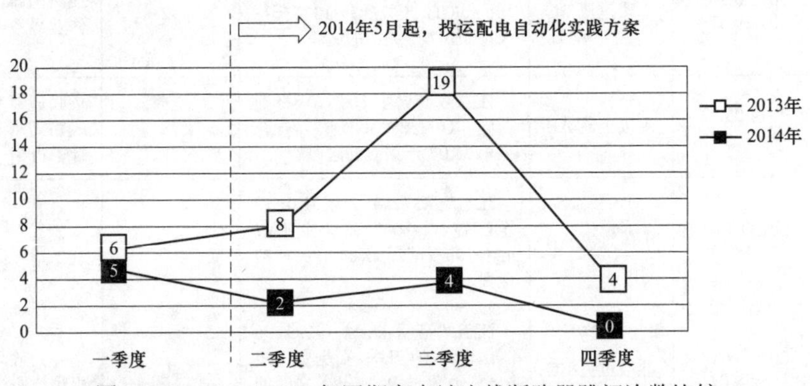

图 14–7　2013～2014 年同期变电站出线断路器跳闸次数比较

综上所述，针对高故障线路整治的配电自动化实践方案设备总投资 40 万，建设周期 40 天。系统建成后，故障导致全线停电次数大幅降低，只有投运前同期的 20%左右；故障处理时间缩短到约 30～145min（以往故障查找处理到恢复供电的时间常需 3h 以上）。系统运行效果较明显，有效缩小了停电范围，缩短故障查找和停电时间，提高了供电可靠性和供电服务水平。

14.3　本　章　小　结

本章介绍了针对县域及城郊等低负荷密度配电网的实用型自动化建设实践，

旨在使其具备易安装、易使用、易维护的特点，主要思路包括：

（1）馈线自动化设备采取一二次融合、功能一体化设计方案。将取电电压互感器、电子式电流电压互感器与开关本体一体化设计，减少现场协调、安装的工作量，简化接线。

（2）馈线自动化设备配置就地继电保护功能，经过对线路的合理分段及适时调整的定值整定后，可以及时隔离故障尤其是线路末端及分支线故障。

（3）配电终端采取小型化、低功耗设计方案，减小了一二次整套设备的重量、体积和功耗，增加可靠性和户外运行寿命，并减少储能用超级电容的配置容量和造价。

（4）防错设计使设备安装和建设更简单，减少工程安装、后期运维中的人为错误。

（5）积木式、可扩充结构的云服务数据监测中心，配合移动互联网技术，使系统功能简捷、经济、实用，解决了基层应用单位运维能力不足的问题。

15 北京架空线路级差配合就地型馈线自动化

级差配合就地型馈线自动化是通过变电站出线断路器、支线首端断路器、高压用户分界断路器保护级差配合，就地快速隔离支线和用户故障，实现支线故障不扩大，用户故障不出门；利用重合闸与合闸后加速隔离主干线路故障，联络开关由人工或遥控操作合闸。国网北京电力公司在城区、怀柔等 10 个区 500 余条架空配电线路实践了级差配合就地型馈线自动化，收到良好效果。

15.1 规划原则及继电保护配置

15.1.1 规划原则

北京电力公司架空线路网架建设改造目标为：

（1）架空线路 A+、A、B 类供电区域实现多分段多联络，C 类供电区域实现三分段三联络，D 类供电区域实现三分段两联络。

（2）架空线路联络点应设置于主干线上，一般一个分段设置一个联络点。A+、A、B、C 类供电区域线路末端应与对端变电站馈线形成联络，其他联络优先与不同变电站或同一变电站不同母线馈线构建。D 类供电区域应优先建设线路末端联络。

（3）D 类供电区域实施“煤改电”的，架空线路应满足三分段两联络的网架结构要求，并配置发电机等应急保障装备。

针对北京电力公司架空线路的实际特点，制定了下列规划原则：

（1）架空线路新装或更换分段、联络开关时，应选用柱上断路器。

（2）A+、A、B、C 类供电区域架空线路，应在主干线上的高压用户分界点以及与主干线连接带有以刀闸分界高压用户的支线首端安装柱上断路器。

（3）D 类供电区域架空线路，应在主干线主要分段位置上安装柱上断路器（不超过两台），原则上不在支线首端及高压用户分界点处安装柱上断路器。

（4）小电流接地系统架空线路至少安装 3 套“二遥”故障定位装置。“二遥”故障定位装置应安装于架空线路出站、主干线主要分段、大分支线首端、故障多发线路位置，安装间隔不宜小于 2km，安装处线路半日内平均负荷电流应大于 5A；可安装在柱上负荷开关处、不可安装在柱上断路器处，以保证不与具备接地故障判断的柱上开关发生功能重叠。

15.1.2 继电保护配置

安装于 A+、A、B、C 类供电区域主干线的分段处柱上断路器处的自动化装置只配置告警功能；安装于联络处柱上断路器的自动化装置配置保护出口；安装于主干线上的高压用户分界点、支线第一级首端柱上断路器的继电保护装置分别与安装于变电站出线断路器的继电保护装置形成延时时间级差配合；负荷转供或合联络开关过程中，联络开关负荷侧发生故障，由联络开关瞬间隔离所带故障线路。

安装于 A+、A、B、C 类供电区域主干线的分段柱上断路器处的自动化装置还配置失压分闸控制、一侧带电延时重合闸（动作延时时间取 1s）、合闸后加速（动作延时时间取 0.1s，开放时间取 0.5s，对于小电流接地系统，还需配置合闸后零序电压加速跳闸功能，延时 0.6s，开放时间 0.8s）、短时来电闭锁（若一侧来电后未维持带电状态超过规定时间又失电，则闭锁一侧带电延时重合闸功能）。

对于 D 类供电区域，安装于主干线主要分段柱上断路器（不超过两级）的继电保护装置之间以及与安装于变电站出线断路器的继电保护装置之间形成多级延时时间级差配合，除此外的安装于其他分段、联络处柱上断路器的继电保护装置只配置告警功能。

（1）变电站 10kV 出线断路器继电保护配置及整定。配置二段过流保护、二段零序过流保护、三相一次重合闸。二段过流保护、二段零序过流保护动作均可跳开 10kV 出线断路器。

1）过流Ⅰ段保护。按躲过该线路所带变压器低压侧故障的短路电流整定，动作延时时间定值取 0.5s。

2）过流Ⅱ段保护。应保证线路末端故障时有足够的灵敏度。考虑线路所带负荷情况，一般不低于电流互感器额定值的 1.5 倍，动作延时时间定值取 1.0s。

3）零序过流保护。北京地区小电阻接地系统中性点接地电阻采用 10Ω，结合运行经验与灵敏性要求，零序过流Ⅰ段保护电流定值取 120A，动作延时时间定值取 0.5s；考虑区内故障灵敏性与区外故障防误动要求，结合架空线路中电缆长度，零序过流Ⅱ段保护电流定值取 20A，动作延时时间定值取 1.0s。小电流接地系统全部采用消弧线圈接地，不投零序电流保护。

4）三相一次重合闸，动作延时时间定值取 1.0s。

（2）A+、A、B、C 类供电区域的主干线分支断路器及 D 类主干线第一级断路器保护配置及整定。二段过流保护、一段零序过流保护、合闸后加速。过流保护、零序过流保护，均动作于跳对应柱上断路器。

1）过流Ⅰ段保护。按照躲过开关下游所带变压器低压侧故障及所带最大变压器合闸涌流整定；考虑与变电站 10kV 出线断路器的过流Ⅰ段保护配合，动作延时时间取 0.2s。

2）过流Ⅱ段保护。按保证线路末端故障时有足够的灵敏度及躲过所带最大负荷电流整定；考虑与变电站 10kV 出线断路器的过流Ⅱ段保护配合，动作延时时间取 0.5s。

3）零序过流保护。对于小电阻接地系统，考虑与变电站 10kV 出线断路器零序过流保护Ⅱ段配合，保护定值取 20A、0.2s；对于小电流接地系统利用暂态信息判出接地故障，动作延时时间可取 10～15s。

4）三相一次重合闸，动作延时时间定值取 1.0s。

（3）A+、A、B、C 类供电区域的高压用户分界断路器及 D 类主干线第二级断路器保护配置及整定。配置二段过流保护、一段零序过流保护。过流保护、零序过流保护，均动作于跳对应柱上断路器。

1）过流Ⅰ段保护。按照躲过开关下游所带变压器低压侧故障及所带最大变压器合闸涌流整定；考虑与上一级断路器配合关系，动作延时时间取 0s。

2）过流Ⅱ段保护。按保证线路末端故障时有足够的灵敏度及躲过所带最大负荷电流整定；考虑与上一级断路器配合关系，动作时间取 0.2s。

3）零序过流保护。对于小电阻接地系统，考虑与上级零序电流保护配合，保护定值取 20A，0s；对于小电流接地系统利用暂态信息判出接地故障，考虑与上一级断路器配合关系，动作延时时间可取为 5～10s。

（4）A+、A、B、C 类供电区域的主干线分段断路器保护配置及整定。分段断路器配置一段过流保护、一段零序过流保护，动作于告警，此外还应配置失压分闸控制、一侧带电延时重合闸、合闸后加速、短时来电闭锁；合闸后加速动作于跳闸；联络断路器配置一段过流保护、一段零序过流保护，动作于跳闸。

1）过流Ⅰ段保护。对于所有系统，统一保护定值 600A、0.2s。

2）零序过流保护。对于小电阻接地系统，统一保护定值 20A、0.2s；对于小电流接地系统利用暂态信息判出接地故障，动作延时时间可取 10～15s。

3）线路确认失电延时定值 0.3s。

4）线路一侧来电延时合闸定值 1s。

5）合闸后加速。动作延时 0.1s，开放时间 0.5s；小电流接地系统单相接地故障时，零序电压后加速动作延时 0.6s，开放时间 0.8s。

6）短时来电闭锁。若一侧来电后未维持带电状态超过规定时间又失电，则闭锁一侧带电延时重合闸功能。

15.2 馈线自动化的实现

变电站出线断路器、支线首端断路器、高压用户分界断路器保护级差配合，实现支线故障不扩大，用户故障不出门。主干线故障配合变电站出线断路器一次重合闸，实现隔离故障区间与恢复非故障段供电。

本节以实例说明级差配合就地型馈线自动化的故障处理方法。

图 15–1 为 A+、A、B、C 类供电区域的级差配合就地型馈线自动化的典型配置图，其中：QF–CB 为变电站出线断路器，QF–FS1、QF–FS2、QF–FS3 为分段断路器，QF–ZB 为分支线断路器，QF–FSW1 和 QF–FSW2 为分支线用户分界断路器，QL–LS 为采用负荷开关的联络开关。

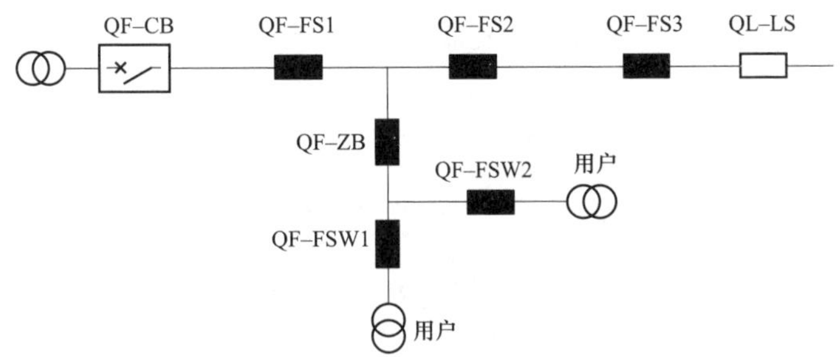

图 15–1　级差配合就地型馈线自动化的典型配置图

（1）主干线短路故障处理。假设 QF–FS2 和 QF–FS3 之间发生永久性故障，安装于 QF–CB、QF–FS1、QF–FS2 的继电保护装置检测出故障电流，但安装于 QF–FS1、QF–FS2 的继电保护装置仅告警，0.5s 延时后 QF–CB 保护动作跳闸，随后 QF–FS1、QF–FS2、QF–FS3 失压分闸，如图 15–2 所示。

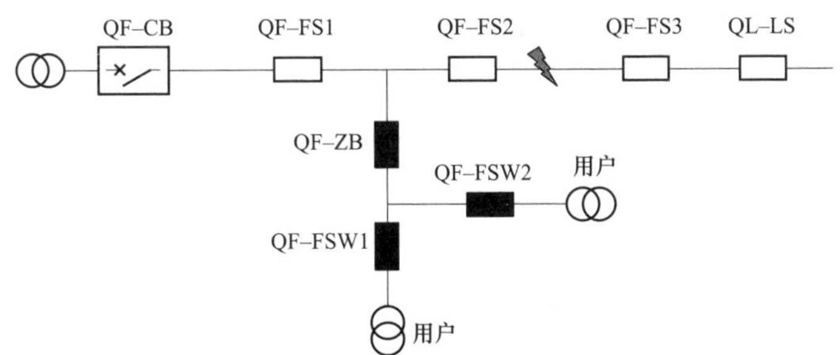

图 15–2　QF–CB 延时 0.5s 后保护动作跳闸，主干线其他断路器失压分闸

QF–CB 在 1s 后第一次重合闸，QF–FS1 一侧来电延时 1s 后重合闸成功，将电送到 QF–FS2，如图 15–3 所示。

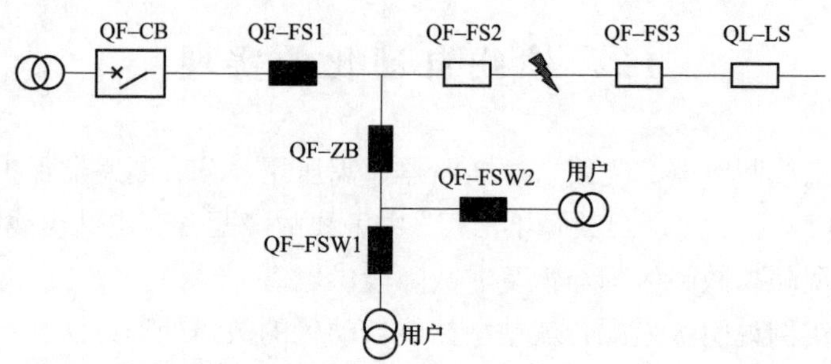

图 15–3　QF–CB 在 1s 后第一次重合闸，QF–FS1 一侧来电延时 1s 后重合闸成功，将电送到 QF–FS2

QF–FS2 一侧来电延时 1s 后重合到故障点，0.1s 后，合闸后加速动作跳闸，QF–FS3 因短时来电闭锁重合闸，完成故障自动隔离，如图 15–4 所示。QL–LS 采用人工或远方遥控方式合闸，恢复非故障区间供电。

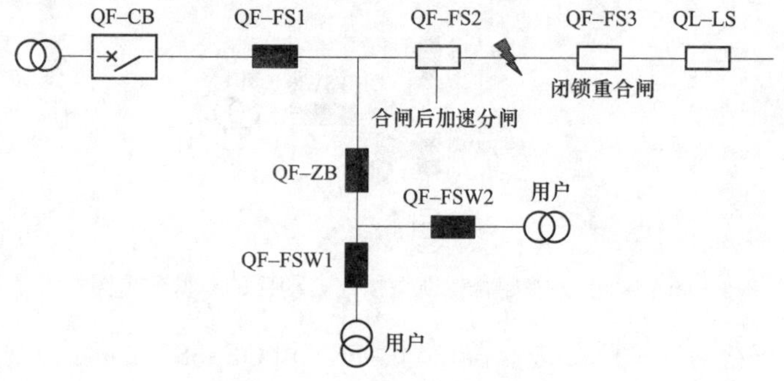

图 15–4　故障自动隔离完成

（2）分支/用户侧故障处理（含小电阻系统单相接地故障）。假设在线路 F1 处发生故障（相间短路或小电阻系统发生单相接地故障），QF–CB1、QF–FS1 和 QF–ZB 同时检测到故障，但 QF–FS1 只配置了告警，且 QF–ZB 动作延时时间短于 QF–CB，则延时 0.2s 后 QF–ZB 保护动作跳闸切除故障，QF–CB 的继电保护返回。经过延时 1s 后 QF–ZB 重合，当 F1 处为瞬时故障时，重合闸成功，恢复供电。当 F1 处为永久性故障时，QF–ZB 合闸后加速跳闸迅速隔离故障，故障处理完毕，如图 15–5 所示。

假设在线路 F2 处发生故障（相间短路或小电阻系统发生单相接地故障），QF–FSW2、QF–ZB、QF–FS1、QF–CB 同时检测到故障电流，但 QF–FS1 只配置了告警，且 QF–FSW2 的动作延时时间最短，则 0s 后 QF–FSW2 保护动作跳闸切除故障，QF–CB 和 QF–FS1 的继电保护返回。故障处理完毕，如图 15–6 所示。

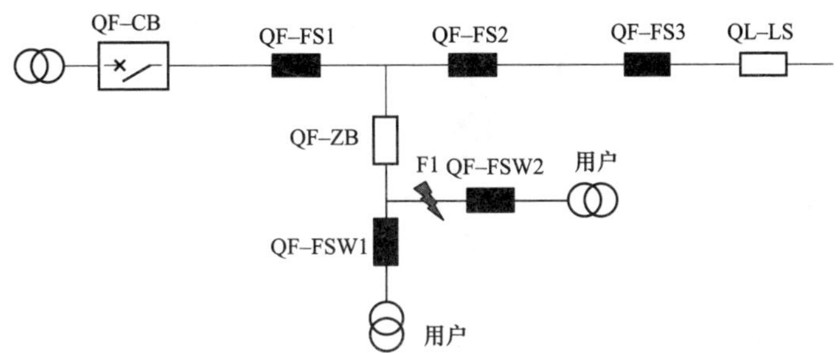

图 15–5　F1 发生永久性故障后自动处理完成

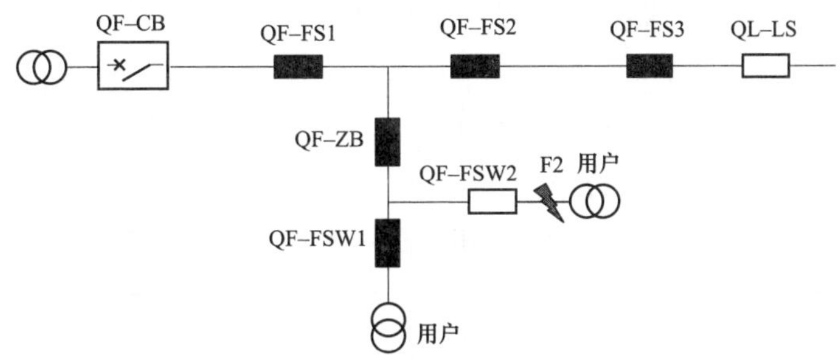

图 15–6　F2 发生永久性故障后自动处理完成

（3）小电流接地系统主干线单相接地故障处理。假设图 15–7 所示馈线处于 D 类区域，QF–FS1 配置了保护跳闸功能。

假设 QF–FS2 与 QF–FS3 之间发生单相接地故障，QF–FS1、QF–FS2 依据暂态量法判断出接地故障在其下游。QF–FS1 检测出接地故障在其下游后延时 15s 跳闸，QF–FS2、QF–FS3 失压分闸，如图 15–7 所示。

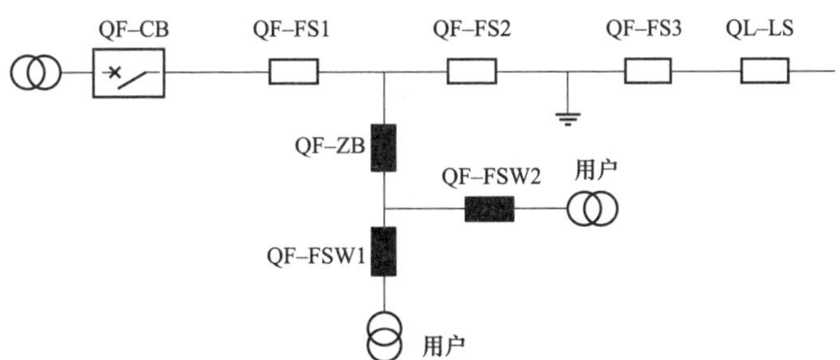

图 15–7　QF–FS2 与 QF–FS3 之间发生单相接地故障，QF–CB 零序保护动作，主干线分段开关失压分闸

QF–FS1 延时 1s 后重合成功将电送到 QF–FS2，QF–FS2 延时 1s 后重合，因合到单相接地点而引起零序电压超过阈值，则 QF–FS2 立即分闸，QF–FS3 因短时来电闭锁重合闸，完成故障自动隔离，如图 15–8 所示。QL–LS 采用人工或远方遥控方式合闸，恢复非故障区间供电。

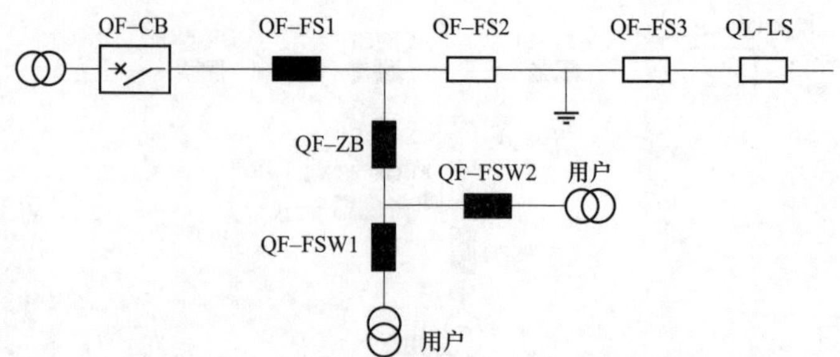

图 15–8　QF–CB、QF–FS1 重合成功，QF–FS2 因合闸时检测到零序电压而再次分闸，QF–FS3 因短时来电闭锁

（4）小电流接地系统分支/用户侧单相接地故障处理。假设图 15–9 和图 15–10 所示馈线处于 A 类区域，QF–FS1 和 QF–FS2 只配置了告警，QF–ZB 和 QF–FSW2 配置了动作跳闸功能。

假设 F1 处发生单相接地故障，QF–ZB 和 QF–FS1 的暂态量算法同时检测到接地位置在其下游，QF–ZB 延时 15s 后跳闸，完成故障处理，如图 15–9 所示。

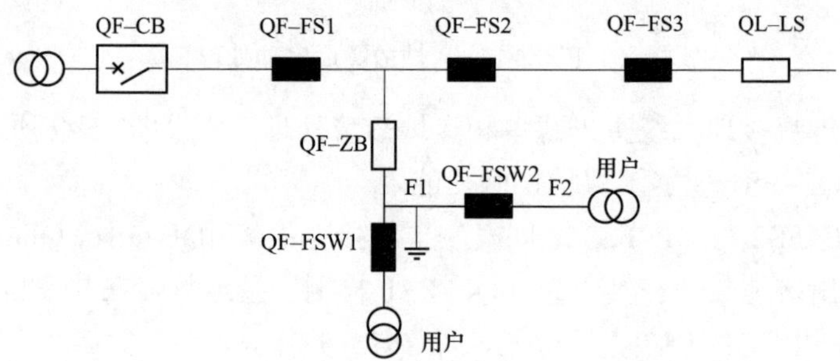

图 15–9　QF–ZB 跳闸完成单相接地故障处理

假设 F2 处发生单相接地故障时，QF–FSW2、QF–ZB、QF–FS1 的暂态量算法同时检测到接地位置在其下游，QF–FSW2 的延时时间（10s）短于 QF–ZB 延时时间（15s），因此 QF–FSW2 延时 10s 后跳闸，完成故障处理，如图 15–10 所示。

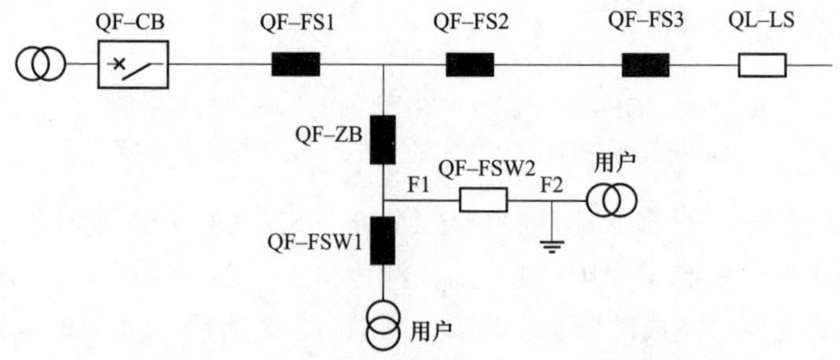

图 15–10　QF–FSW2 跳闸完成单相接地故障处理

（5）负荷转供情况下故障处理。假设图 15–11 所示在联络开关 QL–LS 处于合位，所带线路发生故障时，由联络断路器配置一段过流保护或一段零序过流保护，动作于跳闸；当为小电流系统发生单相接地故障时，由 QL–LS 依据暂态量法判断出接地故障在其负荷侧，延时 15s 跳闸，动作于跳闸。

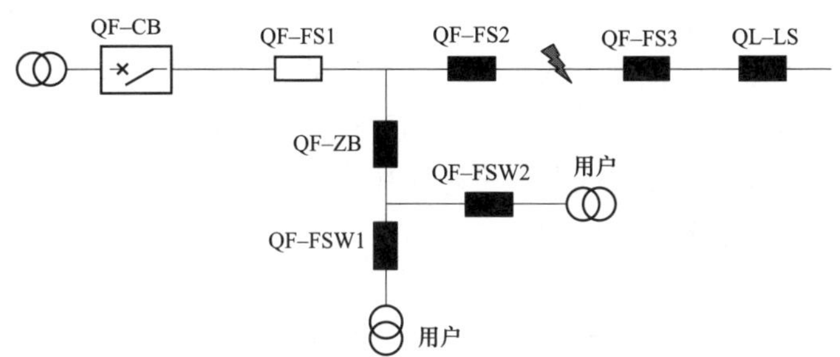

图 15–11　QL–LS 跳闸完成单相接地故障处理

15.3　应　用　效　果

国网北京市电力公司 2016 年结合城郊地区煤改电工程开展试点应用，结合“二遥”型故障指示器实现配电网故障快速隔离和定位；目前共计在 582 条煤改电线路开展级差配合就地型馈线自动化建设和应用，2016 年国网北京市电力公司配电网架空部分统计故障率同比降低 42.7%。

15.4　本　章　小　结

就地型馈线自动化适用于对供电可靠性要求较高、并且采用无线通信条件下的架空线和架空—电缆混合线路，后期具备光纤后，通过切换终端模式实现集中型馈线自动化的应用。其优势主要在于变电站只需配置一次重合闸；故障隔离速度快，5s 左右完成；不依赖通信方式即可完成故障隔离，可靠性更高；具备处理短路故障和单相接地故障的能力。局限性在于变电站出线过流 I 段时间延时 0.5s，变电站出线近区短路故障时对主变冲击有一定累积效应，但此段线路基本为电缆和健康状况较好的线路，故障率较低。

16 智能接地配电系统

采用中性点非有效接地方式是我国配电网的明智选择，大大降低了跳闸率，提高了供电可靠性。但是，中性点非有效接地方式也显著增大了单相接地故障处理的难度，被称为配电网领域上空仅剩的几块“乌云”之一。本章的方案旨在简化运行难度，同时充分发挥中性点非有效接地方式的优越性。

16.1 问题的提出

我国配电网大都采用中性点非有效接地方式，该方式具有供电可靠性高的优点。据统计，单相接地故障占配电线路故障总数的 70%以上，且大部分为瞬时性单相接地，在中性点非有效接地方式下，大多数瞬时性单相接地在熄弧后故障现象即可消失；即使对于永久性单相接地，中性点非有效接地系统仍可以保持正常的线电压为用户维持供电[1-3]。

但是，在长期运行实践中中性点非有效接地配电系统也暴露出以下问题：

一方面，消弧线圈仅仅补偿工频容性电流，而实际通过接地点的电流中包含大量的高频电流及阻性电流[4]，即使把故障点电流补偿到满足国标要求的 5A 以下，仍可能维持电弧的持续燃烧，维持供电容易造成事故扩大化、引发火灾和人身伤害等灾难性后果。

另一方面，中性点非有效接地配电系统在发生单相接地故障时，由于故障信号小，单相接地选线和定位都比较困难[5-6]。

为了解决上述问题，一些学者和供电企业对配电网小电阻接地方式开展了理论研究和应用分析[7-8]。虽然对于电缆化率高、容性电流大的配电网采取小电阻接地方式是比较可取的，但是对于以架空线为主的配电网，却不宜改为小电阻接地方式，因为这类配电网发生单相接地的次数较频繁，如果采取小电阻接地方式会增加年跳闸率。

本章提出一种解决方案，在中性点非有效接地配电系统中，通过在变电站配置智能接地装置、在变电站出线断路器和馈线分段断路器处配置具有零序保护功能的配电终端和故障指示器构成智能接地配电系统，确保在瞬时单相接地时能够可靠熄弧，在永久性单相接地时实现单相接地选线、定位和隔离。

16.2 基 本 原 理

智能接地配电系统是在中性点非有效接地配电系统中，通过在变电站配置智能接地装置、在馈线配置具有零序保护功能的配电终端和故障指示器实现的。

该智能接地装置根据需要控制接地相短暂接地以可靠熄灭电弧以及控制中性点经中电阻短暂接地以方便馈线上的零序保护装置进行单相接地故障选线、定位和隔离。

智能接地装置的组成如图 16–1 所示，其由下列主要元件构成：接地软开关（由开关 S1～S4、电阻 R 构成），接地变压器 TE，随调式脉冲消弧线圈 L，中电阻 Rz 及其投切单相接触器 KM，电压互感器 TV 及其熔断器 FU，主控制器，接入断路器 QF 等。其中，接地变为可选配置，若站内已有接地变则可直接利用而不必在智能接地装置中冗余配置；脉冲消弧线圈也为可选配置，可以直接利用变电站内的消弧线圈，但是若选配该脉冲消弧线圈，则对消除接地切换过程中的暂态过程抑制更加有利。接入断路器 QF 亦为选配，也可利用变电站出线断路器构成，用于当智能接地装置内部故障时快速切除智能接地装置。

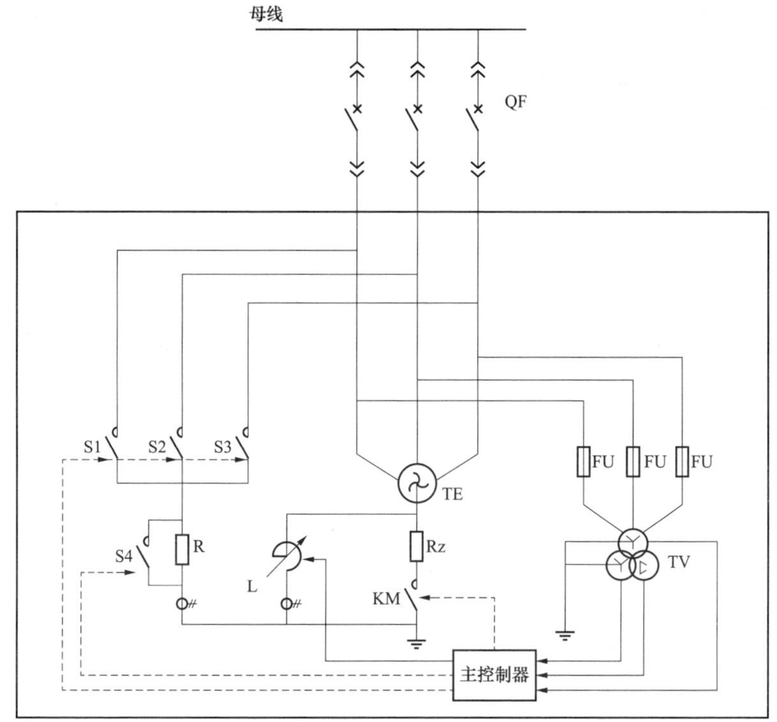

图 16–1　智能接地装置的组成

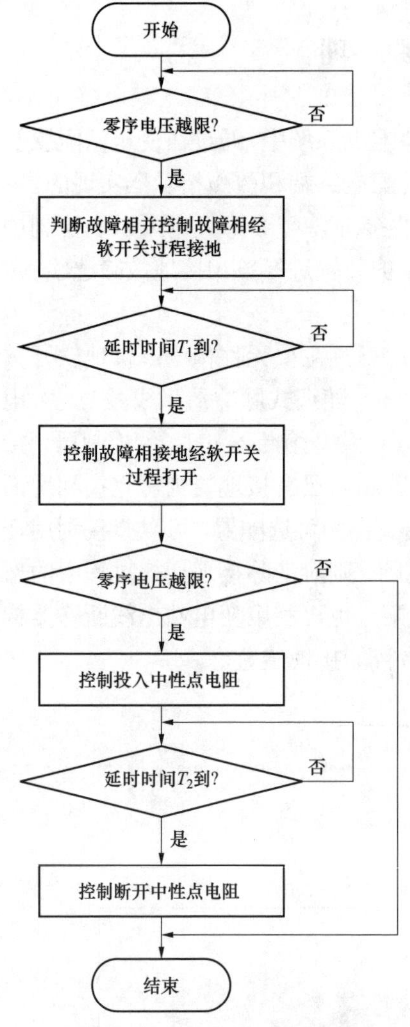

图 16–2　智能接地装置的控制逻辑

实际应用中，智能接地装置宜部署在变电站内，每段 10kV 母线宜配置一台智能接地装置，也可以在配电网系统中的可接入点配置。

智能接地装置的控制逻辑如图 16–2 所示。

当检测到零序电压超过阈值，则表明智能接地装置覆盖的零序系统范围内发生了单相接地。

为了尽快熄灭电弧以避免危害升级，智能接地装置迅速判断出接地故障相，并控制故障相接地软开关经软导通过程将故障相金属性接地，从而可靠熄灭电弧。

经短暂延时 T_1（T_1 一般可设置为 1～3s）后，智能接地装置控制故障相接地软开关经软开断过程而断开，并判断零序电压是否超过阈值，若否则表明这是一次瞬时性单相接地，已经处理完毕可以恢复正常运行；若是则表明这是一次永久性单相接地，续继续进行后续处理。

对于永久性单相接地的情形，智能接地装置控制中性点投入中电阻（除故障点过渡阻抗外，接地变和中电阻构成的零序阻抗一般应小于 20Ω）以显著增大接地点上游的零序电流，此时基于变电站出线断路器和馈线分段开关处 FTU、DTU、故障指示器的常规零序保护功能就能可靠地实现单相接地选线、定位和隔离。随后，智能接地装置控制中性点投入的中电阻退出。

16.3　关键技术问题

（1）“软开关”技术。

X 相接地开关的组成如图 16–3 所示。其中：S1、S2 为开关；R 为过渡电阻（一般可取 50～100Ω）。

当需要将 X 相金属性接地时，先控制合开关 S1，将该相过渡到经电阻 R 接地，然后再控制合开关 S2，实现 X 相金属性接地。上述过程称为“软导通”。

当需要断开 X 相金属性接地时，先控制分开关 S2，将该相过渡到经电阻 R 接地，然后再控制分开关 S1，实现相与地彻底断开。上述过程称为“软开断”。

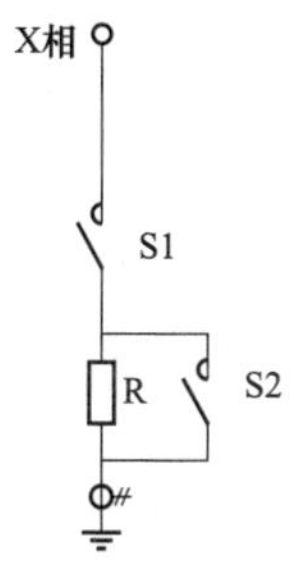

图 16–3　X 相接地软开关的构成

（2）单相接地选相错误的防护及校正。

智能接地装置在将故障相金属性接地时，若单相接地选相错误，将导致相间短路接地。

接地故障相的软导通控制是实现选相错误防护及校正的有效手段。

以将 B 相单相接地误选为 A 相单相接地为例，当控制智能接地装置 A 相“软导通”接地时，先控制 A 相的开关 S1 合闸，将该相过渡到经电阻 R 接地，此时由于实际接地相为 B 相，会导致 A、B 两相经电阻 R 相间短路接地，由于 R 的限流作用，短路电流既不造成危害（最大一般不超过 100～200A），又足以被可靠检测出，当控制器检测到在 A 相的开关 S1 合闸导致发生相间短路接地后立即将 A 相的 S1 打开，有效实现选错相时的安全防护。只有当 S1 合闸后未检测到相间短路接地特征时才执行下一步控制合 A 相的开关 S2，最终实现 A 相金属性接地。

若控制 A 相 S1 合闸后检测到“合错相”，在立即将 A 相的 S1 打开后，可继续尝试将其他相别的 S1 合闸，重复上述过程，最终正确地将接地相金属性接地。

（3）接地相切换中暂态过程的抑制。

1）接地开关闭合时的高频放电电流的抑制。

智能接地装置在判断出单相接地相后，若控制接地相开关直接接地（即硬开关），在接地开关合闸过程中可能出现高频电流，给配电系统带来暂态冲击并对二次设备造成干扰，硬开关闭合时流过接地开关的高频放电电流如图 16–4（a）所示；采用图 16–3 所描述的软开关技术后，软导通时流过接地开关 S1 的高频放电电流如图 16–4（b）所示，可见采用的软开关技术能有效抑制高频放电电流。

2）接地开关打开时中性点电压暂态过程的抑制。

智能接地装置在将故障相金属性接地后再打开时，若控制接地相开关从金属性接地直接断开（即硬开关），则可能产生系统中性点低频振荡，造成健全相过电压和在 TV 一次绕组上产生低频涌流，损害 TV 或 TV 熔断器，如图 16–5（a）所示，流过 TV 中性点的低频涌流，幅值可达 20A，且出现多次涌流，足以烧断额定电流为 0.5A 的 TV 保护熔断器或破坏 TV 一次绕组。

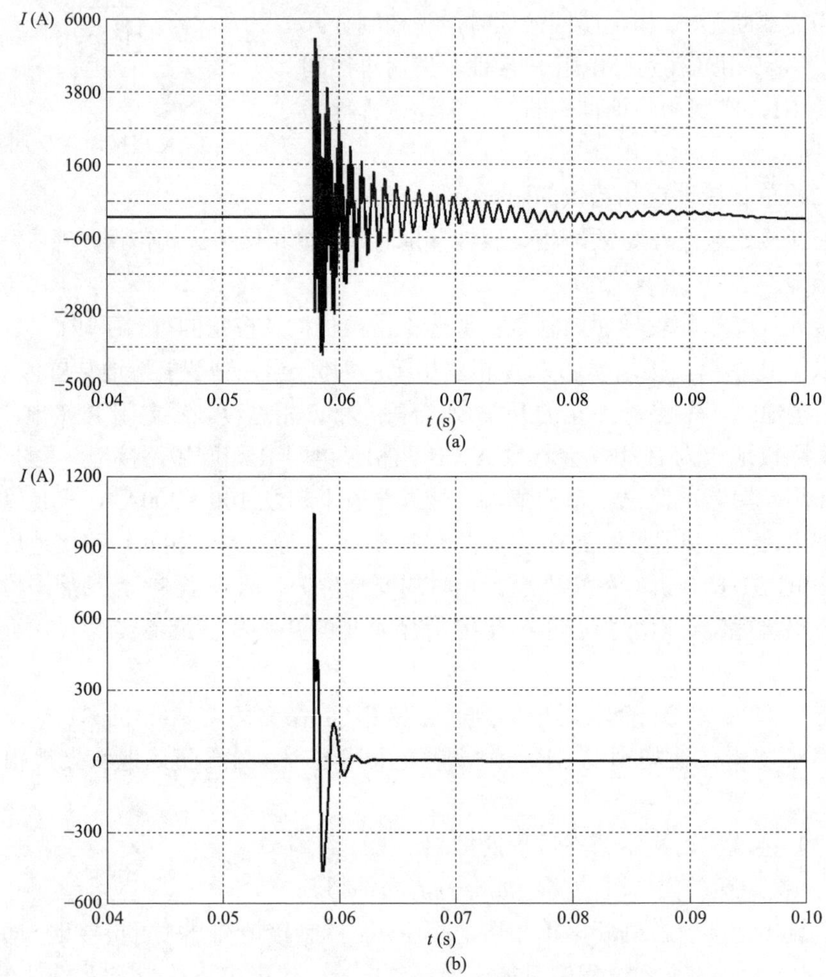

图 16–4　硬开关和软开关接地时的暂态过程

（a）硬导通时流过接地开关的高频放电电流；（b）软导通时流过接地开关 S1 的高频放电电流

采用图 16–3 所描述的软开关技术与随调式消弧线圈配合，在软开关动作前先由消弧线圈对流过软开关触点的工频电容电流进行补偿，再进行接地软开关断开操作，接地软开关断开时，先控制分开关 S2，将该相过渡到经电阻 R 接地，然后再控制分开关 S1，实现相与地彻底断开，则能有效抑制暂态过程，如图 16–5（b）所示，上述过程称为“软开断”。

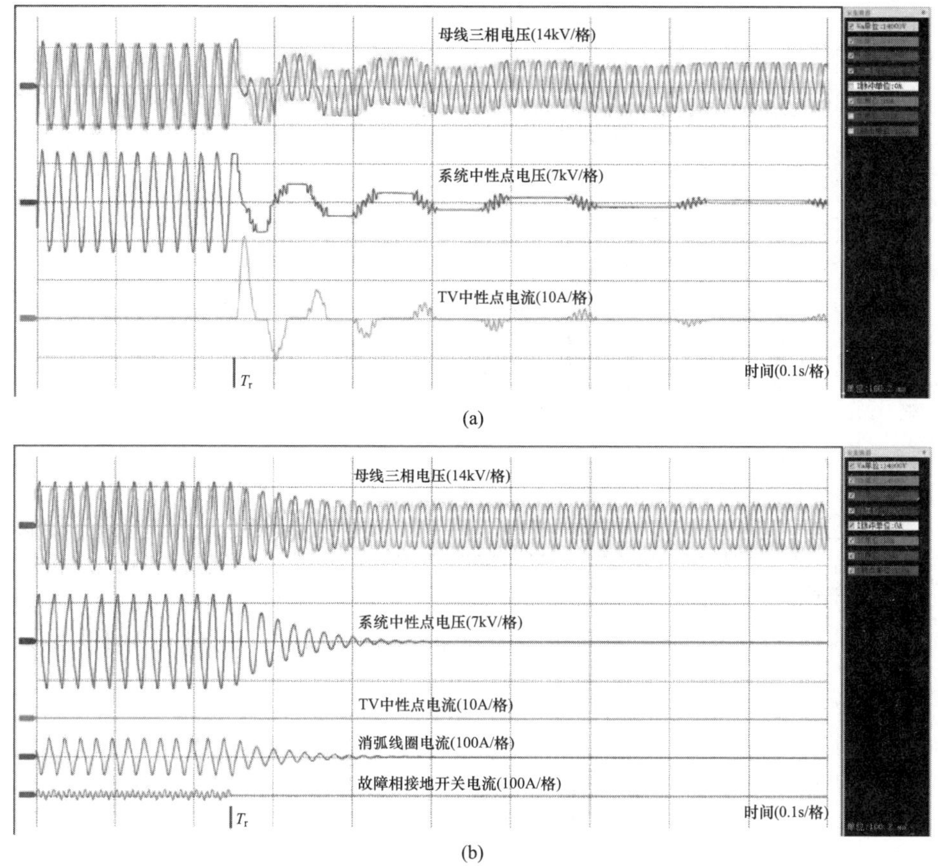

图 16–5 接地相硬开断以及软开断与消弧线圈配合时的暂态过程

（a）T_r 时刻硬开断引起的暂态过程；（b）软开断与消弧线圈配合时的暂态过程

16.4 例 子

对于图 16–6 所示的配电网，虚线内为智能接地装置，变电站和馈线分段处均配置了具有零序保护功能的智能配电终端，从馈线末端（分支）到母线方向其延时时间分别为 0s、ΔT、$2\Delta T$ 和 $3\Delta T$。假设图 16–6（a）发生永久性 C 相单相接地，智能接地装置首先将 C 相经“软导通”金属性接地以熄灭电弧，如图 16–6（b）所示。延时一段时间后，经“软开断”断开 C 相金属性接地，因是永久性故障电弧复燃，智能接地装置在中性点投入中电阻倍增零序电流，单相接地位置上游的零序保护全部启动，如图 16–6（c）中箭头所示。ΔT 后上游距离接地位置最近的零序保护动作跳闸，上游其余零序保护返回，随后中性点投入的中电阻退出，如图 16–6（d）所示。

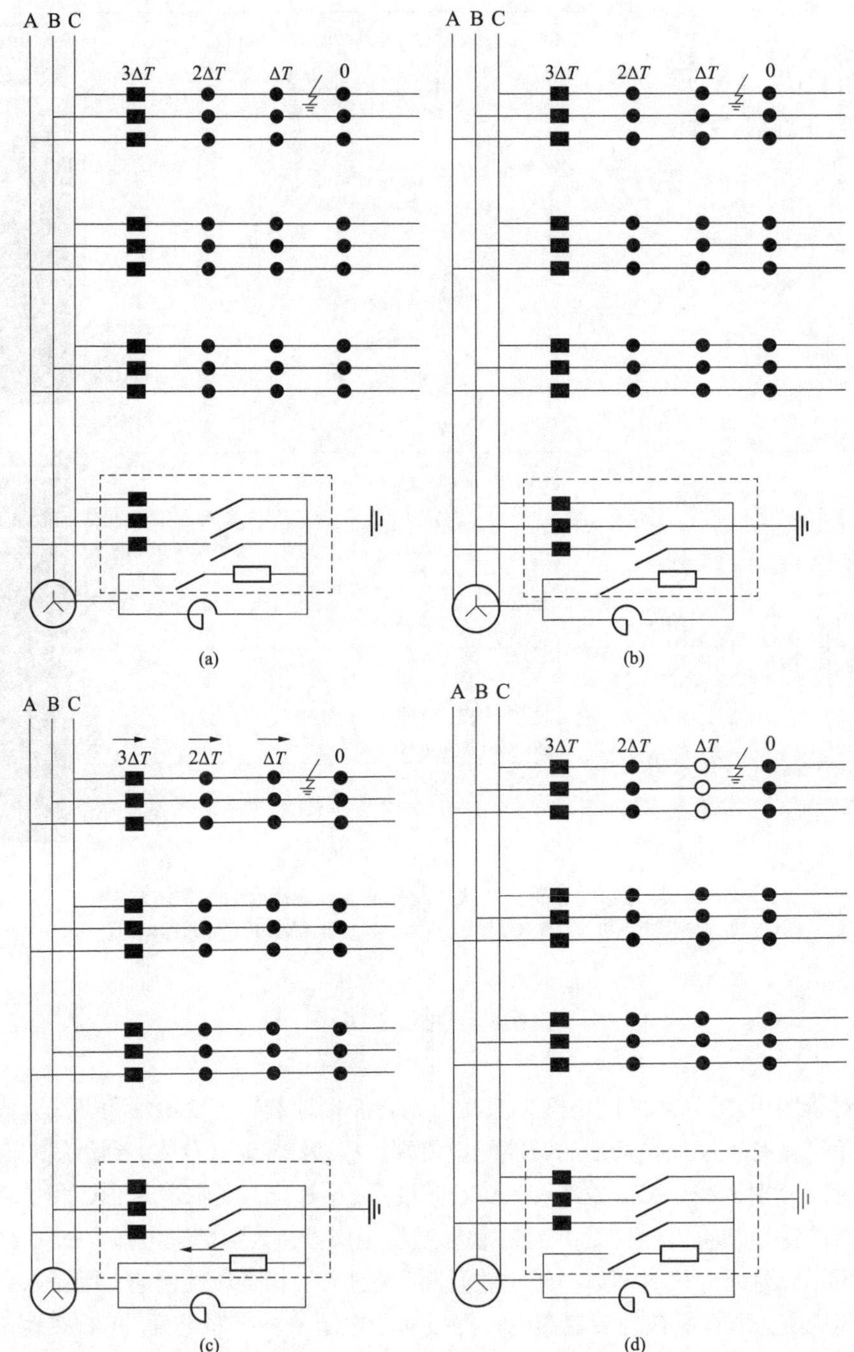

图 16–6　永久性单相接地的处理过程

（a）发生永久性 C 相单相接地；（b）C 相经“软导通”金属性接地以熄灭电弧；（c）中性点投入中电阻倍增零序电流，单相接地位置上游的零序保护全部启动；（d）上游距离接地位置最近的零序保护动作跳闸，随后中性点投入的中电阻退出

16.5 智能接地装置的结构形式

为了适应不同场合的安装需求，智能接地装置可以采取以下 3 种结构形式。

（1）结构一：开关柜结构。

若变配电所内有足够的空间，智能接地装置可采用开关柜安装的方式。

开关柜结构的智能接地装置可以采用单独组柜安装方式，也可以和其他开关柜（如 KYN28 柜）并柜安装，需敷设高压电缆、控制电源、电压信号、通信线缆。

对于自带接地变和消弧线圈的情形，智能接地装置由两台柜体组成，需要占用两个间隔。柜体宽度分别 1200mm 和 1000m，即总宽度为 2200mm。

对于利用变电站内接地变和消弧线圈的情形，智能接地装置由一台柜体组成，需要占用一个间隔。

（2）结构二：户外箱式变压器结构。

若变配电所室内没有足够的空间，智能接地装置可采用户外箱式变压器（简称箱变）式结构。

户外箱变结构的智能接地装置安装在变配电所室外，通过高压电缆和出线开关连接，其结构示意图如图 16–7 所示。需敷设高压电缆、控制电源、电压信号、通信线缆。

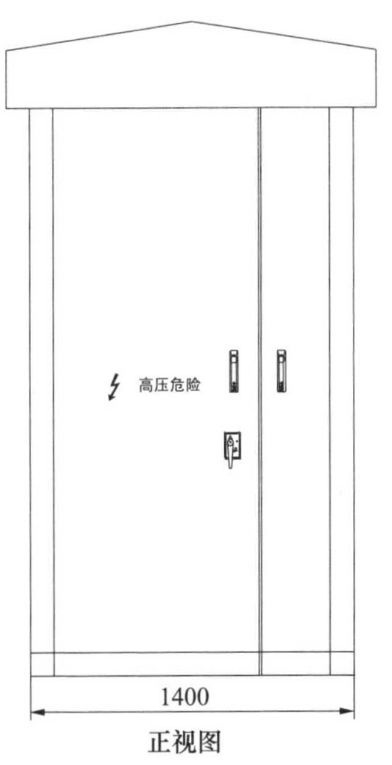

正视图

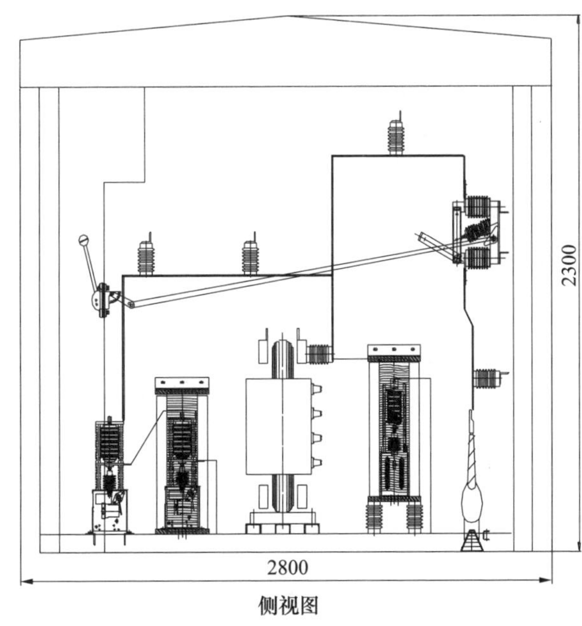

侧视图

图 16–7 户外箱变结构智能接地装置

（3）结构三：柱上箱变结构。

若变配电所内空间有限，无法在地面安装智能接地装置，可采用体积小、重量轻的柱上箱变式结构的智能接地装置。

柱上箱变结构智能接地装置的组成和安装示意图分别如图 16–8 和图 16–9 所示。

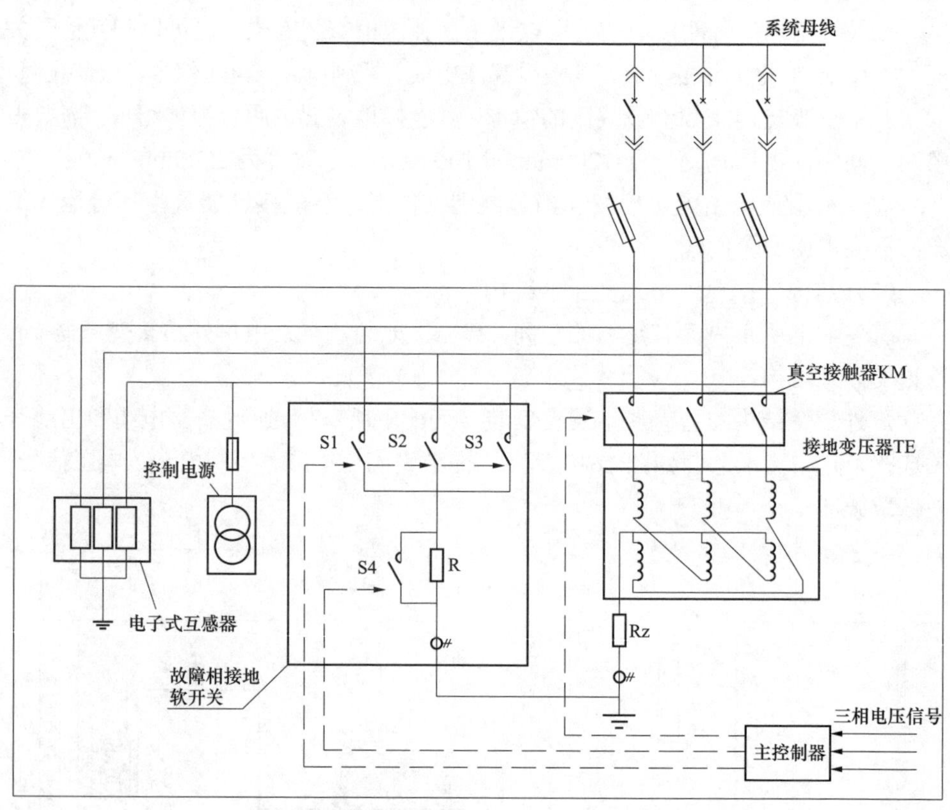

图 16–8　柱上箱变结构智能接地装置的组成

16.6　智能接地装置的接入方式

无论何种结构形式，智能接地装置都宜经过一台断路器（称为“接入断路器”）接入母线，当智能接地装置内部故障时，该断路器跳闸切除智能接地装置。

根据系统配置情况及变配电所的物理空间，智能接地装置接入系统可以采用如图 16–10 所示的 4 种方式。

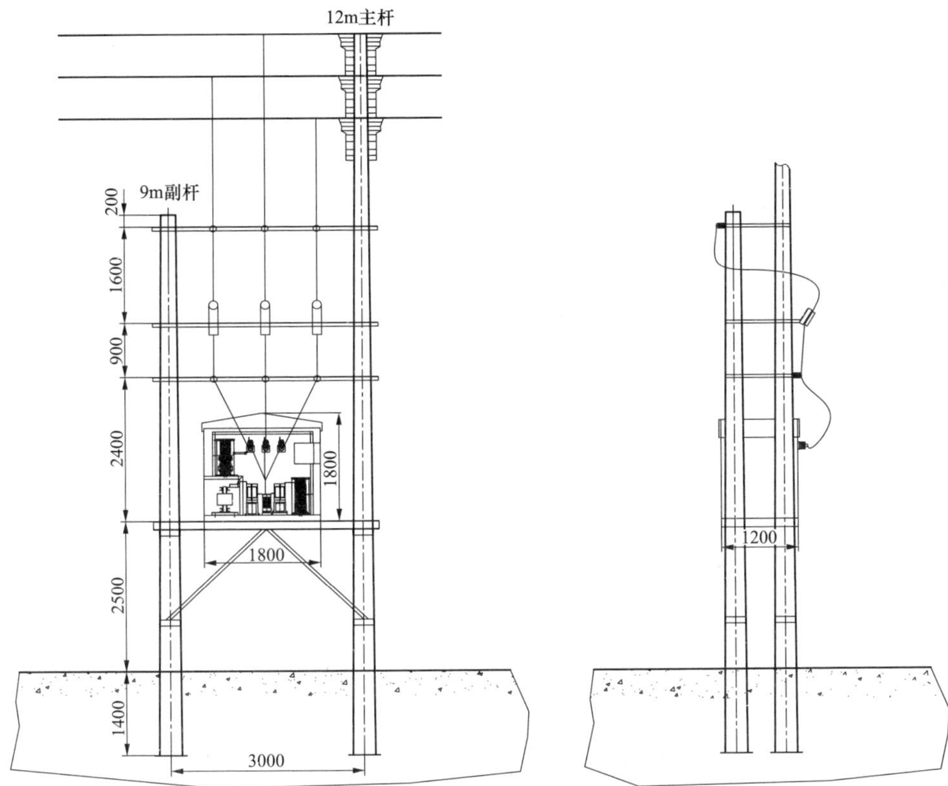

图 16–9　柱上箱变结构智能接地装置的安装

方式一：适用于现场有可用备用出线柜的情况。此种情况下，智能接地装置可以采用结构一（开关柜安装）和结构二（户外箱变）的安装方式，并独占一台出线断路器。

这种方式具有可靠性高的优点，但是变电站需减少一条馈线。

方式二：利用现场的接地变出线柜的情况。此种情况下，智能接地装置可以采用结构一（开关柜安装）和结构二（户外箱变）的安装方式，共用一台出线断路器。

这种方式不需要占用变电站出线间隔，但是接地变子系统故障时也会造成智能接地装置停运，智能接地装置故障时也会造成接地变子系统停运。

方式三：智能接地装置采用结构一（开关柜安装）和结构二（户外箱变）的安装方式，从一条 10kV 出线 T 接，共用一台出线断路器。

这种方式不需要占用变电站出线间隔，但是馈线故障导致其出线断路器跳闸时会造成智能接地装置停运，智能接地装置故障时也会造成馈线停运。

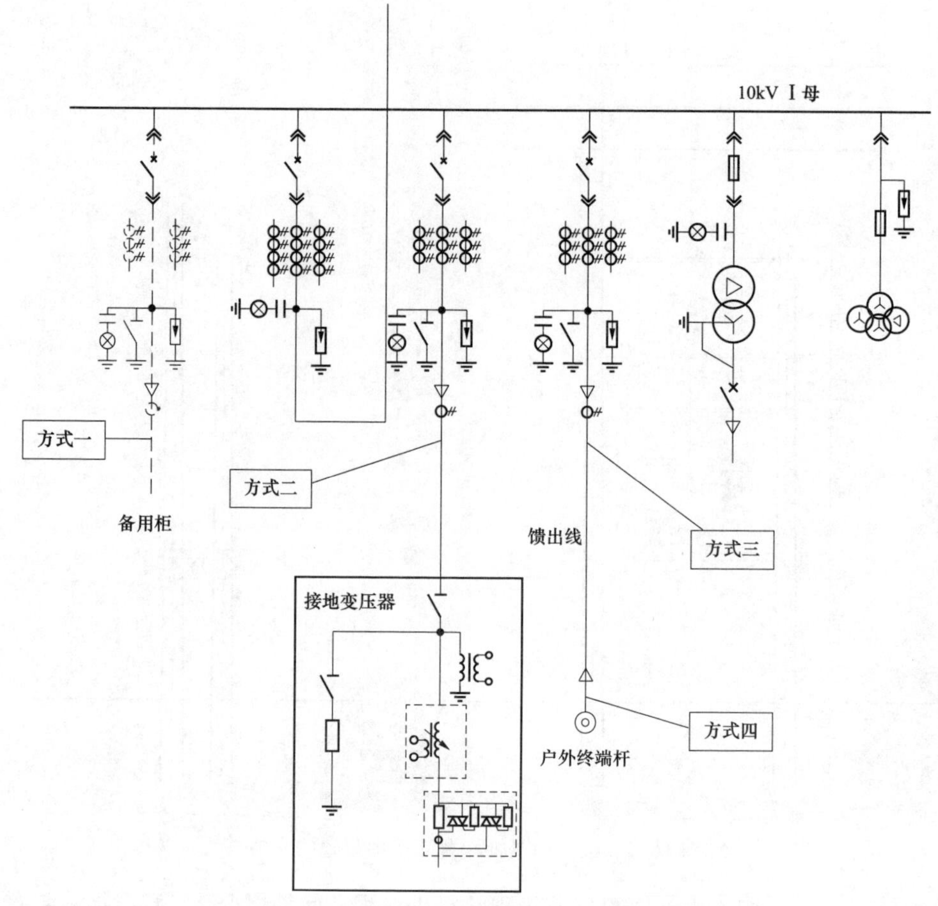

图 16–10　智能接地装置接入的 4 种方式

方式四：在变配电站内没有空间的情况下，智能接地装置采用结构三（柱上箱变）的安装方式接在馈线上。

这种方式不需要改变变电站内原有配置，但是可靠性较差。馈线故障导致智能接地装置接入位置停电时会造成智能接地装置停运，智能接地装置故障时也会影响馈线正常供电。

16.7　继　电　保　护

当智能接地装置内部故障时，配置在接入断路器的继电保护装置必须迅速动作，使该断路器跳闸切除含有故障的智能接地装置。

而对于配电网发生了永久性单相接地的情形，智能接地装置在一段时间（1～3s）内将其控制成为金属性单相接地状态为用户供电，此时若该配电子网络的另外某相又发生了接地，则构成两相短路接地。在这种情况下，应当由后接地馈线上的相应断路器跳闸，而不应由智能接地装置的接入断路器跳闸。因为即使智能接地装置的接入断路器跳闸，若先馈线上为永久性接地，则并不能切除故障，而仍需要后接地馈线断路器跳闸，并且智能接地装置的接入断路器跳闸后，该配电子网络将丧失智能接地装置的作用。

对于接入方式一和方式二，比较容易区分出智能接地装置内部故障或智能接地装置与配电网间的两相短路接地故障，可采用的判据为：

（1）若接入断路器处流过两相及以上短路电流，则可判定为智能接地装置等内部故障，此时瞬时速断保护动作跳闸切除故障。

（2）若接入断路器处仅流过单相短路电流，则可判定为智能接地装置与配电网间发生了两相短路接地，此时不启动瞬时速断保护，而仅启动延时速断保护（延时时间大于馈线断路器的动作时间），而由馈线断路器保护动作跳闸切除故障，随后接入断路器即可返回，从而使该配电子网络的健全部分仍可发挥智能接地装置的作用。

对于接入方式三和方式四，因与馈线共用出线断路器，上述判据对于智能接地装置内部故障和智能接地装置与配电网间的两相短路接地故障的区分虽然不能百分之百地实现，但是绝大多数情况下还是可以实现的：

（1）当除了智能接地装置接入的馈线以外的其余馈线上或馈线间发生了两相短路接地故障时，上述判据仍能可靠地区分出智能接地装置内部故障和智能接地装置与配电网间的两相短路接地故障。

（2）当智能接地装置接入的馈线与其他馈线间发生了两相短路接地故障时，上述判据仍能可靠地区分出智能接地装置内部故障和智能接地装置与配电网间的两相短路接地故障。

（3）只有当智能接地装置接入的馈线上发生了两相短路接地故障时，上述判据不能区分出智能接地装置内部故障和智能接地装置与配电网间的两相短路接地故障，均会使接入断路器跳闸。

16.8 本章小结

智能接地配电系统通过在变电站配置智能接地装置和在馈线分段处配置具有零序保护功能的配电终端和故障指示器实现。

在瞬时性单相接地时，智能接地装置能可靠熄弧，从而维持安全可靠供电。

在永久性单相接地时，智能接地装置在中性点投入中电阻倍增零序电流，配合馈线上具有零序保护功能的配电终端和故障指示器进行单相接地选线、定位和隔离。

智能接地装置中的“软开关”技术，不仅能避免选错相引起两相短路接地的后果，而且可以有效抑制操作过程中的暂态过程。

本章参考文献

[1] 要焕年，曹梅月. 电力系统谐振接地［M］. 北京：中国电力出版社，2009.

[2] 郭丽伟，薛永端，徐丙垠，等. 中性点接地方式对供电可靠性的影响分析［J］. 电网技术，2015，39（8）：2340–2345.

[3] 李景禄，周羽生. 关于配电网中性点接地方式的探讨［J］. 电力自动化设备，2004，24（8）：85–86，94.

[4] 许颖. 对消弧线圈“消除弧光接地过电压”的异议［J］. 电网技术，2002，26（10）：75–77.

[5] 王吉庆，沈其英. 中性点经消弧线圈接地系统的单相接地故障选线［J］. 电网技术，2003，27（9）：78–79.

[6] 樊淑娴，徐丙垠，张清周. 注入方波信号的经消弧线圈接地系统故障选线方法［J］. 电力系统自动化，2012，36（4）：91–95.

[7] 干耀生，唐庆华，方琼，等. 城市中压配网中性点小电阻接地方式分析［J］. 电力系统及其自动化学报，2013，25（3）：138–141.

[8] 付晓奇，徐粮珍，赵宝丽. 10kV 配网中性点小电阻接地技术与应用［J］. 电力系统保护与控制，2010，38（23）：227–230.

17　利用快速开关解决配电网问题

随着快速真空断路器的问世以及短路故障快速识别技术的突破，“首波开断”已经可以实现，为解决短路电流过大、电压暂降引起敏感负荷脱网、电压偏差不满足要求等困扰配电网运行的疑难杂症，提供了简单而又实用的解决方案。

17.1　“首波开断”关键技术

17.1.1　“首波开断”的技术难点

20 世纪 90 年代之前，我国中压配电网主要采用少油断路器加电磁继电器的保护方式，断路器固有分闸时间长达 150ms 左右，再加上继电器动作时间和燃弧时间，要 200ms 才能切除故障。因此，国家标准规定考核设备动稳定性能时，采用持续 300ms 的峰值电流[1]。由于受技术水平和制造工艺等限制，继电保护配合级差为 500ms，考虑远后备保护的动作时限，我国规定[1]考核设备热稳定性能的短时电流时间为 2、3、4s。为满足动热稳定的上述要求，导体截面必须设计的足够大，母排、绝缘子等机械强度必须设计的足够高。

随着真空断路器的大量普及应用以及微机保护的问世，主保护动作切除短路故障的时间由 200ms 缩短到 100ms，继电保护配合级差也相应的由 500ms 缩短到 300ms 甚至 200ms，考核设备热稳定性能的短时电流时间也缩短到 0.5、1、2、3s，峰值电流时间仍然维持 300ms 没变。随着短路电流水平的提高，短时热稳定校核成为制约 10kV 和 6kV 电力电缆截面的主要因素[2]。考虑采用中速断路器加微机综保的保护方式，短路电流持续时间 150ms，10kV 和 6kV 电力电缆截面不得不选择 70、95、120mm^2 及以上，远远大于按负荷电流长期发热和经济电流密度选择的电缆截面。

如果把短路故障切除时间压缩到一个周波以内，实现“首波开断”，则动、热稳定考核时间即可缩短到 30ms，这将会大幅度降低设备制造成本和工程投资，经济效益十分显著。另一方面，短路故障持续时间的大幅度缩短，也将会大大提高系统静态稳定和暂态稳定性，从而提高线路传输能力，降低电网建设投资。

实现“首波开断”，也就是要求包括运算时间在内，必须在短路电流的第一次过零点完成开断。考虑短路初相角的影响，短路电流可能在小半波过零，这就要求控制器的运算时间与断路器的固有分闸时间之和必须控制在 5ms 以内。为此，必须突破以下两个技术难点：

（1）控制器的运算时间必须控制在 2ms 左右。目前微机综保常用的有效值算法，包括采样时间至少 10ms，运算时间、通信时间和出口继电器时间要 10～20ms，短路故障发生后 20～30ms 才能发出分闸指令。显然，传统的有效值算法远远满足不了要求，必须要研究解决短路故障的快速识别问题。

（2）断路器的固有分闸时间必须压缩在 3ms 以内。早期中压配电网主要采用配置电磁机构的少油断路器，固有分闸时间长达 150ms 左右。20 世纪 80 年代后期开始大量采用配置弹簧机构的真空断路器，固有分闸时间缩短到 50ms 左右，尽管动作速度大幅度提高，但这仍然不能实现“首波开断”。

17.1.2 提高断路器动作速度的途径

影响断路器动作速度的因素主要有运动部分的质量、驱动力以及速度传递环节的传输效率。普通真空断路器机构为连杆式、弹簧储能机构，参与运动的部件多达 90 多个，运动部分的质量太重是提高动作速度的首要障碍。

储能弹簧不可能提供足够大的驱动力，通过电磁机构直接从工作电源取能又受到回路压降的影响，驱动力的提高也受到限制。

机械零件之间的动配合就已经损失了一部分速度，再加上机械零件的弹性变形，分合闸时间能做到 30ms 已基本达到极限。

为此，进一步提高断路器的动作速度，需要从以下方面突破：

（1）必须大大简化机构，减轻运动部分的质量；

（2）必须合理加大驱动力，提高加速度；

（3）必须减掉损失速度的中间传动环节。

17.1.3 快速涡流驱动技术

如图 17–1 所示为快速涡流驱动技术原理示意图。运动部分主要由动触头、绝缘拉杆、涡流盘、双稳机构等 17 个部件组成，运动部分的质量只有普通断路器的 1/10 左右，为断路器的提速创造了条件。采用电容储能，靠涡流驱动，大大提高了驱动力。同时减掉了传动、转动等易丢失动作速度的中间环节。

快速涡流驱动机构的工作原理是：投入工作电源后，充电电源很快完成对储能电容的充电。当需要分闸时，分闸控制开关接到分闸指令后立即导通，分闸储能电容向分闸线圈放电产生强度很高的脉冲电流并伴随着一个脉冲磁场，涡流盘在脉冲磁场的作用下产生涡流。脉冲磁场与涡流磁场之间的排斥力推动涡流盘向下运动，并带动动触头完成分闸动作。

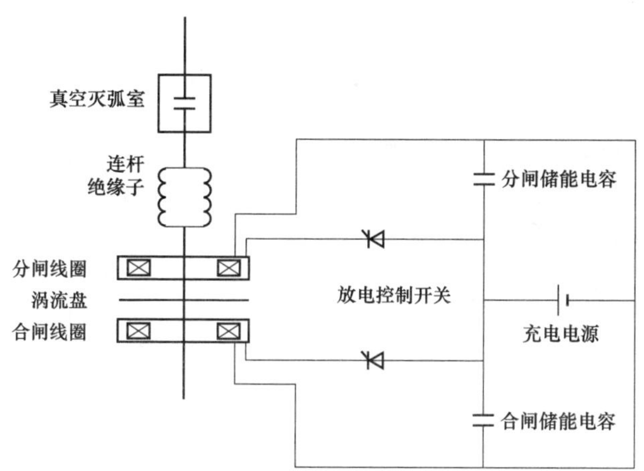

图 17–1 快速涡流驱动机构的原理图

当需要合闸时，合闸控制开关接到合闸指令后导通，合闸储能电容向合闸线圈放电产生强度很高的脉冲电流并伴随着一个脉冲磁场，涡流盘在脉冲磁场的作用下产生涡流。脉冲磁场与涡流磁场之间的排斥力推动涡流盘向上运动，并带动动触头完成合闸动作。

试验研究及应用实践表明，分合闸线圈的放电电流峰值可达上千安培，但持续时间极短。基于快速涡流驱动技术的分相快速真空断路器，合闸时间可以做到10ms 甚至更快，分闸时间可以控制在 2～3ms。

17.1.4 短路故障快速识别技术

通常继电保护装置采用的是有效值判据，即：

$$I \geqslant I_{zd} \tag{17–1}$$

式中：I 为电流有效值；I_{zd} 为电流整定值。一般需要先采集 20ms（或 10ms）的数据才能进行判断，这远远不能满足无损深度限流装置快速动作的要求。

将有效值为 I_{zd} 的电流 i_{zd}（t）绘制在 i–t 平面坐标系中，再把最大方式下的短路电流 i_k（t）画在同一个坐标系内，如图 17–2 所示。

图 17–2 中，$K_1 = \left|\dfrac{di_1(t)}{dt}\right|, K_2 = \left|\dfrac{di_2(t)}{dt}\right|, K_{zd} = \left|\dfrac{di_{zd}(t_{dz})}{dt}\right|$。

以控制器必需的最短运算时间 t_0 与最大方式下最大短路电流 i_k（t）曲线交点处的纵坐标 i_{Li} 作为电流瞬时值整定值，再以 i_{Li} 与 i_{zd} 曲线交点处（即横坐标为 t_{dz}）的曲线斜率作为电流变化率整定值，并与电流瞬时值一起构成快速判据，如式（17–2）所示：

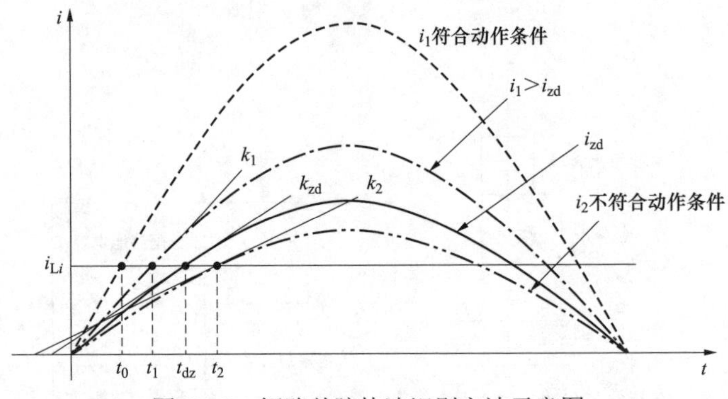

图 17–2　短路故障快速识别方法示意图

$$\left.\begin{aligned}&|i(t)|\geqslant|i_{Li}|\\&\left|\frac{di(t)}{dt}\right|\geqslant\left|\frac{di_{zd}(t_{dz})}{dt}\right|\end{aligned}\right\}\tag{17–2}$$

式（17–2）的快速判据与式（17–1）的有效值判据是等价的。对于图 17–2 中满足式（17–1）的曲线 i_1（t），可见其在任何情况下均满足式（17–2）；对于图 17–2 中不满足式(17–1)的曲线 $i_2(t)$，可见其在任何情况下均不满足式(17–2)。

17.1.5 “首波开断”的实现

“首波开断”意指在短路故障发生后的第一个周波之内切除故障，当短路电流的第一个半波为小半波时，短路电流将在 10ms 之内第一次过零，否则将在 10ms 之后第一次过零。第一个半波属于大半波还是小半波，由短路初相角决定，而短路电流的过零点由非周期分量衰减时间常数与短路初相角共同决定。如果对控制器发出分闸指令的时刻不加限制，则运算时间、断路器固有分闸时间、燃弧时间之和小于电流第一次过零时间时，故障在短路电流第一次过零点切除，实现“过零开断”；当控制器的运算时间、断路器固有分闸时间、燃弧时间之和大于电流第一次过零时间时，将在第二次过零点切除故障。但在考虑了适当余量后，控制分闸指令在第二次过零点之前发出时，就可实现任何短路初相角下的“过零开断”。

目前对过零开断方面所取得的成果均局限在控制器的过零点预测技术和控制算法方面，需要借助常规的真空断路器才能完成过零开断。分析过零开断效果不稳定的原因在于常规的真空断路器是三相联动的，而三相短路电流互差 120°，不可能同时过零，这是效果不稳定的原因之一；普通真空断路器动作分散度一般为 2～3ms，最高达到 5ms，这是过零开断效果不稳定的另一个原因。

在短路故障快速识别的基础上，增加短路电流过零点预测功能之后，最迟可在短路故障发生后的 2～3ms 完成短路电流有效值的识别和过零点的预测，可以在计及快速真空断路器固有分闸时间在内并按照预先设定的提前量发出分闸指令。

基于快速涡流驱动技术的快速真空断路器是分相控制的，合闸时间可以做到10ms 左右，分闸时间可以控制在 5ms 以内。分闸分散度可以做到 0.1ms 以内，合闸分散度可以做到 0.2ms 以内。利用快速真空断路器作为执行部件，可实现真正意义上的“过零开断”。

预测出短路电流的有效值和过零点之后，控制器就可准确地控制快速真空断路器在短路电流过零点之前完成分闸动作，实现在短路电流的第一次过零点可靠完成开断。

17.2 无损深度限流

短路电流超标严重威胁断路器开断安全，由于中压断路器用量庞大，将其更换为更高开断能力的断路器需要投入大量的资金。因此，在短路电流超标时需要采取限流措施。另一方面，外部短路引起变压器严重损坏事故也时有发生，为了减轻对变压器的伤害，也必须在主变出口采取限流措施。

串联电抗器是一种常用的限流措施，但在运行中却会增大电能损耗，影响末端的电压质量和用电设备正常工作，此外电抗器的漏磁场也会使电磁环境变差。

从正常运行的角度看，希望系统阻抗越小越好，而从限制短路电流的角度看，又需要系统阻抗越大越好。因此，阻抗可以根据需要而改变的无损深度限流装置是一种较好的解决方案。

17.2.1 装置构成

无损深度限流装置由 A、B、C 三个单相无损深度限流单元、测控子站及光纤通道构成，测控子站可以通过光纤通道对三个单相限流单元进行操作。

如图 17–3 所示，单相无损深度限流单元主要由快速换流器④、限流电抗器③、隔离变压器⑦、电源控制盒（包括快速识别器和储能充电电源）⑥、上接线端子①、电流采集器及下接线端子⑤、复合绝缘筒②、基座⑧等组成。

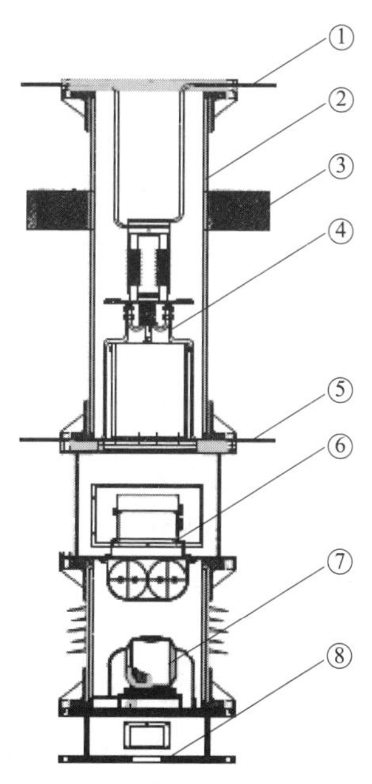

图 17–3 单相无损深度限流单元结构原理图

快速换流器由采用基于快速涡流驱动技术的快速真空断路器承担，用以承载正常时的工作电流，一旦发生短路时快速分闸，将电流转移到限流电抗器。限流电抗器是一个串联电抗器，用以限制短路电流。电流采集器用以为快速控制器提供电流信号。快速识别器是装置的核心控制部件，根据电流采集器提供的信号判断短路故障的发生，控制快速换流器。

17.2.2 工作原理

图 17–4 为单相无损深度限流单元的工作原理图。正常运行时，快速换流器处于闭合状态，承载工作电流，限流电抗器被短接，装置工作在“无损耗”状态；快速识别器通过电流采集器监视工作电流。一旦系统发生短路故障，快速识别器迅速控制快速换流器分闸（一般可小于 7ms），在短路电流的第一次过零时刻将限流电抗器串入，实现快速深度限流。

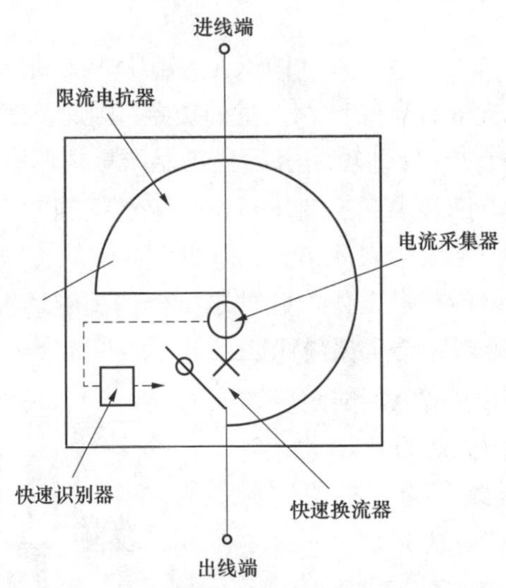

图 17–4 单相无损深度限流单元工作原理图

短路故障切除后，快速识别器监测到线路电流减小到额定电流值以下后，自动控制快速换流器合闸，再次短接限流电抗器，装置恢复到正常运行状态。当任何一相快速识别器检测到短路故障发生并控制本相的快速换流器分闸后，测控子站同时向三个单相限流单元的快速识别器发出同步操作命令，控制另外两相快速换流器分闸，防止系统不平衡。

17.2.3 功能特点

无损深度限流装置具有如下功能：

（1）自动退出：限流装置投入控制电源待储能电容充满电后快速换流器自动合闸，工作电流只流过阻抗几乎为零的快速换流器，限流装置工作在无损耗状态。

（2）快速限流：快速识别器正常运行时实时检测工作电流，一旦发生短路时在 2ms 左右迅速作出判断，在 8ms 之内控制快速换流器分闸，投入限流电抗器，实现快速限流。

（3）自动恢复：短路故障切除后，测控子站检测到三相的工作电流恢复到正常值立即向三相限流单元的快速换流器发出合闸命令，限流电抗器退出，装置恢复到无损耗运行状态。

（4）故障自愈：一旦任何一相的快速换流器发生误分闸时快速识别器和测控子站立即控制快速换流器合闸，实现故障自愈功能，防止系统不平衡运行。

（5）远方测控：测控子站可以通过数据接口与上一级监控系统实行数据交换，并可按照上一级监控主机的命令进行限流电抗器的投退操作。

（6）事件记忆：测控子站时刻监视系统电流，一旦发生短路事故，测控单元快速做出反应，同时记录短路时的各种参数。

17.2.4 应用方案

（1）接入主变低压侧。在需要使用串联电抗器保护主变的场合，可将无损深度限流装置接入主变低压侧，如图 17–5 所示。控制限流电抗器的快速投切可以避免电抗器长期运行带来的损耗、压降、漏磁场等问题，但在短路时又可以有效限制短路电流。如果现场变压器低压侧已有限流电抗器，可以直接加以利用而省去无损深度限流装置中的限流电抗器。

（2）接入母联回路。系统扩建时，有新的母线经过母联并列运行。当短路电流超标需要在母联处串联限流电抗器的场合，可将无损深度限流装置接入母联处，不影响扩建后系统的正常运行，如图 17–6 所示。

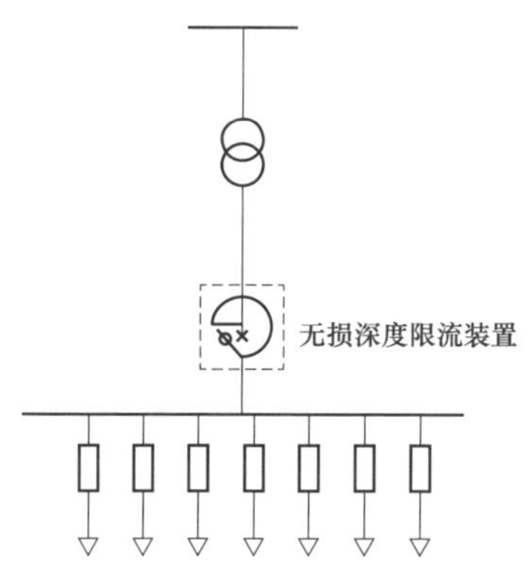

图 17–5　无损深度限流装置接入主变低压侧方案

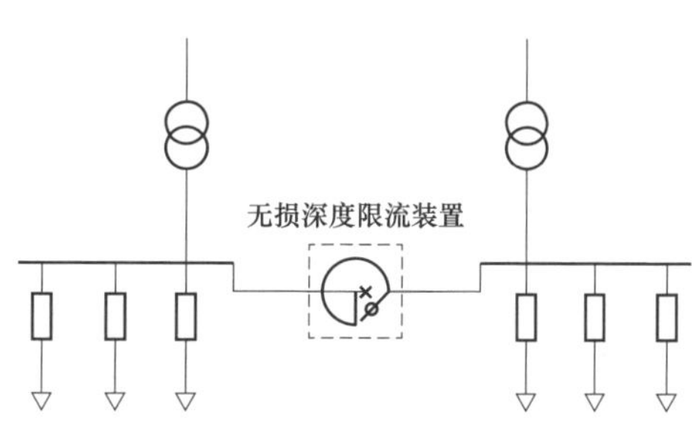

图 17–6　无损深度限流装置接入母联回路的方案

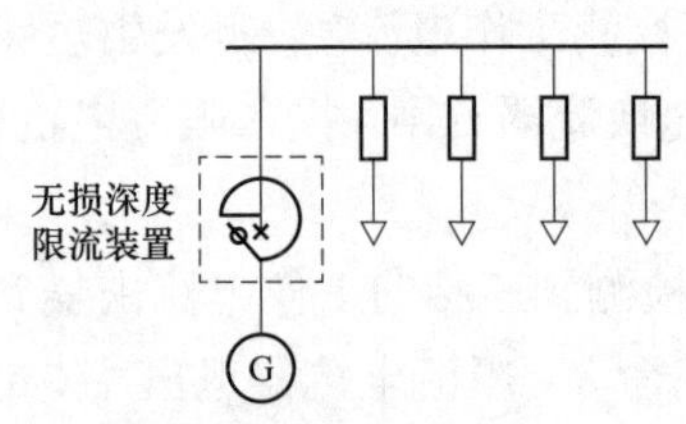

图17–7 无损深度限流装置与自备发电机出口电抗器或线路电抗器并联

（3）安装在企业余热发电机组出口，可以解决自备发电机组的并网导致企业6～10kV 母线短路电流超标问题，同时不带来电抗器长期运行产生的损耗等问题，如图 17–7 所示。

（4）对于已经安装了普通限流电抗器的场所，为了解决正常运行时限流电抗器带来的电能损耗、加大母线电压波动以及漏磁场加大电磁干扰恶化电磁环境等问题，可采用简易型无损深度限流装置（参考图 17–3 但不带限流电抗器③），如图 17–8 所示。

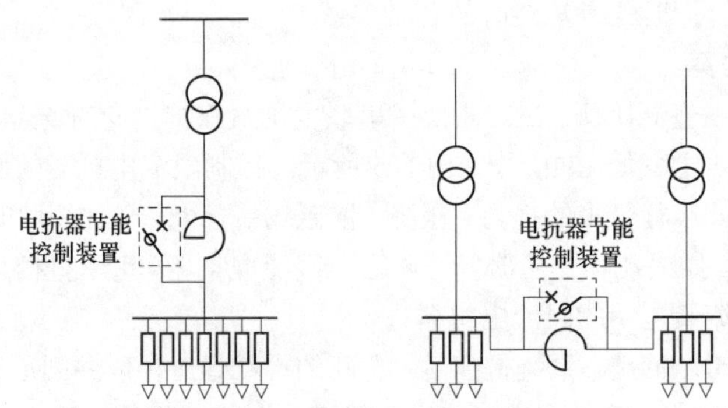

图 17–8 电抗器节能控制装置与限流电抗器并联

17.2.5 应用情况

为研究解决 M 电力公司 F 变电站主变抗短路能力不足的问题，专门配置了无损深度限流装置并投入运行，主变穿越性短路电流由 12.824kA 降低到 6.958kA，对主变冲击倍数由 5.701 倍降低到 3.093 倍。经测算，与加装限流电抗器相比，每年可减少电能损耗 9 496.86MWh，避免经济损失 474.84 万元[3]。

为了解决 C 电网 10kV 系统母线电网短路电流水平快速增加、威胁断路器开断的安全性以及主变抗短路能力不足、限制运行方式的问题，在 C 电网某 110kV 变电站 2#主变 10kV 出口加装了一套无损深度限流装置。为验证限流装置的性能及限流效果，进行了人工三相短路试验考核。

试验结果表明：无损深度限流装置在短路发生后 8.9ms 内成功投入限流电抗器，将短路电流从 8.097kA 限制到 6.314kA，验证了限流装置动作准确性、可靠性。经测算，与加装限流电抗器相比，每年可减少电能损耗 3072MWh，避免经济损失 153.6 万元[3-4]。

17.3 采用快速开关的串联补偿

17.3.1 技术背景

在电力负荷比较分散的中压配电网，有时存在供电半径过长导致的供电电压质量不合格的问题。比如：在西北 G 供电局农网实测线电压甚至只有 8.7kV，供电电压偏差达–13%，已经远远超出 GB/T 12325—2008《电能质量　供电电压偏差》关于 10kV 电网供电电压质量标准。

串联补偿是治理电压偏差的有效手段，既可以解决重负载线路末端的低电压问题，又可以解决轻载或空载时线路末端电压翘尾问题。但是，普通串联补偿装置存在下列问题：

（1）串补电容器必须能够承受短路时高电压的冲击。由于串补电容器补偿了线路的电感，相当于缩短线路长度，串补装置出线端短路时总阻抗减小，下游发生短路故障时的短路电流很大，会在补偿电容器上产生比正常工作电压高出数十倍的冲击电压。考虑了短时耐压能力之后，为能保证短路时高电压冲击下串补电容器不受损坏，电容器的额定电压选择时必然要求比正常补偿电压高出很多。

（2）普通串补装置造价太高不利于推广。串补电容器的造价与补偿容量成正比，补偿容量随额定电压的提高而提高，普通串补装置的造价太高。

（3）普通串补装置体积过大不方便实施。由于串补电容器参数的提高，补偿容量的增加，柜体占用空间相应增大，过大的柜体结构安装在线路变台上几乎是不可能的。

（4）运行管理及检修维护不便。由于不能安装在变台上，普通串补装置若装在地面上，就大大增加了运行管理的难度，存在安全隐患。如果采用高式布置装设在混凝土基础上，会给检修维护带来不便。

17.3.2 结构原理

采用快速开关的串联补偿装置能够解决上述造价太高不利于推广、体积过大不方便实施和运行管理及检修维护不便等问题。如图 17–9 所示，采用快速开关的串联补偿装置主要由补偿电容器、氧化锌组件、阻尼器、快速开关以及串补控制器等组成。

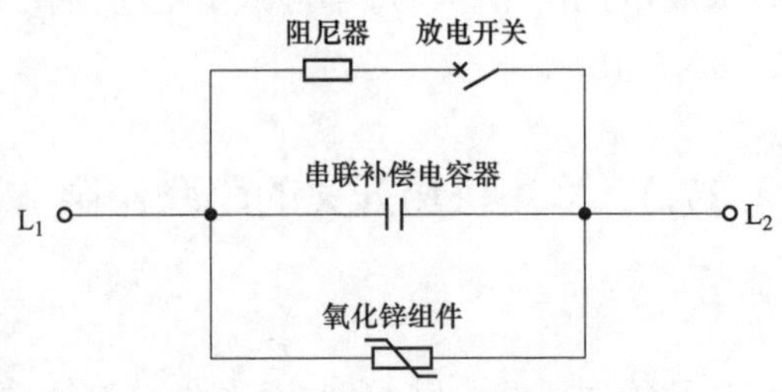

图 17–9 快速开关的串联补偿装置

正常运行时快速开关处于分闸状态、氧化锌组件不导通，补偿电容器串联在线路中，感性负荷电流在补偿电容器两端产生的电压升抵消了线路电感上的电压降，提高重负载时线路末端电压。当线路轻载或空载时，容性电流在补偿电容器两端产生的电压降抵消了电感上的电压升，避免线路末端电压翘尾。

当串联补偿装置下游发生短路时，低残压氧化锌组件将电容器两端的电压限制在较低水平，串补控制器在 3ms 之内向三相快速开关发出合闸指令，快速开关在 12ms 之内合闸将补偿电容器连同氧化锌组件一并短接，可靠保护补偿电容器不受损伤。

由快速真空开关控制补偿电容器的投退，加上低残压氧化锌组件的保护作用，补偿电容器的参数允许按正常运行工况设计，这就大大降低了新型串补装置的造价，同时大大缩小了体积，实现了低成本、小型化。

由于快速开关的串联补偿装置体积的缩小、重量的减轻，可以很方便地安装在线路中间的变台上，大大方便了现场施工。

17.3.3 功能特点

快速开关型串联补偿装置具有以下功能：

（1）自动投退。线路送电成功自动投入补偿电容器，串补装置出线端发生短路时快速退出补偿电容器，当装置出现故障时自动报警并退出补偿电容器。

（2）过流保护。串补装置具备反时限过电流保护功能，根据补偿电容器不同的过电流、过电压状态按照反时限特性延时退出补偿电容器。

（3）人工操作。通过控制器面板可以进行“时间设置”“通信设置”“保护定值设置”“保护投退设置”“装置投入”“装置退出”操作。

（4）运行监测。正常运行控制器面板显示串补装置运行状态（开关位置）和电气参数（工作电流、线路电压、补偿电容电压、支路差流、工作电源电压、通信状态），一旦发生故障报警或动作报警时立即弹出故障画面，显示故障类型、时间以及故障时装置的运行状态和相关电气参数。

（5）事件记忆。记录串补装置的时间设置、通信设置、保护定值设置和保护投退设置的时间和内容，记录故障发生的时间、类型及故障时装置的运行状态和故障时的系统电压、工作电流、工作电压、差流、电容电压及快速开关的操作指令。

（6）自动续航。控制器设置的备用电源在工作电源失电后仍能继续工作2s，以便完成“装置退出”操作和故障信息存储，对于中压串补装置此后自动停止供电进入“休眠”状态，48h 内维护人员赶到现场可以人为激活调阅事件记录。

（7）远程通信。串补装置可同时向预置的 10 个手机号码报告故障信息，被授权人员可用手机实时调阅串补装置的运行信息，串补装置还预留了光纤通信接口和 485 通信接口，当线路具备远程通信条件时可与上一级调度主机实现数据远传，并可按照调度主机的命令进行串补装置的投退操作。

17.3.4 应用情况

由于负荷分散，N 电力公司 10kV 配电网供电半径长，负荷端供电电压质量不合格的问题比较普遍，G 供电局所属的农村电网电压质量问题更加突出。G 供电局南郊变 10kV114 中河线，重负荷集中在主干线 124#杆附近，实测 10kV 侧只有 8.7kV，供电电压偏差达−13%。已经远远超出 GB/T 12325—2008《电能质量 供电电压偏差》关于 10kV 电网供电电压质量标准。已影响到用户的正常生产、生活，亟待研究解决。

安装快速开关型串联补偿装置并投入运行后，串补装置安装点以后的线路电压有明显的增加，有效提升了线路供电电压质量。

17.4 基于快速开关的自动解列装置

从提高供电可靠性、减少重负载启停导致的母线电压波动以及确保主变运行在高效率区等方面考虑，有些变电站的中压母线需要并列运行。而并列运行后必然提高了母线的短路容量，有可能遇到现有在装断路器开断能力不足的问题，或者新建工程必须选用更高开断能力的断路器而需要大量资金。

对于需要母线并列运行而又不存在主变抗短路能力不足的场所，可以采用快速自动解列装置。在正常运行时保持母线并列运行方式，一旦发生短路后迅速解列，以降低短路电流，从而大幅度降低断路器的投入。

例如：用电企业的余热发电机组，额定容量不大，一般需要通过企业电网的10kV 或 6kV 系统并网，母线短路时自备发电机组提供的短路电流一般只有 10kA

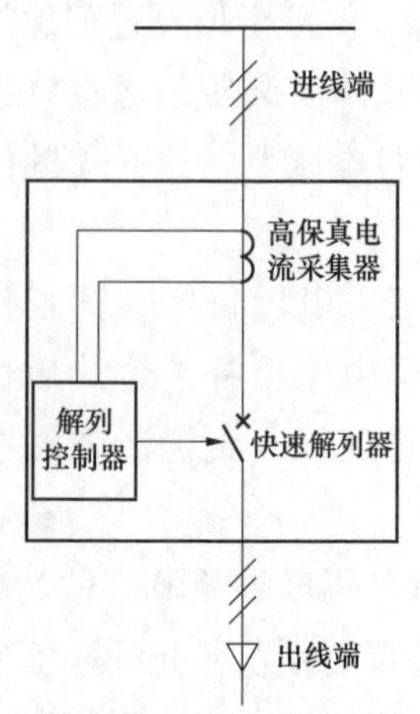

图 17–10 基于快速开关的自动解列装置的构成

左右。但是，在考虑了电动机反馈电流之后，母线原有短路电流水平已接近断路器的开断能力，自备发电机组的并网必然导致母线短路电流超标。对于这种情况，利用快速开关可以在正常运行时保持自备发电机组通过 10kV 或 6kV 系统并网，一旦发生短路后将自备发电机组与系统迅速解列，维持原有短路电流水平不变，避免更换断路器的麻烦。

基于快速开关的自动解列装置主要由快速解列器、电流采集器、解列控制器等组成，如图 17–10 所示。

快速解列器由基于快速涡流驱动技术的快速真空断路器承担，用作快速解列的执行部件；电流采集器用以为解列控制器提供电流信号；解列控制器是整个快速解列装置的核心控制部件。

正常运行时，解列控制器通过电流采集器监视装置的工作电流，一旦系统发生短路故障，解列控制器在 2ms 左右迅速作出判断并向快速解列器发出分闸指令，快速解列器在 5ms 左右完成分闸，装置可在电流第一次过零时刻将并列运行的母线快速解列，母线短路电流立即降低到解列运行时的水平。

系统解列后，解列控制器继续监视电源进线电流和母线电压，以及两段母线之间的同期并列条件，当短路故障切除后且在满足同期并列运行条件的情况下，解列控制器自动控制快速解列器合闸，使两段母线恢复并列运行。

基于快速开关的自动解列装置的典型应用方案有：

（1）用于实现两段母线之间的快速解列。当用于变电站两段中压母线之间的母联断路器，或串联在母联回路时，可以实现短路故障后的快速解列，以降低短路电流，正常运行时维持两段母线并列运行，以提高供电可靠性、减少母线电压波动并维持主变运行在高效率区。

（2）用于自备余热发电机组的快速切机。用作自备余热发电机组出口断路器，或者串联在自备发电机组出口回路时，可以实现短路故障后的快速切机，降低母线短路电流，正常运行时维持自备发电机组的就近并网运行，以降低生产成本。

（3）用于两不同变电站之间的快速解列。用作两个变电站或两电源之间的联络线回路时，可以实现短路故障后的快速解列，降低短路电流，缩小电压暂降的影响范围。

基于快速开关的自动解列装置已经取得了良好的应用效果，例如：S 省某水泥厂的自备发电机组通过企业电网的 10kV 系统就近并网，为解决自备发电机组并网带来的 10kV 母线短路电流超标问题，在发电机出口回路串联了基于快速开关的自动解列装置，正常运行时，自备发电机组通过 10kV 并网，一旦 10kV 系统发生相间短路时在短路电流的第一次过零点实现快速切机，防止短路电流超标危及线路断路器的安全。当短路故障被相应的线路保护装置切除后，自备发电机组再通过手动或自动准同期并网，系统恢复正常运行。2014 年曾经发生一次 10kV 系统相间短路，基于快速开关的自动解列装置正确动作，将自备发电机组与 10kV 系统解列，有效限制了母线短路电流，保证了断路器的安全开断。

17.5 基于快速开关的电压暂降快速隔离

6～35kV 中压电网任一条支路发生相间短路，都有可能导致非故障区域母线电压的显著降低，直到故障支路被切除后（一般 100ms 左右以上）才能恢复到正常电压水平。

在持续大约 100ms 左右的“电压暂降”（也称“晃电”或“电压骤降”）期间，一些交流接触器、低电压保护无压释放导致重要辅机停运并连跳主机，一些变频设备停止供电导致重要生产设备停运或产生废品、废气，一些气体放电灯熄灭、音响异常致使会议厅、展览馆等无法正常工作。

传统断路器动作速度太慢、继电保护出口时间过长，是导致“电压暂降”的根本原因。为了快速隔离故障点，恢复非故障区域的母线电压，保证重要敏感设备的连续运行，大幅度提高线缆、母线及开闭所断路器的热稳定余度和开断余度，需要配置基于快速开关的电压暂降快速隔离装置。

基于快速开关的电压暂降快速隔离装置分为阻开式、直开式和阻隔式 3 种类型。

（1）阻开式电压暂降快速隔离装置。阻开式电压暂降快速隔离装置的构成如图 17–11 的虚框所示，主要由后备开关、基于快速开关的换流开关、限流阻抗、电流采集器、微机综合控制器和柜体及其附件等组成。

当图 17–11 中开闭所的出线回路发生相间短路故障时，本级开闭所和上一级母线就会受到“电压暂降”的影响。在故障支路没有被切除之前，母线电压可能会低到额定电压的 50%以下，有的甚至低于 20%。包括继电保护出口时间、线路断路器固有分闸时间和燃弧时间在内，“电压暂降”一般要持续 70～120ms。

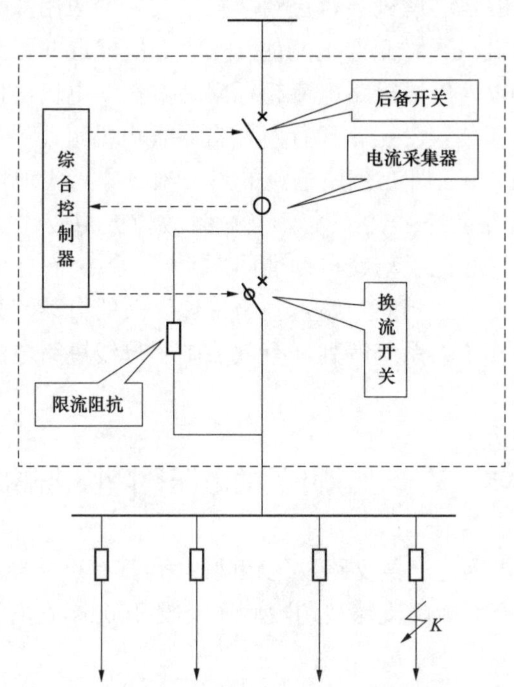

图 17-11　阻开式电压暂降快速隔离装置的构成

正常运行时，阻开式电压暂降快速隔离装置的换流开关和后备开关均处于合闸位置，向下游正常供电。当综合控制器检测到工作电流超过快速过流保护的整定值时，立即判断为近区短路，在 5ms 左右控制换流开关分闸，短路电流在第一次过零点被转移到限流阻抗支路，随着短路电流的被限制，非故障区域的母线电压迅速恢复到额定值的 90%以上。

当故障支路被切除之后，流经阻开式电压暂降快速隔离装置的电流恢复到正常水平，综合控制器延时 0.3s 后控制换流开关合闸，系统恢复正常运行状态。

如果下游断路器拒分或继电保护拒动未能切除故障，则后备开关作为后备手段（延时时间较下游断路器增加一个级差）切除故障。

阻开式电压暂降快速隔离装置适合于新建或扩建工程，可取代主变电站向开闭所供电的出线柜，用以快速隔离故障点，防止电压暂降导致非故障区域敏感设备的停运事故，同时保证继电保护有选择性地动作。

（2）直开式电压暂降快速隔离装置。直开式电压暂降快速隔离装置的构成如图 17-12 所示，它主要由隔离开关（或隔离手车）、快速开关、电流采集器、综合控制器和柜体及其附件等组成。

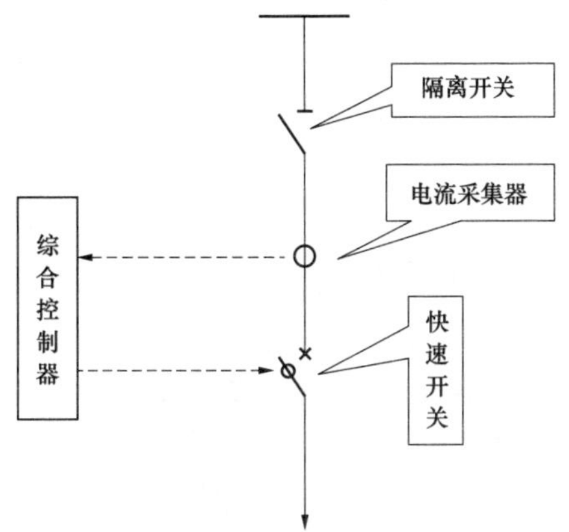

图 17–12　直开式电压暂降快速隔离装置的构成

隔离开关（或隔离手车）用以做停电措施时形成明显的断开点；快速开关是执行部件，综合控制器设置有快速过流、常规三段式过流保护和过负荷保护。正常运行时综合控制器通过电流采集器实时监测工作电流，一旦超过快速过流保护整定值则在 2ms 左右判断为短路故障发生，并在 5ms 左右控制快速开关分闸。用于需要过零开断的场所时，微机综合控制器在考虑了分闸分散度的情况下，精确控制快速开关在接近电流过零时刻分闸到位，确保在电流第一次过零点开断成功。

对于快速过流保护范围以外的不至于导致非故障区域“电压暂降”的短路故障，则由常规三段式过流保护切除故障。

直开式电压暂降快速隔离装置可以取代主变电站或开闭所直接向负荷供电的出线柜，用以快速切除故障，防止电压暂降导致非故障区域敏感设备的停运事故。

（3）阻隔式电压暂降快速隔离装置。阻隔式电压暂降快速隔离装置与图 17–11 所示的阻开式电压暂降快速隔离装置的结构与原理类似，但是没有配置后备开关，当下游断路器拒分或继电保护拒动时，综合控制器直接向原有的常规断路器发出跳闸指令，由原有的常规出线柜最后切除故障。

阻隔式电压暂降快速隔离装置适合于已投运工程的技改项目，可串联在主变电站向开闭所供电的出线柜与开闭所进线柜之间，用以快速隔离故障点，防止电压暂降导致非故障区域敏感设备的停运事故，同时保证继电保护有选择性地动作。

基于快速开关的电压暂降快速隔离装置已经取得了良好的实际应用效果，多用作总降变电站的中压出线开关柜。例如：X 省一家煤化工企业配置了 28 台 35kV

基于快速开关的电压暂降快速隔离装置，H省一家化工企业配置了9台35kV基于快速开关的电压暂降快速隔离。对于避免供电连续性要求较高的大型用电企业因电压暂降导致的停产事故，发挥了巨大作用，为大型用电企业避免停产损失，获得巨大经济效益。

17.6 基于快速开关的一体化成套快切装置

基于快速开关的电压暂降快速隔离装置是解决6～35kV中压配电网馈路发生相间短路故障导致的非故障区域母线电压暂降的有效手段，但是却不能解决由于电源侧发生故障导致的电压暂降造成的敏感设备停运问题。

在具备多路独立供电电源的情况下，采用基于快速开关的一体化成套快切装置是解决由于电源侧发生故障导致电压暂降造成域内非故障区域敏感设备停运问题的有效手段。

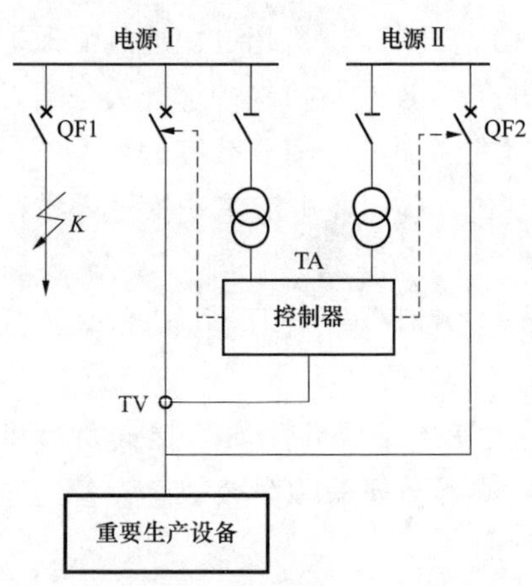

图17–13　基于快速开关的一体化成套快切装置的构成

基于快速开关的一体化成套快切装置的构成如图17–13所示，它主要由充当执行部件的电源进线快速断路器QF1和QF2、控制器以及电压信号采集器TV和电流信号采集器TA等组成。

正常运行时，QF1（或QF2）处于合闸位置、QF2（或QF1）处于分闸位置，重要敏感负载由电源Ⅰ（或电源Ⅱ）经断路器QF1（或QF2）供电，控制器通过TA提供的电流信号和TV提供的电压信号实时监测系统的工作状态。一旦电源侧发生“电压暂降”、短路或开路故障时，控制器迅速判断出故障类别和区域并立即下达切换指令，中压快切装置可在20～30ms之内（低压快切装置可在15ms之内）迅速由电源Ⅰ（或电源Ⅱ）供电切换为电源Ⅱ（或电源Ⅰ）供电，保证重要敏感设备的连续供电。

在实际应用中，对于容量较大或较重要的中压负荷（如中压电动机或容量较大的变频器）可以采取如图17–14所示的单机切换方式。

对于分散负荷可以采取如图17–15所示的整组切换方式，图中S为母线分段开关，也采用快速开关构成，受控制器控制与QF1和QF2共同完成切换操作。

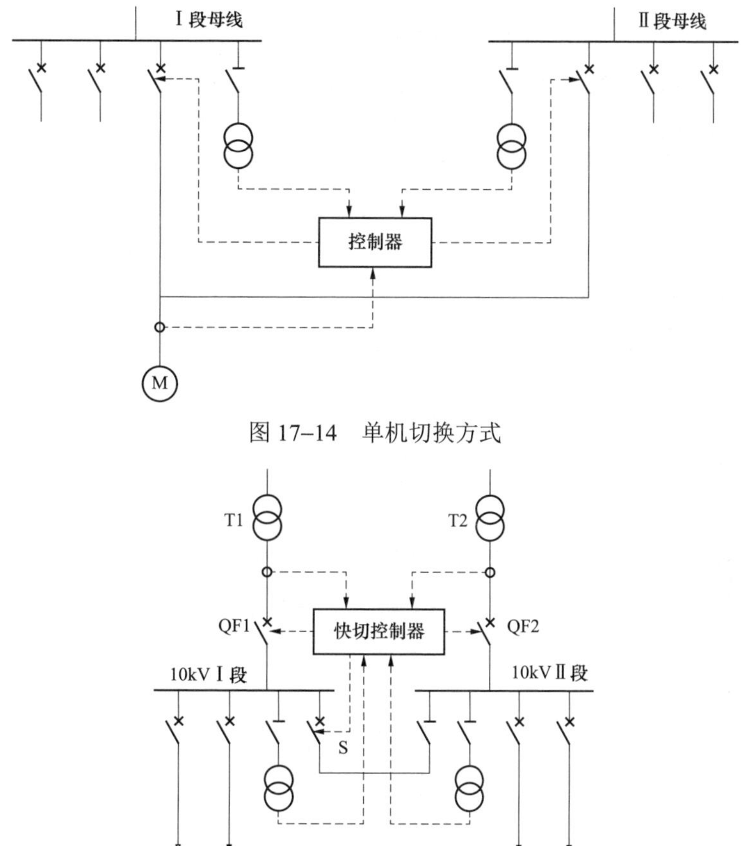

图 17–14　单机切换方式

图 17–15　整组切换方式

基于快速开关的一体化快切装置已经取得了良好的应用效果，为避免电源系统短路、失电和电压暂降导致的企业停产事故以及重要会堂、展馆、剧院等场所灯光、音响的异常导致的政治影响，发挥了重要作用。

17.7　本　章　小　结

（1）基于快速涡流驱动技术的分相快速真空断路器，具有结构简单、动作时间短的优点，合闸时间可以做到 10ms 甚至更快，分闸时间可以控制在 2～3ms。

（2）基于快速开关的无损深度限流装置可以在下游发生相间短路故障时，迅速增大系统阻抗，从而有效抑制限制短路电流，而在下游无故障发生时旁路限流阻抗，从而不影响正常运行。

（3）快速开关的串联补偿装置在下游发生短路时，可以快速将补偿电容器连同氧化锌组件一并短接，可靠保护补偿电容器不受损伤，可以有效发挥串联补偿的作用，增大供电半径、改善电压质量。

（4）基于快速开关的自动解列装置可以在正常运行时保持母线并列运行方式，一旦发生短路后迅速解列，以降低短路电流，从而大幅度降低断路器的投入。

（5）基于快速开关的电压暂降快速隔离装置是解决中压配电网馈线发生相间短路故障导致的非故障区域母线电压暂降的有效手段，但是却不能解决由于电源侧发生故障导致的电压凹陷域内非故障区域母线电压暂降问题。

（6）在具备多路独立供电电源的情况下，采用基于快速开关的一体化快切装置是解决由于电源侧发生故障导致的电压凹陷域内非故障区域母线电压暂降问题的有效手段。

本章参考文献

［1］ GB/T 11022—2011　高压开关设备和控制设备标准的共用技术要求［S］. 2007.

［2］ GB 50217—2007　电力工程电缆设计规范［S］. 2007.

［3］ 黄永宁，艾绍贵，李艳军，等. 快速真空断路器在限流技术中的应用［J］. 宁夏电力，2014，（6）：18–23.

［4］ 安昌萍，文春雷，唐世宇，等. 10kV 开关型无损耗故障限流装置的研制及试运行［J］. 重庆电力高等专科学校学报，2013，18（6）：34–37.